天津市科协自然科学学术专著出版

旋转式起重机器人智能控制与应用

孙 宁 杨 桐 方勇纯 吴易鸣 著

科学出版社

北 京

内 容 简 介

起重机器人是生产制造、物流、建筑等国家重点产业的核心装备之一，在货物搬运、设备装配等领域发挥着重要作用，极大地提高了生产效率与经济效益。相比于平移式起重机器人，旋转式起重机器人增加了吊臂旋转/俯仰运动等功能，灵活性更高、可操作性更强且可达空间更广。然而，三维转动往往存在离心力与摩擦，系统具有更为复杂的动态特性与耦合关系，易引发不可驱动负载大幅摆动与定位误差，加之实际应用中参数/结构变化、驱动器饱和、外部扰动等，系统控制难度进一步增加。此外，随着吊运需求与环境日益复杂，亟须驱动多起重机器人协作完成搬运装配作业。

本书从实际需求出发，分别以塔式、桅杆式与双桅杆式起重机器人为研究对象，深入分析了旋转式起重机器人的共性问题与实际操作中的各种不利因素，提出了一系列轨迹规划与智能控制方法，并给出完整的理论分析与实验结果，同时实现准确吊运与快速消摆，解放人力，提高效率，推进传统装备智能化发展。

图书在版编目（CIP）数据

旋转式起重机器人智能控制与应用 / 孙宁等著. -- 北京：科学出版社, 2024. 9. -- ISBN 978-7-03-079330-0

I. TP242.2

中国国家版本馆 CIP 数据核字第 20248W8X60 号

责任编辑：王　哲／责任校对：任云峰
责任印制：师艳茹／封面设计：迷底书装

科学出版社 出版
北京东黄城根北街 16 号
邮政编码：100717
http://www.sciencep.com

北京九州迅驰传媒文化有限公司印刷
科学出版社发行　各地新华书店经销

*

2024 年 9 月第　一　版　　开本：720×1000　1/16
2025 年 1 月第二次印刷　　印张：16 1/4
字数：327 000

定价：**136.00 元**
（如有印装质量问题，我社负责调换）

作者简介

孙宁，南开大学/南开大学深圳研究院教授、博导，入选教育部"青年长江学者"、宝钢优秀教师、日本学术振兴会 (JSPS) 外籍特别研究员等；从事机器人智能感知与控制方面的教研工作；主持 4 项国家自然科学基金项目 (含 1 项联合基金重点支持项目、2 项面上项目)、2 项国家重点研发计划课题等；以第一/通讯作者发表 IEEE 汇刊论文 60 余篇；获 2021 IEEE Transactions on Industrial Electronics 杰出论文奖 (通讯作者)、中国智能制造十大科技进展、天津市自然科学一等奖/二等奖、吴文俊人工智能自然科学一等奖、国家级本科教学成果二等奖、Machines 2021 Young Investigator Award、吴文俊人工智能优秀青年奖、天津专利金奖/创业奖、强国青年科学家提名等；并作为核心成员入选了全国高校黄大年式教师团队与天津市教学团队。

杨桐，南开大学/南开大学深圳研究院讲师；从事欠驱动机器人、气动人工肌肉机器人等非线性系统的智能控制方面的教研工作；主持国家自然科学基金青年科学基金项目等；以第一作者/学生第一作者发表 SCI/EI 检索论文 20 余篇；获天津市自然科学二等奖、日内瓦国际发明展铜奖、IEEE RCAR 最佳控制论文奖、南开大学优秀博士学位论文、"互联网 +" 全国总决赛金奖、"挑战杯" 全国竞赛一等奖、天津市知识产权创新创业发明与设计大赛一等奖、全国信创与人工智能发展博士后学术论坛优秀论文一等奖等，指导学生获华北五省大学生机器人决赛一等奖。

方勇纯，南开大学副校长、教授，南开大学深圳研究院院长；入选教育部长江学者特聘教授、国家杰青、国家百千万人才工程、国务院政府特殊津贴专家等；从事机器人视觉控制、无人机、欠驱动吊运系统、微纳米操作等方面的教研工作；获陈翰馥奖、中国智能制造十大科技进展、吴文俊人工智能自然科学一等奖、天津市自然科学一等奖、中国技术市场协会金桥奖-项目突出贡献奖、天津市专利奖-金奖、国家级本科教学成果二等奖等；带领团队入选全国高校黄大年式教师团队与天津市教学团队。

吴易鸣，东北大学讲师；从事空中无人操作机器人智能规划与控制方面的教研工作；主持国家自然科学基金青年科学基金项目等；发表 SCI 检索论文 10 篇，其中 3 篇入选 ESI 高被引论文；获天津市自然科学二等奖、中国青少年科技创新奖、天津市专利奖、"互联网 +" 全国总决赛金奖、"挑战杯" 全国竞赛一等奖等；曾担任大学生 "小平科技创新团队" 负责人。

前　言

在当今飞速发展的科技领域中，机器人技术备受瞩目并获得广泛应用。作为其中一个重要分支，起重机器人 (又称吊车) 在工业、建筑及其他领域具有广阔的应用前景，被视为生产制造、物流、建筑等国家重点产业的核心装备之一，在大型货物搬运 (即完成取料、运输、卸载等一系列工作)、设备装配、维修、航空航天等方面发挥着至关重要的作用，有利于推动相关行业转型升级，提高生产效率与经济效益。面向不同应用场景，可大致将起重机分为平移式和旋转式。例如，桥式起重机主要考虑的是台车平移运动，而塔式起重机、桅杆式起重机等增加了吊臂的旋转/俯仰运动，灵活性更高、可操作性更强且可达空间更广。然而，作为一种典型的非线性欠驱动系统，起重机器人的负载摆动缺少独立控制量，导致系统控制输入数量少于待控自由度，表现出复杂的动态特性与耦合关系，极大地增加了控制难度。同时，三维空间内俯仰、旋转两个方向上的关节转动很容易带来离心力与摩擦，引发不可驱动负载大幅摆动与定位误差，加之实际应用环境中可能存在状态约束、测量误差、参数/结构变化、驱动器饱和、外部扰动等，进一步增加了旋转式起重机的控制难度。

目前，国内外仍缺少相关书籍对欠驱动旋转式起重机器人的动力学特性与可能存在的各种复杂扰动进行针对性分析，特别是对于塔式起重机器人吊臂与台车同步控制、桅杆式起重机器人重力矩补偿、双桅杆式起重机器人协同吊运等重要问题，尚无体系化、综合性的控制方案。特别地，如何保证误差信号收敛于零并给出严格的理论分析，仍然是国内外现有书籍中尚未解决的一个重要问题。为此，本书立足于旋转式起重机器人现有研究中存在的不足，分别以塔式起重机器人、桅杆式起重机器人与双桅杆式起重机器人为研究对象，从实际应用需求出发，深入分析三类起重机器人复杂的动态特性，内容涵盖了三类常见的旋转式起重机器人以及吊运过程中可能存在的各种不利因素，在原始非线性模型的基础上提出了一系列行之有效的轨迹规划、自适应控制、协同控制等智能控制方法，以便处理一些较为实际的工程问题，完成三维空间内的准确吊运与快速消摆，为优化旋转式起重机器人的运行效率、安全性与平稳性提供可靠的技术支持，从而解放人力，推进机器人系统智能化发展。

本书作者及其所在团队依托于南开大学人工智能学院机器人与信息自动化研究所、南开大学深圳研究院、天津市智能机器人技术重点实验室与"可信行为智能算法与系统"教育部工程研究中心，在欠驱动机器人与起重机器人智能控制方面积累了多年的研究经验，本书主要提出了旋转式起重机器人的轨迹规划与智能控制方法，分别以塔式起重机器人、桅杆式起重机器人与双桅杆式起重机器人为研究对象，深入探索旋转式结构在欠驱动起重机器人上引起的一系列共性问题，以及实际操作过程中各种不可避免的不利因素，设计多种开环/闭环智能控制方法，并给出完整的理论分析与实验结果。具体而言，第一部分 (第 1 章) 详细介绍了欠驱动机器人系统的概念、分类与研究现状，以及平移/旋转式起重机器人现有研究成果与控制难点。第二部分 (第 2 ~ 6 章) 针对塔式起重机器人在运动约束、软/硬件约束等方面存在的问题，设计了多种智能控制策略与多目标轨迹优化方法。第三部分 (第 7 ~ 9 章) 基于三维桅杆式起重机器人原始非线性动力学模型，针对性地提出了时间最优轨迹规划方法、考虑运动约束的非线性运动控制方法及自适应重力补偿与消摆控制方法。第四部分 (第 10 ~ 13 章) 则将控制对象从单起重机器人扩展到多起重机器人，充分考虑系统内在的完整约束与协同吊运问题，实现负载位姿有效控制。第五部分 (第 14 章) 对本书针对旋转式起重机器人提出的多种规划/控制方法进行了总结，并且对后续继续提升控制器的适用范围与人机协作能力进行了展望。

本书编写过程中，汇集了来自南开大学、南开大学深圳研究院众多同事的经验、智慧、支持与帮助；感谢国内外的专家学者对本书内容提出的宝贵建议和意见，他们的指导使得本书的内容更加准确、全面，同时也拓宽了研究思路和视野；同时也要感谢多家企业对本书研究内容提供的支持/合作，他们提供了良好的实验环境和资源，使我们能够更加贴近实际问题，并进行有效的验证与应用。另外，感谢本研究团队的符裕、刘卓清、邱泽昊等同学为本书研究内容进行的大量工作；感谢翟猛、冯晓雪、樊昌达、邬雅轩等研究生参与本书的排版、校对等工作。本书的研究内容和出版得到了深圳市优秀科技创新人才培养项目 (杰出青年基础研究)(编号：RCJC20231211090028054)、国家自然科学基金项目 (编号：U20A20198、62373198、61873134、61503200、62303245)、天津市自然科学基金项目 (编号：22JCJQJC00140、20JCYBJC01360、15JCQNJC03800)、天津市青年人才托举工程项目 (编号：TJSQNTJ–2017–02)、国家重点研发计划课题 (编号：2023YFC3011004、2018YFB1309003)、广东省基础与应用基础研究基金项目 (编号：2023A1515012669)、津南区科技计划项目科学技术研究类 (编号：20230105)、天津市科协自然科学学术专著基金等的资助。本书以工程应用为出发点，所提控制方法处理了实际作业时可能出现的不同问题，同时也进行了完整的理论分析，既可作为高等院校的本科生/研究生教材，也可供科研院所、企业等相关控制工程及机械领域的技术人员参考。作者希望本书中的学术观点和研究方法能够激发读者的思考，成为引发更多讨论和进一步改进的起点。这些观点和方法在应用于复杂欠驱动机电/机器人系统的控制问题时，希望能够提供可行的解决思路。

　　本书编写过程中，作者收获了许多宝贵的经验和知识，由于作者水平有限，书中难免存在一些疏漏之处，衷心希望广大读者能够给予批评指正，提出宝贵意见，以便我们不断完善和改进，衷心希望本书能够为相关领域的研究和实践者提供有益的参考，推动旋转式起重机器人技术的快速发展和广泛应用。

目　　录

前言

第一部分　绪论

第 1 章　研究现状与主要内容 ·························· 3
  1.1　研究背景 ······································· 3
  1.2　欠驱动机器人研究现状 ···························· 5
    1.2.1　省去部分执行机构的欠驱动系统 ················· 5
    1.2.2　具有非完整约束的欠驱动系统 ·················· 7
    1.2.3　基准欠驱动系统 ·························· 9
    1.2.4　一类欠驱动系统 ·························· 10
  1.3　欠驱动起重机器人研究现状 ························· 11
    1.3.1　平移式起重机器人控制方法设计与分析 ············ 13
    1.3.2　旋转式起重机器人控制方法设计与分析 ············ 15
    1.3.3　旋转式起重机器人研究现状分析与挑战 ············ 17
  1.4　本书主要研究内容 ······························ 19

第二部分　塔式起重机器人智能控制

第 2 章　塔式起重机自适应消摆与积分定位控制 ················· 29
  2.1　问题描述 ···································· 29
  2.2　控制器设计及稳定性分析 ·························· 32
  2.3　实验结果与分析 ······························· 39
  2.4　本章小结 ···································· 43
第 3 章　基于状态观测器与摩擦补偿的塔式起重机饱和输出反馈控制 ······· 44
  3.1　问题描述 ···································· 44
  3.2　控制器设计及稳定性分析 ·························· 45
  3.3　实验结果与分析 ······························· 54
  3.4　本章小结 ···································· 61

第 4 章　有限时间收敛非线性塔式起重机器人滑模跟踪控制 ·················· 62

　　4.1　问题描述 ··· 62

　　4.2　控制器设计与稳定性分析 ································· 63

　　4.3　实验结果与分析 ·· 71

　　4.4　本章小结 ··· 74

第 5 章　基于参数估计的变绳长塔式起重机的输出反馈控制 ·············· 75

　　5.1　问题描述 ··· 75

　　5.2　控制设计及稳定性分析 ··································· 78

　　5.3　实验结果与分析 ·· 86

　　5.4　本章小结 ··· 91

第 6 章　五自由度塔式起重机多目标最优轨迹规划 ····················· 93

　　6.1　问题描述 ··· 93

　　6.2　考虑状态约束的多目标最优轨迹规划 ··················· 95

　　6.3　实验结果与分析 ··· 103

　　6.4　本章小结 ·· 110

第三部分　桅杆式起重机器人智能控制

第 7 章　三维桅杆式起重机最优轨迹规划与运动控制 ·················· 115

　　7.1　问题描述 ·· 115

　　7.2　基于非线性动态的最优轨迹规划 ······················· 118

　　7.3　实验结果与分析 ··· 123

　　7.4　本章小结 ·· 128

第 8 章　考虑运动约束的三维桅杆式起重机非线性运动控制 ············· 129

　　8.1　问题描述 ·· 129

　　8.2　控制器设计及稳定性分析 ································ 131

　　8.3　实验结果与分析 ··· 137

　　8.4　本章小结 ·· 141

第 9 章　四自由度桅杆式起重机自适应动态估计与消摆控制 ············· 142

　　9.1　问题描述 ·· 142

　　9.2　控制器设计及稳定性分析 ································ 143

　　9.3　实验结果与分析 ··· 150

　　9.4　本章小结 ·· 154

第四部分　双桅杆式起重机器人智能控制

第 10 章　面向双桅杆式起重机的时变输入整形控制 · 161
　　10.1　问题描述 · 161
　　10.2　输入整形器设计及分析 · 164
　　　　10.2.1　模型分析 · 164
　　　　10.2.2　极不灵敏型输入整形器 · 167
　　10.3　实验结果与分析 · 168
　　10.4　本章小结 · 174
第 11 章　考虑驱动器饱和约束的输出反馈控制 · · · · · · · · · · · · · · · · · · · 176
　　11.1　问题描述 · 176
　　11.2　控制器设计及稳定性分析 · 182
　　11.3　实验结果与分析 · 189
　　11.4　本章小结 · 195
第 12 章　抑制吊臂运动超调的自适应积分控制 · · · · · · · · · · · · · · · · · · · 196
　　12.1　问题描述 · 196
　　12.2　控制器设计与稳定性分析 · 197
　　12.3　实验结果与分析 · 206
　　12.4　本章小结 · 211
第 13 章　考虑参数不确定性的自适应滑模轨迹跟踪控制 · · · · · · · · 212
　　13.1　问题描述 · 212
　　13.2　控制器设计及稳定性分析 · 214
　　13.3　实验结果与分析 · 224
　　13.4　本章小结 · 229

第五部分　本书总结

第 14 章　工作总结及展望 · 233
　　14.1　本书工作总结 · 233
　　14.2　后续工作展望 · 235

参考文献 · 236

第一部分
绪　　论

第 1 章　研究现状与主要内容

1.1　研 究 背 景

就实际机械系统而言，并非所有待控变量都具有独立的驱动设备，当控制输入数量少于自由度时，可称为欠驱动系统。目前，此类系统广泛分布于工业生产、物流运输、勘探侦察等领域，在海陆空等不同环境中发挥着越来越重要的作用。具体而言，水面舰艇、深海船用起重机等欠驱动系统被广泛应用于海洋工程领域，完成水下资源探测、投放/打捞、货物吊运等任务，在海洋资源开发、海上物资运输等方面扮演着重要的角色。陆地上，为数不少的机械设备都具有欠驱动特性，如桥式、塔式、桅杆式等各类起重机系统、柔性机械臂、移动机器人等，涉及工业制造、物流、建筑等不同行业，在国民经济的发展中占有举足轻重的地位。此外，在航空航天领域也存在多种典型的欠驱动系统，包括无人机、四旋翼飞行器、直升飞机等，较少的输入信号可同时控制它们的位置与姿态，减小自身质量的同时，增强系统灵活性，此类系统的欠驱动特性更符合空中作业的实际需求，其应用范围也逐步从执行军事任务扩展到商业、娱乐及其他领域。

总的来说，可大致将欠驱动系统分为以下三类：① 为了提升系统灵活度以实现某些特定功能，或受制于机械结构的限制，一些系统省去了部分驱动设备，减轻自身重量，如各类起重机系统、欠驱动 (柔性) 机械臂、自平衡车等；此外，当全驱动系统的执行机构发生故障时，也会退化为欠驱动系统；② 系统本身受到非完整约束的影响，待控变量之间存在一定的耦合关系/约束关系，但由于控制输入数量较少，其本质上仍然是欠驱动的，如无人机、水面舰艇、平面垂直起降飞行器等；③ 在欠驱动系统理论研究过程中，为了更好地刻画复杂系统的欠驱动特性 (如双足机器人及其他仿生机器人等)，可利用一系列基准测试结构模仿复杂系统的动态特性，并用于验证控制方法的有效性，如 (旋转) 倒立摆、惯性轮摆、球棒系统等。由此可见，欠驱动系统具有广泛的应用范围与十分重要的理论研究价值。

欠驱动系统之所以在机械工程领域占有一席之地并体现出众多优势与发展潜力，很大程度上得益于系统自身以 "少" 控 "多" 的特性，即以较少的输入信号控制较多的状态变量，从而达到 "事半功倍" 的效果。首先，在实际应用中，机械结构质量、体积等内在特性均是完成某一特定控制任务中需要考虑的基本问题。当硬件结构本体的质量较大时，往往需要消耗较高的控制能量，也会对驱动设备的

性能 (如额定功率等) 提出更高的要求, 增加硬件成本。并且, 对于全驱动系统而言, 为增加系统自由度, 通常需要安装更多的执行机构, 进一步加大了系统负重。相比之下, 欠驱动系统在实际工作过程中, 无需额外的驱动设备即可同时控制所有待控变量, 有效节约成本并降低能耗, 更加符合国民生产中节能减排的需求。其次, 由于对执行机构数量没有严格要求, 欠驱动系统机械结构的复杂度更低, 灵活性 (机动性) 更强, 可达空间更广。此外, 当全驱动系统的执行机构发生故障时, 可将其视为欠驱动系统, 在一定程度上, 对欠驱动系统控制方法的研究也有助于提升全驱动系统的容错能力与控制性能。

然而, 任何事物均具有双面性, 欠驱动系统大多呈现出较为复杂的非线性动态特性与强耦合关系, 特别是在实际运行过程中, 极易受到各种不确定因素的影响, 包括系统自身参数不确定、软/硬件条件受限引起的信号传输不确定、外界干扰不确定、作业环境不确定等, 使相关控制问题极具挑战。具体而言, 较少的控制输入使得欠驱动系统自身存在不可直接驱动的状态, 必须有效控制可驱动变量并利用二者之间的耦合关系, 来间接控制非驱动变量。遗憾的是, 对于一些机械结构与工作原理非常复杂的欠驱动系统, 即使较为有效地控制了可驱动子系统, 也难以使非驱动子系统呈现出令人满意的动态响应, 并且非驱动变量很容易受到外界干扰的影响而偏离平衡点, 抗干扰性能较差, 严重时甚至导致系统不稳定。就现有研究而言, 如何从理论上严格分析非驱动状态的收敛性与暂态性能仍然是十分困难的。接下来将以欠驱动起重机器人系统为例, 对上述问题进行详细说明。如前所述, 吊运系统在海陆空领域均占有一席之地, 无论深海起重机、陆地起重机, 还是无人机吊运系统, 最终的控制目标在于令负载快速准确地移动到指定位置并消除残余摆动。然而, 负载悬挂于吊绳下方, 不存在额外的驱动设备抑制残余摆动。因此, 在操作过程中, 仅可利用吊杆、台车等可驱动结构来间接控制不可驱动的负载摆角, 极大地增加了控制难度。不仅如此, 对于海上或空中作业的吊运系统而言, 船体/机体本身不可避免地受到海浪/气流的影响, 负载在此类不规则的随机扰动作用下, 很容易产生大幅摆动, 降低吊运效率, 甚至导致安全隐患。除此之外, 起重机系统在实际应用中往往受到多种软/硬件条件的制约, 例如, 驱动器死区、饱和、故障等带来的输入约束, 未安装足够的传感器导致部分状态不可测, 在有限的作业空间中需要对吊杆、台车超调与负载摆动范围/速度进行合理有效的约束等。上述问题一旦处理不当, 不仅会导致吊杆、台车等可驱动变量产生定位/跟踪误差, 还难以完全消除负载的残余摆动, 降低工作效率。由此可见, 对于欠驱动系统而言, 需要充分考虑实际工况下的各类不确定扰动与复杂约束, 如何有效利用以 "少" 控 "多" 的优势实现以 "少" 胜 "多", 是值得深入探讨的重要问题。

1.2　欠驱动机器人研究现状

随着社会生产力与智能制造技术的快速发展，传统的人工操作已无法满足现代工业制造业对欠驱动系统工作效率与控制精度的性能要求。近年来，为推动实际控制过程向数字化、智能化迈进，国内外众多学者已对欠驱动系统开展了一系列研究。本节将分别对省去部分执行机构的欠驱动系统、具有非完整约束的欠驱动系统及基准欠驱动系统的现有控制方法进行概述，进而介绍一类欠驱动系统控制问题的研究现状。

1.2.1　省去部分执行机构的欠驱动系统

受制于物理结构的限制或为增强灵活度，降低系统质量，一些系统省去了部分执行机构，因而呈现出欠驱动特性，常见的包括桥式起重机、塔式起重机、双足行走机器人、欠驱动机械手等，如图 1.1 所示[①]。

(a) 桥式起重机　　　　　　　　　　(b) 塔式起重机

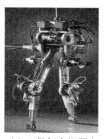

(c) 双足行走机器人　　　　　　　　(d) 欠驱动机械手

图 1.1　省去部分执行机构的欠驱动系统

---

① 图片来源：图 1.1(a)：http://www.xjxqqz.com/item/18.html；图 1.1(b)：https://cn.symtowercrane.com/pd6489954.html；图 1.1(c)：Sabourin C, Bruneau O. Robustness of the dynamic walk of a biped robot subjected to disturbing external forces by using CMAC neural networks[J]. Robotics and Autonomous Systems, 2005, 51(2/3): 81-99；图 1.1(d)：Abdeetedal M, Kermani M R. Grasp and stress analysis of an underactuated finger for proprioceptive tactile sensing[J]. IEEE/ASME Transactions on Mechatronics, 2018, 23(4): 1619-1629.

首先，就工业生产中常见的起重机而言，在港口、码头及海洋环境等各类场合中，它们是极为重要的运输工具。基于结构与工作环境的差异，可大致将其划分为桥式起重机、塔式起重机、桅杆式起重机、船用起重机等。目前，已有不少学者对欠驱动起重机的定位、消摆问题进行了深入研究，主要包括开环控制与闭环控制。首先介绍开环控制中常用于起重机的输入整形与轨迹规划方法。所谓输入整形，即通过分析负载摆动特性来调整输入信号，使整形后的控制输入能够在一定程度上加快负载消摆。比较典型的是 Singhose 课题组将输入整形技术应用于起重机，设计了一些较为有效的整形方法。例如，为处理状态时延，文献 [1] 提出对输入指令实时整形，从而抑制负载残余摆动；并于文献 [2] 中说明了输入整形器在抑制柔性系统振荡方面也具有较好的性能。此外，Singhose 等提出的指令平滑器[3] 也被有效应用于塔式起重机，减少了分布式负载的残余摆动与扭转。除此之外，通过离线计算为起重机设计消摆轨迹，有利于实现能量/时间优化。例如，Xia 等提出了一种最优轨迹规划方法[4]，将系统能耗作为优化目标，并同时满足负载的最大摆幅、速度、加速度等物理约束，提升了系统运行效率与安全性。此外，文献 [5] 还将微分平坦方法应用到桥式起重机的轨迹规划中，结合粒子群优化算法求得最优轨迹。在系统线性化模型的基础上，Uchiyama 等设计了一种 S 形轨迹[6]，通过驱动吊杆的水平转动来实现桅杆式起重机的消摆控制。上述开环控制方法在实际应用中易于操作，但仍依赖于精确的模型参数，抗干扰能力较弱。与之相比，闭环控制方法[7] 利用系统的实时反馈信息计算控制命令，在系统面临不确定性与未知扰动时，可以快速作出响应，有利于提升系统鲁棒性，常见的包括自适应控制[8]、滑模控制[9-11] 等。例如，文献 [8]、[9] 在控制器设计过程中，分别考虑了吊绳柔性与绳长时变的影响，所提方法可处理起重机的未知动态，提高控制精度。文献 [10] 利用伪谱法，设计了一种积分滑模控制方法，实现仿射系统的最优控制，并将其应用于桥式起重机。进一步地，当起重机的工作环境从陆地延伸至海洋领域，需有效处理复杂海浪、海风引发的船体不规则运动。基于此，Hong 等设计了一种新型的摆动抑制策略[11]，并证明了台车定位误差与摆角均可渐近收敛于零。除此之外，智能算法，包括神经网络、模糊结构等，也可在自适应增益选取[12]、处理未知动态[13] 等方面发挥重要作用。例如，文献 [14] 设计了一种基于神经网络的自适应方法与速度观测器，在线估计未知参数与随机风浪，改善控制性能。同时，文献 [15]～[17] 也利用基于模糊逻辑的自适应控制方法处理起重机系统的复杂非线性特性。

除了上述起重机系统，近年来，欠驱动机械臂、柔性机械臂等重要结构也在机器人领域引起了广泛关注。不同于全驱动机械臂，欠驱动机械臂的部分关节缺少独立的执行机构，按照驱动关节的不同，主要有 Acrobot 系统[18,19] 与 Pendubot 系统[20,21] 两类 (Acrobot 的第二个关节配有驱动器，而第一个关节是无法被直接驱动的，Pendubot 则与之相反)。多年来，Xin Xin 教授课题组在多种欠驱动机械臂的起摆控制方面取得了一定的研究成果。具体而言，针对 Acrobot 系统，提出了基于能量的非线性控制方法[22]，并进一步用于远程遥控[23]；近年来，该课题组也将研究对象逐步扩展到平面 n 连杆欠驱动机器人[24]，使整个系统是线性可控可观的。放眼国内对欠驱动机械臂的研究，也有许多有价值的工作被相继提出。例如，文献 [25]~[27] 分别针对二连杆、三连杆及四连杆欠驱动机械臂进行了控制器设计。文献 [25] 重点分析了 Acrobot 与 Pendubot 的相似性，并基于一个统一的框架，提出了适用于摆动控制及平衡控制的综合控制策略；随后，为平面四连杆结构设计了位置-姿态控制器[27]，利用遗传算法处理多目标优化问题，同时对连杆摆角进行约束。除 Acrobot 与 Pendubot 外，当连杆本身具有柔性弯曲特性时，也可将其视为欠驱动系统，利用关节处的执行器抑制整个连杆弯曲，并控制连杆末端到达指定位置。首先，针对单连杆柔性机械臂，文献 [28]、[29] 设计了基于干扰观测器的振动抑制策略，用以消除柔性连杆的残余振动，提高定位性能。随后，Zhao 等[30] 考虑了柔性机械臂面临输入约束、参数不确定及外部干扰时的控制问题，采用径向基函数神经网络进行在线估计，并基于反步法，对柔性臂的位置和姿态进行有效控制。进一步地，目前也有很多课题组针对二连杆柔性机械臂的有限时间定位[31]、振动幅值约束[32] 等问题开展研究工作，考虑了更为复杂的性能需求，更具实用性。

近年来，随着机器人技术的蓬勃发展，一系列具有欠驱动特性的仿生机器人逐渐获得学者的青睐，典型的包括如图 1.1(c) 所示的双足行走机器人[33]、攀爬机器人[34]、仿生机器鱼[35] 等，它们都是由自然界的生物抽象而来的，并充分利用这些生物在运动时表现出来的优越性。例如，鱼在游动时，所有关节并不是独立运动的，而是通过肌肉张弛带动各个关节协作运动的，因而其本身也是欠驱动的。类似地，欠驱动机械手[36] 也是仿照人类手指用一根筋带动多个关节运动的特性，完成抓取任务的，如图 1.1(d) 所示。

1.2.2　具有非完整约束的欠驱动系统

所谓非完整约束，即无法对带有速度项的约束方程直接积分。具有非完整约束的欠驱动系统，通常在某个方向上无法自由移动，例如，移动机器人不能直接侧向平移，只能利用较少的控制输入使机身前进或旋转，并逐步移动到指定位置。此类带有非完整约束的结构，可减小系统自身的质量/体积，更有利于节约能耗成本，特别是在海洋探测、物流搬运、飞行搜救等领域具有重要的应用价值。

首先，就生活中常见的移动机器人来说，Fu 等[37] 将控制器设计过程分为两步，第一步主要是在运动学和动力学层面设计虚拟控制器；第二步是将虚拟控制器与反步法相结合，设计执行器层面上的跟踪控制策略。同样是基于反步法，文

献 [38] 提出了一种鲁棒自适应控制器,利用模糊结构对移动机器人运动学/动力学方程、驱动器动态特性中的不确定项进行在线补偿,确保闭环系统中所有信号均为一致最终有界的。此外,欠驱动航天器、直升机、无人飞行器 (unmanned aerial vehicles, UAV) 等欠驱动系统也在航空航天领域发挥着重要作用。相比于陆地环境,此类系统在飞行过程中极易受到不规则气流等外部扰动的影响,且需利用较少的输入信号同时实现位置与姿态的控制。为此,不少学者尝试将各种经典控制算法应用其中,处理一系列实际问题。文献 [39] 利用模型预测控制在处理多变量约束时体现出的优势,对欠驱动航天器的输入信号幅值进行限制,避免驱动器陷入饱和。当航天器同时受到内在不确定性与外部干扰的影响时,文献 [40] 提出了一种自适应滑模控制器,使系统姿态在有限时间内稳定于目标值。除此之外,智能学习算法也可用于抑制飞行器未知非线性动态与干扰的不利影响。具体而言,文献 [41]、[42] 分别以三自由度直升机与无人机为控制对象,提出了基于神经网络的自适应容错控制器与离散时间分数阶跟踪控制器,前者首先设计了一个基于神经网络的估计项,逼近系统未知动态,由此产生的逼近误差也被视为扰动项,并被另一个非线性干扰观测器有效处理,从而保证了直升机系统所有信号的收敛性;后者利用基于神经网络的干扰观测器与反步法进行控制器设计,使无人机系统满足预设性能并消除跟踪误差。同时,对于四旋翼飞行器的位置/姿态跟踪问题,一些基于在线学习的鲁棒控制策略被陆续提出。例如,文献 [43] 引入神经网络逼近系统的最优控制输入,同时处理时变与耦合不确定性的不利影响,而文献 [44] 利用神经网络直接将系统状态以端到端的形式映射到控制命令中,并在执行-评价结构中引入积分补偿器,提高了跟踪精度与鲁棒性。同时,当四旋翼飞行器下方悬挂负载时,可组成无人机吊运系统。为此,文献 [45] 进一步考虑了如何消除不可驱动的负载摆角。除了单一待控对象,面向多个具有非完整约束的个体共同组成的多智能体系统,文献 [46] 提出了一种基于反步法的分布式自适应控制策略,用于解决移动机器人的编队控制问题;同时,多无人机系统的动态任务分配与路径规划问题也在文献 [47] 中得到了有效解决,在军事、勘探领域都具有较好的应用前景。

以上介绍的主要是非完整约束系统在陆地移动与空中飞行方面的一些应用 (见图 1.2(a) 和 (b)①),而在海洋工程领域,常用的水面舰艇 (underactuated surface vehicles, USV) 也属于一种较为典型的欠驱动系统 (见图 1.2(c)②),它一般具有三个控制输入,六个待控自由度,水的阻力、海浪、海风等都会对其航行产生影响。为此,Dixon 等提出了一种连续时变的跟踪控制器[48],使欠驱动水面舰艇

---

① 图片来源:图 1.2(a):https://www.dongtiantech.com/xinwenzixun/1180.html;图 1.2(b):https://www.jishulink.com/post/1822232。

② 图片来源:https://blueseabrokers.net/vessel/do0250。

位置/航向的跟踪误差收敛至零点附近任意小的区域，并给出了严格的理论证明。进一步地，文献 [49] 针对系统参数不确定的问题，提出了一种自适应近似最优控制方法，随着最优控制律渐近收敛于最优解，闭环系统可渐近稳定于平衡点，此方法也在欠驱动水面舰艇上得到有效应用。近年来，神经网络[50]、回声状态网络 (属于一种递归神经网络)[51]、强化学习[52] 等也在处理水面舰艇的非线性动态与外部扰动方面体现出了一定的优势。

(a) 移动机器人　　　　　(b) 无人机　　　　　(c) 水面舰艇

图 1.2　具有非完整约束的欠驱动系统

1.2.3　基准欠驱动系统

放眼实际工程领域，为数不少的机械系统都具有复杂的非线性动态特性，为降低控制器设计难度，可将其主要运动抽象为一些基准系统的运动，进而参照基准系统设计控制器。常见的基准系统有倒立摆 (包括一阶倒立摆、旋转倒立摆、轮式倒立摆等)、球棒系统、惯性轮摆等，如图 1.3 所示①。

(a) 一阶倒立摆　　　　　(b) 旋转倒立摆　　　　　(c) 轮式倒立摆

图 1.3　基准欠驱动系统

首先，就应用最为广泛的倒立摆而言，仿生机器人直立行走、高层建筑避震等都可根据一阶倒立摆平衡控制的原理进行设计，前面介绍的 Acrobot 与 Pendubot 即典型的二阶倒立摆，而生活中常用的代步工具——自平衡车可抽象为轮式倒立摆，诸如此类的系统还有很多，这也吸引了众多学者针对各类倒立摆的控制问题

---

① 图片来源:图 1.3(a):https://wheeltec.net/product/html/?206.html;图 1.3(b):https://wheeltec.net/product/html/?203.html; 图 1.3(c): https://wheeltec.net/product/html/?205.html.

开展深入研究。例如，对于轮式倒立摆，文献 [53] 将整个欠驱动系统解耦为两个子系统，利用基于神经网络的运动控制器直接控制二阶可驱动子系统，并基于两个子系统之间的内在耦合关系对一阶不可驱动子系统进行间接控制，从而保证了良好的跟踪性能。此外，Yue 等[54] 首先将双轮倒立摆拆分为三个子系统，分别设计自适应滑模控制方法确保子系统平衡点的稳定性，进而实现对整个系统的有效控制，随后还在文献 [55] 中利用拟凸优化和 B 样条自适应插值技术，解决了轮式倒立摆的时间最优平衡控制问题。针对旋转倒立摆，文献 [56] 提出的自适应跟踪控制策略利用神经网络的全局逼近特性处理未知动态，消除跟踪误差，文献 [57]将人工时滞项引入所提的输出反馈积分滑模控制律，抑制了不利的非匹配谐波干扰与测量噪声。除此之外，球棒系统与惯性轮摆中常见的延时[58]、饱和[59]、快速起摆[60] 等问题也在现有研究中得到了有效解决。不难发现，类似的基准欠驱动系统中还包含着许多经典的控制问题，例如，非线性动态补偿、抗干扰、镇定控制、轨迹跟踪等，具有重要的研究价值。

1.2.4 一类欠驱动系统

上述研究均是基于某个特定的欠驱动系统进行控制器设计与分析的，为解决不同对象之间的共性问题，已有部分学者提出了适用于一类欠驱动系统的控制框架[61-65]，传统的无源控制、能量控制与基于反步法的控制器设计方法均被应用其中。具体而言，Ortega 课题组基于互联及阻尼分配的无源控制[66,67] 与比例-积分-微分 (proportional integral derivative, PID) 无源控制[68] 等方法，有效处理了欠驱动系统的镇定控制问题，使闭环系统的待控变量渐近收敛于目标位置。此外，Dixon 等[69] 为受到碰撞影响的欠驱动系统设计了一种能量耦合控制方法，有效改善了系统的瞬时响应并保证定位误差最终收敛于零，而文献 [70] 提出了一种基于反步法的镇定控制律，驱动线性欠驱动系统渐近稳定于平衡点，并给出严格的理论分析。为降低控制器设计难度，Olfati-Saber 提出将欠驱动系统的动力学模型整理为级联形式[71]，使控制输入仅出现在可驱动子系统中；基于类似的级联变换，文献 [72] 设计了一种滑模控制方法，增强系统对参数不确定及其他干扰的鲁棒性。值得指出的是，上述控制策略均依赖于精确的模型知识或对系统动力学方程的结构有严格要求，一旦系统存在未建模态或者受到外界未知干扰的影响，将在一定程度上降低控制性能。目前，一些自适应控制策略假设系统动力学模型中的向量/矩阵 (或其上界) 满足线性参数化条件，为未知参数设计在线更新律，减小定位误差，如文献 [73]~ [75]。特别地，在文献 [74] 的基础上，Roy等还考虑了不确定欠驱动系统的切换控制问题[75]，使系统在多种模态的反复切换过程中，仍然保持闭环稳定性。此外，为提高欠驱动系统的抗干扰性能，一系列扰动抑制策略被陆续提出。例如，文献 [76]、[77] 分别针对连续时间线性系统与二阶非线性系统，提出了基于扰动观测器的滑模控制方法来处理非匹配扰动。进一步地，Yin 等[78] 将欠驱动系统动力学方程分解为匹配与非匹配两部分，并通过优化控制参数来降低能量损耗。除此之外，一系列基于智能算法的自适应控制器能够更为全面地掌握未知动态的相关信息，而非直接用"高增益"鲁棒项抵消它们的不利影响。例如，文献 [79] 提出了一种基于神经网络的自适应控制策略，抑制非线性欠驱动系统中的匹配/非匹配干扰，完成跟踪控制。同时，模糊结构也作为前馈补偿项，在线逼近模糊欠驱动系统[80] 与单输入单输出 (single-input-single-output, SISO) 欠驱动系统[81,82] 动力学模型中的不确定部分。与此同时，为应对实际应用中更为复杂的死区、时延及外部干扰的影响，文献 [83] 为一类多输入多输出 (multi-input-multi-output, MIMO) 欠驱动系统设计了一种自适应模糊控制器，保证所有状态变量一致最终有界，并基于欠驱动塔式起重机进行了仿真验证。

1.3　欠驱动起重机器人研究现状

起重机作为一种典型的欠驱动系统，在这些制造行业中均是一种不可或缺的机械设备，并且在不同的工业场合，不同门类的起重机各自发挥着举足轻重的作用。图 1.4 中给出的分别是现代化车间、智慧港口与智能炼钢厂的工作场景①。首先，在全国范围内应用最为广泛的起重机是桥式起重机，其通过类似桥梁的结构将主要负责运输的台车高高架起，每个桥架占用空间很小。利用这样的结构非常便于在车间、厂房等地以较大的覆盖率实现物料的搬运。除应用于室内场合外，桥式起重机也因其在机械结构上具有的优势被广泛地应用在临港工业区等室外场合，作为集装箱装卸设备显著地提升了港口吞吐量。而当作业场景进一步扩展到岸边，甚至船上，使门桥式结构不足以满足全部的吊装需求时，便可将一些桅杆式起重机安装在浮动平台 (如船体) 上，在存在横摇、俯仰和垂荡运动干扰的情况下，完成大件货物的装卸运输。这些桅杆式起重机还可继续划分为平面式与旋转式，相比于平面式起重机，旋转式起重机的工作空间更广、用途更加灵活。除桅杆式起重机外，另一种常见的旋转式起重机是塔式起重机，其基座所占实际工地面积远少于悬臂的工作空间，在房屋、公路与桥梁的建设工程中占有主导地位。

---

① 图片来源：图 1.4(a): https://www.djhoists.com/paper-industry；图 1.4(b): https://global.chinadaily.com.cn/a/201904/26/WS5cc2c95fa3104842260b89dd.html；图 1.4(c): https://www.sohu.com/a/402063519_466870.

(a) 现代化车间

(b) 智慧港口

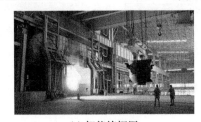
(c) 智能炼钢厂

图 1.4   一些起重机应用场合智能化发展现状

　　一般来说，起重机的工作模式往往都要经历以下三个阶段，即起吊–运输–落吊：① 垂直提升负载到安全高度，即负载起吊过程；② 通过台车将负载水平移至目标位置上方，即负载水平运输过程；③ 将负载垂直放置到目标位置，即负载落吊过程。通常情况下，在这个过程中难免会因惯性的存在而激发所吊运货物的摆动。在没有外界干扰的情况下，负载的摆动主要由台车加减速运动和吊绳长度变化引起，特别是台车运动更容易引发负载的明显摆动。然而，这种摆动特性却非常不利于安全高效地实施吊运任务。一方面，较大的货物摆幅是一种明显的安全隐患，使吊运中的货物易与厂区内的人员、物资等发生冲撞风险，或是发生脱钩、物料倾翻等安全事故[①]。另一方面，当货物在吊运过程中发生较大幅度摆动时，无论现场人工操作，远程遥操作，还是自动吊运，都要优先考虑进行调整或等待货物自然消摆后再继续完成吊运目标。这样一来便在一定程度上损失了作业效率。遗憾的是，由于系统的欠驱动特性，人们无法直接控制负载的摆动，只能通过合理控制台车的运动，在不影响快速准确定位的前提下，间接地抑制负载残余摆动。因此，防摆对于起重机吊运而言是一个非常重要的研究议题，它攸关安全性与工作效率两大重要工程指标。

　　近年来，在硬件技术方面，已有制造商陆续推出自动化、智能化起重机器人。在控制技术方面，也有许多文献记载了各类起重机器人的防摆控制方法。然而，起重机器人智能防摆技术依然存在许多难点有待攻破。其一，难以直接控制的负载摆动使起重机的待控自由度多于独立的控制输入，是导致其呈现出复杂欠驱动特

---

① 根据市场监管总局《关于全国特种设备安全状况的通告》，2016 年以来，虽然起重机的无人化进程在不断推进，但是起重机安全事故起数依然在特种设备安全事故中占比前三。

性的根本因素。欠驱动特性使这类系统在理论分析与控制设计方面都难于全驱动系统。其二，控制方法研究时还要兼顾多种实际问题与需求，例如，参数/结构未知、驱动器饱和、安全工作范围有限、速度信号难获、时间/能量最优、多起重机器人协同等。这些因素的存在使本就困难的防摆问题更是难上加难。起重机的吊装机构大多是由吊绳与吊具组成的柔性系统，欠驱动、低能耗，却极易激发振荡。现有研究中，可使用前馈 (开环) 控制方法优化暂态性能，不考虑系统的实时变化；也可基于反馈 (闭环) 控制方法增强鲁棒性，但需要额外加装传感器采集反馈信号[84]。根据起重机的结构特性，可将其大致分为平移式起重机器人与旋转式起重机器人，下面将分别介绍这两类起重机的研究现状。

1.3.1　平移式起重机器人控制方法设计与分析

在起重行业已有了长足发展的今天，平移式 (桥式) 起重机器人依然是其中应用最为广泛的门类。在多种多样的起重机中，桥式起重机器人是结构最为简单、现有研究最为成熟的一种。在寻求旋转式起重机器人控制问题的解决方案时，大多是受到桥式起重机控制研究的启发。因此，本节将首先介绍现有针对平移式起重机器人的控制方法。

首先介绍一些典型的开环控制方法。例如，将所需指令与一系列脉冲信号进行卷积，并根据系统的固有频率和阻尼来调整脉冲的振幅与时刻，最终使处理后的输入信号能够达到消除系统振荡的目的，其中，脉冲序列称为输入整形器。这样的技术就是输入整形技术[85,86]。Singhose 等成功地将输入整形技术应用于桥式起重机系统。具体而言，考虑时滞影响，文献 [1] 通过对系统的参考命令进行实时整形或延时滤波，使残余摆动最小化；在文献 [2] 中，比对了整形器与滤波器抑制柔性系统残余摆动的性能，验证了整形器消摆的快速性；并进一步在文献 [87] 中尽可能地最小化响应时间，并抑制了负载的残余摆动。不过，输入整形技术只分析了负载摆动的动力学，而起重机是强耦合系统，其具有的完整非线性特性也在很大程度上影响着吊运性能。为此，同为开环控制方法，机器人控制领域的离线轨迹规划技术也被应用于起重机系统。在文献 [88] 中，结合加速度整形提出的离线规划方法实现了对给定三段式台车速度轨迹的跟踪。Fang 等基于平面内桥式起重机的完整动力学，对可驱动的台车进行了运动规划[89]，在跟踪 S 形轨迹时展现出良好的跟踪性能。Sun 等基于相平面集几何分析，离线求解三段式加速度轨迹参数，实现快速定位与摆动抑制[90]，并在文献 [91] 中，将消摆环节引入 S 形轨迹，同时通过迭代学习算法增强了轨迹的定位精度。而文献 [92] 则基于类凸优化寻优得到了消摆规划的最短时间。文献 [93] 提出了一种在线轨迹规划方法，加快了响应速度，并能够实现轨迹参数的在线调节。轨迹规划方法控制结构简单，在实施阶段非常便捷，但也因需要进行轨迹计算而在实时性、鲁棒性等方面存在较明显的不足。

接下来介绍一些应用于平面桥式起重机的闭环反馈控制方法,即利用位移、摆角等系统状态设计控制器。此类方法需要在起重机上加装各类传感器以获得所需的反馈信号。首先,一些方法通过近似处理系统的非线性特性,得到线性化模型。具体而言,在文献 [94] 中,Hilhorst 等提出了一种 $\mathcal{H}_2/\mathcal{H}_\infty$ 混合控制方法,其分析对象是离散线性时变参数系统。同样基于近似模型,文献 [95] 提出了一种复合反馈控制方法,通过设计非线性反馈环节增强了定位与消摆的暂态性能。然而,并非所有的应用场合都能满足系统的线性化条件,当环境因素导致负载摆幅较大时,线性化模型丧失了捕捉系统真实非线性特性的能力,从而导致基于近似模型的控制器不能达到理想的控制效果。为使控制器的控制性能在更多的情况下得到良好的发挥,一些方法在分析设计时充分考虑了系统的非线性特性。例如,文献 [96] 基于非线性桥式起重机动力学提出了一种具有内外环结构的反馈线性化方法,其中内环实现了摆动的镇定,外环实现了轨迹的跟踪。文献 [97] 基于能量设计了增强阻尼的非线性控制方法。除考虑系统的固有特性外,为进一步增强对参数不确定性与外部扰动的鲁棒性,基于非线性模型的滑模控制技术也被应用在桥式起重机上。在文献 [98] 中,Qian 等利用系统状态构造辅助变量与滑模面,提出了一种复合滑模控制方法,通过滑模面镇定控制与切换控制解决了负载水平运送过程中的消摆定位控制问题。Zhang 等则利用滑模控制技术在经典比例微分 (proportional derivative,PD) 控制器的基础上增强了台车运动与负载摆动之间的耦合关系,实现防摆[99]。随着控制技术的不断发展,基于精确已知的模型或精确前馈补偿的控制技术逐渐难以满足人们在控制精度方面的需求。因为在更多的情况下,系统参数、摩擦力、扰动等难以精确已知,并极大地影响着消摆定位的效果,成为高性能控制继续发展的阻碍。于是,许多学者在进行分析时将这些因素看作未知的不确定项来处理,提出了能够对不确定性进行在线估计与补偿的自适应控制方法。例如,文献 [100] 通过提出一种自适应控制方法,实现了对未知摩擦系数的在线更新。Park 等在文献 [101] 中也结合模糊滑模技术,自适应地处理了未知的系统参数带来的影响。进一步地,在模型高度未知的情况下还可以使用智能算法完成控制目标,如基于模型预测的微分平坦在线优化[102]与粒子群优化算法[103]、基于神经网络的布谷鸟搜索算法[104]、基于模糊规则的基因算法[105]等。除欠驱动特性外,有些学者还研究了桥式起重机系统所呈现出的一些其他复杂特性,例如,文献 [106] 考虑了吊绳的柔性,基于偏微分动力学分析设计了一种反步控制方法,成功消摆。上述反馈控制方法因利用了实时反馈的系统状态信息,与开环控制方法相比,在鲁棒性、实时性等方面有所提升,但也因此需要更多硬件设备上的支持,且控制器的形式往往较为复杂,需要根据约束条件或经验调节控制增益以获得较优的控制效果。

1.3.2　旋转式起重机器人控制方法设计与分析

不同于平移式起重机器人 (仅包含台车的平移运动), 旋转式起重机器人 (包括塔式起重机器人、桅杆式起重机器人、双桅杆式起重机器人等) 的悬臂/吊杆在竖直和水平方向的旋转会严重激发负载在三维空间内的径向/切向摆动, 而且受到离心力的作用, 使得防摆任务更具挑战性。与桥式起重机器人相比, 旋转式起重机器人往往需要考虑悬臂/吊杆的转动惯量、角加速度、力矩等动力学因素; 相对而言, 平移运动的动力学特性较为简单。因此, 本书以旋转式起重机器人为主要研究对象, 基于其广泛的应用领域、独特的动态特性与控制难点, 进行深入研究。

对于塔式起重机器人而言, 其塔身高耸, 可在高空架设绕塔身旋转的悬臂, 悬臂上则装配有台车, 主要通过操纵悬臂在空间内的旋转与台车在悬臂上的水平移动来实现负载吊运。这样的结构非常适用于建筑施工, 具有工作空间广、高空作业能力强、占实际施工场地面积小等优势。值得注意的是, 当运输负载时, 除台车的平移运动外, 悬臂的旋转会导致负载在三维空间内产生复杂摆动, 相比于平面内的摆动更为复杂且更加难以抑制。总之, 以塔式起重机为研究对象, 还需针对负载在三维空间内的定位、升降与防摆问题展开深入研究。

近十年间, 塔式起重机的控制方法研究逐渐得到国内外学者的重视。在文献 [107] 中, Blackburn 等将输入整形技术应用于塔式起重机系统, 以解决消摆问题。如前所述, 输入整形技术是一种开环技术, 往往对参数不确定性较为敏感。此外, 还有基于模型预测控制的路径跟踪方法[108], 该方法先将系统模型离散化处理, 随后进行控制器设计与分析。在文献 [109] 中, Devesse 等基于 Pontryagin 最大值原理提出了一种时间最优的速度控制器, 该方法只使用到了负载摆动的动力学。而关注于鲁棒性能的提升, 文献 [110] 针对塔式起重机系统提出了一种参数自适应的滑模控制方法, 实现了系统的镇定。该方法对未知参数的估计结果并不反映其真实值。此外, 一些混合智能控制方法也被应用在塔式起重机系统上, 例如, 在文献 [111] 中提出了一种将递归神经网络技术与种群算法、遗传算法相结合的控制方法。

对于桅杆式起重机器人而言, 首先, 其体积相对较小, 存在较强的灵活性及较低的能量消耗, 适用范围更加广泛。其次, 在基座稳定于原地, 不发生移动的前提下, 吊杆可以在俯仰及旋转两个方向上执行运动, 在保证有限占地面积的同时极大地扩展了作业空间, 提高了工作效率, 在日常生活中扮演着重要角色, 如进行路面维修、货物搬运等任务。最后, 桅杆式起重机器人状态量之间存在着较强的耦合, 具有俯仰/旋转两方向的运动, 更易产生复杂的离心力, 导致其动力学方程呈现出高度的非线性和耦合性, 进一步增加了控制难度。特别地, 为完成竖直平面内的准确定位/跟踪, 还需考虑对吊杆、负载的重力补偿, 而在实际操作中,通常难以直接测量这些参数。

　　目前，为了解决桅杆式起重机的控制问题，研究人员提出了许多有意义的控制方法。在文献 [112]、[113] 中，桅杆式起重机的整个控制过程被分为两步，首先将状态变量转移到平衡点附近，然后保证吊杆稳定在期望位置附近并消除负载的摆动。开环轨迹规划方法[114,115]，例如，S 形曲线规划和直接转移变换 (straight transfer transformation, STT) 模型，都可以有效地对桅杆式起重机进行控制。此外，Samin 等在文献 [116]、[117] 中讨论了三种输入整形方法，包括指定负向幅值 (specified negative amplitude, SNA) 整形器、正定零振动 (positive zero vibration, PZV) 整形器和正定零振动双微分 (positive zero vibration derivative derivative, PZVDD) 整形器。按照上述方法对输入信号进行整形，可以在吊杆旋转过程中减弱负载的摆动幅度。值得一提的是，上述介绍的控制方法都在平衡点附近将起重机的非线性模型线性化，并在整理好的线性模型的基础上设计控制器。此时，如果状态变量 (如摆角) 在外界扰动的影响下偏离平衡点，控制器的控制效果将被显著减弱。于是，一种开环最优控制方法[118] 被设计提出，通过使用二次规划方法对非线性模型求得最优解，以实现起重机的消摆与定位。文献 [119] 基于前馈控制方法，将经过滤波的输入整形器应用于桅杆式起重机系统，成功地完成消摆目标。与开环控制相比，闭环控制方法增强了系统的鲁棒性并可以在干扰存在的情况下取得较好的控制效果。因此，近年来研究人员开始着力从事闭环方法的研究。为了减小负载的摆动幅度，Masoud 等提出一种基于延迟位置反馈的消摆控制方法[120]。而在文献 [121] 中，提出了一类基于积分器的部分状态反馈控制策略，可以在保证准确定位的同时实现负载消摆。考虑到模型参数的可变性，文献 [122]设计出解决可变绳长问题的控制方法，在完成定位消摆的同时保证了系统的鲁棒性。除了上述基于模型的控制器，一系列智能算法，例如，神经网络[123]、模糊控制[124] 等，也都成功应用于桅杆式起重机控制中，进一步优化并提升了控制效果。

　　除单一起重机器人外，对于双桅杆式起重机器人而言，两台起重机通过负载相互耦合约束，使得整个系统呈现更加复杂的非线性特性。与传统的单一起重机器人相比，双桅杆式起重机器人在机械结构、工作原理等方面存在着显著的差异，致使现有针对单一起重机器人的控制方法几乎无法直接应用在该系统上进行有效的协同控制，或是无法达到预期的控制效果，甚至产生不稳定的动态。通过与单一起重机系统进行对比分析，不难发现双桅杆式起重机器人的研究难点主要包括以下几个方面：① 双桅杆式起重机器人所吊运的负载更大、更重，在动力学建模时不能被视为质点，增加了需要考虑的系统参数，使得模型更加复杂；② 该系统具有更多的状态变量，各个状态变量之间存在着极强的耦合，其中一些是非独立变量，同时系统复杂的非线性也使得建模与控制器设计分析的难度显著增加；③ 两台起重机器人协同吊运过程中需要抑制负载的残余摆动，但其欠驱动特性使得控制问题变得尤为困难。目前，双桅杆式起重机器人的相关研究工作 (包括动力学建模、控制算法设计等) 仍处于初期阶段。同时，在欠驱动、强非线性、强耦合等固有特性及多种实际因素的共同影响下，双桅杆式起重机器人系统中仍存在很多开放性、挑战性问题亟待解决。

得益于双桅杆式起重机系统的强大负载能力及其在工业中的广泛应用，至今已有部分学者开始针对该系统的控制问题进行深入探索。在系统特性分析与建模方面，Cha 等[125] 为双船用起重机建立了动力学方程，合肥工业大学的訾斌等[126,127] 分析了系统动力学，除此以外，文献 [128] 根据最小势能原理提出了一种基于静力学的仿真方法。进一步地，为实现对双桅杆式起重机系统的有效控制，一些学者将轨迹规划方法[129] 应用于该系统，旨在构造无碰撞路径。具体而言，文献 [130] 将整个吊运过程定义为一个优化问题，并利用遗传算法和干扰检测算法，在工作空间搜索出一条路径成本更低、计算时间更短的近似最优路径。文献 [131] 首先将起重机的工作现场转换成配置空间，随后利用概率路线图的方法为双起重机系统寻找到一条无碰撞路径，并通过实验证明了该方法的有效性。新加坡南洋理工大学的 Cai 等[132] 把路径规划定义为多目标多约束优化问题，设计出多目标并行遗传算法来解决双桅杆式起重机系统的路径规划问题。针对在整个吊运过程中两台起重机载重比例会发生持续性变化的问题，文献 [133] 提出了一种启发式的算法来对无碰撞吊运路径进行规划，既可以保证两台起重机具有合理的负载比例，又确保了吊运的安全性。为了得到两台起重机协同运动的约束条件，文献 [134] 通过分析双起重机与双机械手的区别，将双起重机系统的四种典型工作模式计算出对应的协同运动方程，并在实验中验证了可行性。考虑到双桅杆式起重机系统大多应用于建筑工地、公路铁路修缮等环境恶劣的室外，受到大风、碰撞、人为失误等干扰的情况时有发生。面对这些不在掌控范围内的干扰，一些学者提出了更具广泛适应性、对干扰有一定抵御能力的闭环控制方法。特别地，Leban 等[135] 提出了一种逆运动学控制方法，利用最小范数解计算出控制指令，限制负载仅在可接受的惯性空间内运动。

1.3.3　旋转式起重机器人研究现状分析与挑战

迄今为止，欠驱动旋转式起重机器人的控制问题已经得到了国内外学者的广泛关注，并取得了一定的研究成果。但对于此类系统在软/硬件约束、暂态性能、控制精度、安全性等方面广泛存在的共性问题，仍缺少切实可行的解决方法，具体总结如下所述。

(1) 目前，在塔式起重机器人智能控制方面，依然存在许多亟待突破的难题，可将其大致归纳为如下几点：① 现有方法大多将塔式起重机模型在平衡点附近进行线性化近似，并基于简化后的线性模型进行分析设计，而实际上，塔式起重机往往应用于复杂的室外环境，一旦系统状态 (如负载摆幅) 远离平衡点，不再满足线性化条件，简化模型将无法捕获实际系统的复杂非线性特性，进而影响整体的控制性能；② 现有研究大多需要塔式起重机器人的精确参数，而实际操作中，难以确保复杂环境下获得准确的信息，特别地，悬臂旋转时会带来更为复杂的摩擦，其大小和方向往往不易准确预测/测量，进一步增加了系统建模和控制的难度；③ 塔式旋转起重机器人常在高空作业，需要保持良好的运动稳定性与操作安全性，例如，若在控制中不考虑绳长与台车运动范围的物理约束，便存在着碰撞、脱钩等安全风险，同时，悬臂和塔身极易受到外界风力、驱动器/传感器硬件约束等不利因素的影响，需要通过有效控制来调节状态变量运动，防止台车超出安全范围、摆角过大，甚至导致塔身倾覆；④ 为进一步提高工作效率，在某些任务中需要同时改变绳长，或对悬臂/台车的定位时间加以约束，在规定时间内准确到达目标位置，完成吊运任务是当今实际作业过程中的又一重要目标。

(2) 通过对桅杆式起重机器人现有方法的综合分析，一些重要的问题逐步凸显出来并亟待有效的解决方法：① 桅杆式起重机器人涉及三维空间内垂直、水平两个方向上的旋转运动，非线性动态特性较塔式起重机器人而言更为复杂，现有闭环控制方法为降低控制器设计难度，进行模型线性化处理，然而，一旦系统受到未知干扰，线性模型将无法准确描述其当前实际的运行状态，也就无法对起重机进行有效控制；② 大多数闭环控制器都未具体提出如何同时解决吊杆俯仰和旋转方向移动超调的问题，当控制增益选择不恰当时，可能产生严重的超调，使吊杆来回移动，进而引发潜在的危险和不必要的能量损耗；③ 控制器中除了控制增益外，往往还包含许多系统本身的物理参数，然而，当无法准确测量系统参数或者参数会随时间而发生变化时，原先的控制方法将无法确保起重机进行有效作业；④ 由于存在竖直方向上的俯仰运动，实时有效的重力补偿成为准确定位的关键因素之一，然而，吊杆、可替换负载、配重等结构的质量与体积往往难以直接测量，导致定位误差。

(3) 现有起重机器人自动控制策略多适用于单一起重机器人独立作业过程，而针对双桅杆式起重机器人的研究仍处于起步阶段，存在以下开放性难题有待进一步解决：① 正常作业时，负载需在两个吊杆的共同牵引下完成位姿控制，两个吊杆协调性和同步性对摆动抑制与平稳放置效果至关重要；② 现有针对多起重机器人的控制方法在设计与分析时没有考虑负载的残余摆动，且没有把抑制负载摆动当作控制目标去实现，或者是基于线性化/简化后的非线性模型 (假设负载摆动足够小) 进行分析，而在实际应用中，复杂的环境/人为因素会给系统带来干扰，状态变量易偏离平衡点，一旦两个吊杆没有完成有效协同作业，将会使负载位姿偏离理想动态，进而影响控制效果；③ 大多研究成果集中在运动规划等开环控制方法，缺乏对外部扰动、实时动态特性的深入分析，因此，如何实时准确地获取系统反馈信息，并以此为基础设计更具广泛适应性的闭环控制方法，实现高性能控制，是一个重要的技术难题；④ 现有方法普遍欠缺对各种实际因素的综合考虑。确保高效安全控制的同时，需解决驱动器饱和约束、速度信号难测量或存在噪声、高精度定位、吊杆运动范围受限、参数未知/不确定等一系列实际问题，实现感知信息与控制命令的有效传递。

1.4　本书主要研究内容

欠驱动起重机在国民经济建设中具有广泛应用，根据其机械结构及应用场景的不同，可分为平移式起重机与旋转式起重机。本书以动力学特性更为复杂的旋转式起重机为研究对象，将其视为是一种特殊的欠驱动机器人。其中，绕竖直/水平方向做旋转运动的吊臂对应于机器人的转动关节；吊绳提拉/下放过程可看作平移关节运动；负载本身可看作机器人由转动关节连接的末端执行器。然而，与常规机器人不同的是，负载在空间内的摆动与可驱动运动相耦合，无法用驱动器直接控制。为解决欠驱动旋转式起重机器人的控制问题，本书分别以塔式起重机、桅杆式起重机与双桅杆式起重机为例，分析系统的复杂耦合特性，深入研究如何有效驱动转动/平移关节准确定位或跟踪目标轨迹，使摆角快速收敛于零并消除残余摆动，实现关节空间内的准确驱动与笛卡儿空间内的高效吊运。同时，本书在处理状态约束、驱动器饱和、速度不可测、未建模动态等实际问题时提出的最优轨迹规划、智能控制器设计与稳定性分析方法，有望应用于其他更为复杂的欠驱动机器人系统。

本书的整体架构如图 1.5 所示，其中各章节的具体内容如下所述。

第一部分 (第 1 章) 介绍了本书的研究背景及欠驱动机器人的研究现状，包括省去部分执行机构的欠驱动系统、具有非完整约束的欠驱动系统、基准欠驱动系统及一类欠驱动系统。特别地，从平移式起重机器人的研究现状入手，逐步深入分析了旋转式起重机器人的相关研究与挑战。最后，概述了本书的主要研究内容。

第二部分 (第 2~6 章) 讨论了四自由度塔式起重机与五自由度 (变绳长) 起重机的智能非线性控制问题。具体而言，第 2~4 章针对四自由度塔式起重机复杂操作过程中面临的多种实际问题设计了不同的控制策略。第 2 章提出了四自由度塔式起重机自适应消摆与定位控制方法，将不依赖于系统参数的积分项引入，提高定位精度的同时对重力项进行准确估计，加快负载消摆；第 3 章则针对速度信号不可测、驱动器饱和等硬件约束，提出了基于状态观测器与摩擦补偿的饱和输出反馈控制方法；第 4 章重点考虑了可驱动变量的收敛性能，构造了基于有限时间收敛的非线性滑模跟踪控制方法，提高系统鲁棒性。进一步地，第 5、6 章考虑了塔式起重机变绳长吊运问题，分别提出了五自由度塔式起重机多目标最优轨迹规划方法与基于参数估计的输出反馈控制方法，通过开环优化方法使整个轨迹跟踪过程满足时间与能耗最优，并有效约束负载多种暂态性能；同时为提高系统抗干扰能力，所提闭环控制器在线估计系统参数与必要的反馈信息，进一步扩展了所提智能吊运方法的应用范围。

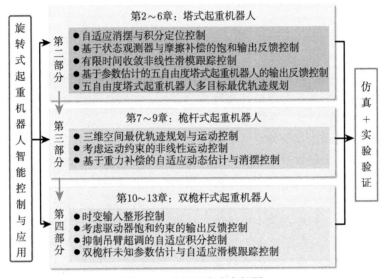

图 1.5   主要研究内容框图

第三部分 (第 7~9 章) 讨论了三维空间内四自由度桅杆式起重机的智能控制问题。具体而言，第 7 章首先提出了满足多种物理/状态约束的最优轨迹规划与吊运控制方法，为吊臂俯仰角和旋转角规划最优时间消摆轨迹，限制吊臂速度、角速度等物理约束并抑制负载摆动。第 8、9 章分别针对三维桅杆式起重机进行闭环控制器设计，无须对系统非线性动力学模型进行任何线性化/近似处理。第 8 章提出了一种三维桅杆式起重机非线性运动控制方法，通过分析系统能量函数，在控制器中引入了精心构造的耦合项以提高控制性能，并有效限制旋转超调。第 9 章则设计了一种自适应动态估计与消摆控制方法，其中摩擦系数、重力补偿等都被视为可被估计的未知参数，不断调整这些估计值，并相应地改变控制输入，实现了桅杆式起重机器人准确吊运与快速消摆。

第四部分 (第 10~13 章) 将研究对象从单起重机器人扩展到多起重机器人，重点解决了双桅杆式起重机器人消摆轨迹规划与协同控制问题。具体而言，第 10 章基于系统几何约束与动力学模型，推导出双桅杆式起重机状态变量及其高阶导数之间的关系，从而获得系统时变振荡周期；进一步地，设计一种极不灵敏型输入整形器，实现起重机的准确定位及良好的消摆效果。第 11 章提出了考虑驱动器饱和约束的双桅杆式起重机输出反馈控制方法，引入一个虚拟系统来模拟滤波器的功能，动态生成一组辅助信号代替速度信号，精心设计饱和函数并通过调节控制增益，达到对控制量限幅的目的。第 12 章针对摩擦补偿不准确引起的吊臂定位不精确的问题，提出了抑制吊臂运动超调的双桅杆式起重机自适应积分控制方法，向控制器引入积分项从而提高定位精度，避免超调。第 13 章提出了带有未知参数的双桅杆式起重机自适应滑模轨迹跟踪控制方法，特别设计虚拟参考轨迹，以实现两台起重机吊臂对期望轨迹的准确跟踪，同时在运动过程中抑制负载摆动。

第五部分（第 14 章）对本书的主要研究内容进行了总结，并从旋转式起重机器人系统切换控制、协作控制、人机交互等方面对未来的工作方向进行了展望规划。

第二部分
塔式起重机器人智能控制

塔式起重机器人是建筑施工领域中不可或缺的起重设备之一，被广泛应用于港口、露天堆场、高层建造等场合，完成物料垂直运输与建材构件安装。由于塔身高、回转半径大，塔式起重机器人具有工作空间广、垂直作业效率高等优点。相比于桥式起重机器人，塔式起重机器人常被应用于高楼大厦的建设，额外涉及旋转运动，更易激发负载摆动，使其动力学特性更为复杂，也为其控制研究带来诸多困难。特别是绳长作为待控变量在整个吊运过程中不断变化时，无独立电机驱动的负载更易受到悬臂转动、台车平移、吊绳升降以及风力干扰的多重影响，一旦失去有效控制，便会产生大幅摆动，降低控制性能，带来严重的安全隐患。此外，欠驱动塔式起重机器人在实际应用中，仍然存在着一些重要问题亟须有效的解决方法，如参数未知、信号不可测、驱动器饱和、不可驱动变量难以精准控制等。

截至目前，针对塔式起重机器人的控制方法仍比较有限。在文献 [136] 中，Omar 等为塔式起重机提出了一种增益调度反馈控制方法以消除负载摆动，但在控制器设计中没有考虑系统的非线性特性。由于塔式起重机的旋转运动会降低标准输入整形器的性能，文献 [137] 提出了两种新的回转运动控制命令，从而减少了负载残余振动。文献 [108] 利用预测控制器解决了塔式起重机的实时路径规划问题，可以得到最优的离散控制序列。近年来，一些滑模控制[110]与智能控制技术也被用于改善塔式起重机的控制性能，包括模糊控制[138]、神经网络控制[139] 等。遗憾的是，大多数现有的方法均是基于简化的塔式起重机模型，在平衡点附近将原始非线性动力学模型线性化 (例如，假设摆动足够小)，而实际应用中，由于塔式起重机工作在高空受到复杂的干扰，状态变量容易偏离平衡点，导致线性化/近似后的简化模型不能准确反映系统的真实动态。特别地，在塔式起重机器人暂态性能、收敛时间、控制精度、硬件约束、在线参数估计/辨识、变绳长吊运、多目标优化等方面仍然面临着一定的技术瓶颈亟待攻克。本书将在第 2 ~ 6 章对上述重要问题进行深入探讨，并提出解决方案。

首先，现有塔式起重机器人的控制器设计与分析大多是基于线性化动力学模型完成的，一旦状态变量远离平衡点 (如负载受到外部扰动而产生较大摆角)，简化后的模型与塔式起重机器人真实动态特性之间将会存在显著差异，进而影响控制性能，甚至导致系统不稳定。并且，现有控制器大多依赖于精确的模型知识 (exact model knowledge, EMK)，包括绳长、台车/负载质量、悬臂力矩等。然而，此类系统参数的精确值往往很难在实际应用中被直接测量。同时，塔式起重机器人还易受到未知摩擦的影响，这些不确定因素将极大地降低基于 EMK 方法的吊运性能。另外，对于塔式起重机器人，现有闭环控制器只能分析最终稳态误差的收敛性，对于状态约束、超调等问题缺少理论保证。一旦控制参数选择不当，就会出现明显的超调，不仅影响整个系统的效率，还会造成不必要的能量消耗。

针对上述问题，第 2 章为塔式起重机器人提出了一种引入积分项的消摆定位控制方法，当塔式起重机器人存在未建模动态，或无法将复杂非线性项表示为线性参数化结构时，在控制器中引入有效的积分补偿项，提高定位精度。具体而言，所提方法基于原始非线性动力学模型展开分析与设计，在控制器设计部分巧妙地构造了一个积分环节，用以消除稳态误差，实现精准定位。同时，在驱动台车的控制律中设计了台车位移约束项，在理论上确保了台车不会冲出轨道，规避安全风险。该方法的主要贡献如下：① 利用定位误差通过设计积分环节，在摩擦力补偿不准确的情况下也能有效地减少稳态误差；② 所提控制器中不涉及任何系统参数，使其针对参数不确定性具有一定的鲁棒性；③ 引入的积分环节使所提方法的形式类似于 PID 控制，同时本书方法在含有积分项的情况下给出了严格的理论分析并得到了渐近稳定的结论；④ 通过位移约束项可有效地将台车的运动约束在设定的安全范围内。

为进一步提高塔式起重机器人的控制性能，需深入研究实际机械系统 (不仅限于塔式起重机器人) 中常见的重要问题，如速度无法获取、驱动器饱和与摩擦不确定性。然而，现有解决方案多是针对桥式起重机器人进行设计的。例如，为了降低设备成本，对位置信号进行数值微分和滤波处理[140]，从而获取速度信号，而不是直接通过速度传感器进行测量。然而，此操作很可能会导致真实信号畸变，并在一定程度上降低控制性能。另外，由于实际驱动器只能产生有限的控制输入，需要限制计算出的值在允许范围内，并避免驱动器饱和。针对这个问题，文献 [141] 基于动态模型的级联正常形式设计了一个嵌套饱和控制器，Gao 等在文献 [142] 中利用带饱和约束的 Takagi-Sugeno 模糊模型来近似台车的动力学模型，并实现了跟踪误差的有界性结果。此外，实际吊运操作中，往往存在多种难以直接测量的不确定因素，这可能导致起重机器人的定位误差。因此，文献 [143] 提出了一种自适应控制器，通过模糊补偿项[144] 来处理系统不确定性，而文献 [145] 采用积分滑模控制器来抑制摩擦等不利影响，提高鲁棒性。遗憾的是，据我们所知，目前尚缺少同时解决上述三个问题的起重机器人研究成果，尤其是对于复杂的塔式起重机器人。

基于此，第 3 章提出了一种考虑不确定摩擦估计与输入幅值受限的输出反馈控制器，并构造状态观测器代替速度反馈信号。除了驱动悬臂/台车准确定位外，还可有效抑制负载残余摆动。此外，本章还通过 Lyapunov 方法和 LaSalle 不变性原理完成稳定性分析，一系列实验结果也验证了所提方案的控制性能。该方法的主要优点如下：① 同时考虑执行机构饱和约束、不确定摩擦和摆动抑制等重要问题，特别地，将输出反馈信号引入饱和函数中，以确保计算得到的控制输入始终在给定范围内，有效保证了闭环稳定性，此外，所提摩擦估计方法能够处理实际机械结构中难以准确测量的摩擦系数，消除悬臂/台车的定位误差；② 由于硬件约束，某些情况下无法直接获取速度信号，这里提出非线性观测器在线估计速度信号，无需数值微分运算，更加符合实际应用需求；③ 特别地，对于非线性塔式起重机器人、所提控制器与观测器组成的闭环系统 (常用的分离原理将不再适用)，本书面向整个闭环系统进行了稳定性分析，对于其他起重机器人与欠驱动机器人的理论研究具有重要意义。

除机械系统自身存在未知动态与输入/输出约束外，塔式起重机被广泛应用于户外，容易受到外部扰动等不利影响，导致状态变量远离平衡点，控制性能有待提高。此外，大多数现有的控制方法仅能保证系统闭环稳定性，而无法从理论上保证系统状态变量的有限时间收敛性。一般而言，滑模控制是抑制扰动的常用方法之一，但通常被应用于全驱动机器人。然而，欠驱动塔式起重机器人的负载摆动缺乏必要的控制输入，很难在滑模面上直接对欠驱动机器人进行稳定分析并证明状态收敛 (特别是不可取的负载摆角)，这也是在塔式起重机上应用滑模控制方法的一个主要障碍。

考虑到上述因素，第 4 章为欠驱动塔式起重机提出了一种有限时间收敛非线性滑模跟踪控制方法，可以在有效消除负载摆动的情况下实现台车和悬臂的准确跟踪。经过精心设计，系统状态变量可以快速收敛到指定滑模面上，并在预先设置的有限时间内快速消除台车和悬臂的跟踪误差。此外，在所提控制器中引入了与摆动相关的非线性耦合项，使不可驱动的摆角信息得到及时反馈，从而提高负载消摆性能。值得注意的是，本书提出的控制器设计和稳定性分析均未经任何线性化处理，完整保留了塔式起重机的非线性动力学特性，所以当系统状态偏离平衡点时，所提方法仍旧呈现出很好的适用性，保证了系统的控制性能。最后，通过严格的理论分析和硬件实验，验证了所提控制器的有效性和鲁棒性。本书将滑模控制方法推广到欠驱动塔式起重机，处理不可驱动变量的控制问题，具有理论和实际价值，并有助于将滑模控制应用于 (其他) 欠驱动系统。

值得注意的是，现有研究大多针对绳长固定的四自由度塔式起重机器人。为确保实际应用中的工作效率，需同时完成负载运输与升降 (即考虑绳长变化)，对于五自由度塔式起重机器人的控制方法还有待进一步研究，一些待解决的问题如下：① 五自由度塔式起重机器人动态特性较为复杂，难以保证货物升降、回转及台车平移运动的同步性；② 在不同任务中，往往无法获得精确的平台参数，如货物质量发生变化，很容易由重力补偿不准确导致垂直方向上产生定位误差；③ 实际应用中，为简化机械结构，降低能耗，一些硬件平台并未安装速度传感器，而常用的数值微分/滤波操作极可能导致反馈信号失真，甚至引入噪声。

基于此，为有效提升五自由度塔式起重机器人的抗干扰能力，第 5 章同时考虑了绳长时变、悬臂旋转、台车平移与负载升降，提出了一种自适应输出反馈控制，实现定位消摆的同时，避免测量速度信号，并可对未知的重力补偿项进行在线估计。具体而言，首先给出绳长可变时详细的非线性动力学方程表达式。接着，引入了一个虚拟质量滑块系统,该系统可用来生成替代速度信号的虚拟信号。在控制器设计时,引入了绳长变化的约束项,并通过设计更新律与辅助估计项实现了对未知重力补偿的准确估计。该方法的主要贡献如下:① 所提输出反馈控制方法首次在无须使用速度信号的情况下同时实现了变绳长塔式起重机器人的准确定位,以及三维空间内的摆动抑制,并最终得到渐近稳定的结论;② 利用变绳长塔式起重机器人的输出状态构造了一个滤波形式的质量滑块系统,生成的虚拟信号替代了控制器中的速度信号,能够避免差分获得速度时引入噪声,适用于难以获取速度反馈的场合;③ 控制器中不显含任何系统参数,并且通过参数更新律与辅助估计项,在理论上保证准确辨识未知重力补偿项,同时也使得吊绳长度满足给定的约束。

另外,现有起重机器人最优控制方法中,优化目标往往是单一的,如时间最优或能量最优。一些方法可通过引入加权函数处理多目标优化问题,然而,仅能实现特定权重下的单目标/多目标最优,而无法得到多目标综合最优解。因此,如何同时优化运输时间和系统能耗,从而实现五自由度塔式起重机器人多目标综合最优控制仍悬而未决。为了保证系统的暂态性能与运行安全性,一些状态变量及其速度、加速度等需满足特定的物理约束,而当前大多方法无法从理论上保证这一点。

为解决上述问题,第 6 章将非支配近邻免疫算法 (nondominated neighbor immune algorithm, NNI-A) 应用于五自由度塔式起重机器人。一般来讲,NNI-A 等多目标优化算法主要应用于冗余及全驱动机械臂的轨迹规划。然而,不同于具有给定目标点序列的机械臂,塔式起重机器人只有初始和目标位置是固定的,不存在可直接利用的优化变量;与冗余或全驱动系统相比,欠驱动系统的部分约束无法直接转换为轨迹参数约束,还需结合系统动力学耦合关系进一步转化。为此,第 6 章对原始 NNI-A 进行了改进,从而可处理不可驱动状态的约束,通过对轨迹进行分割处理,不仅设计了多个变量用于多目标优化,还保证了台车、绳长与负载运动的同步性,首次解决了五自由度塔式起重机运输时间和能耗的综合优化问题,同时保证了系统良好的暂态性能。该方法的主要优点如下:① 解决了五自由度塔式起重机器人的轨迹规划问题,通过驱动悬臂、台车和吊绳同步运动,提高了负载在三维空间中的运输效率;② 借助 NNI-A,首次实现了欠驱动起重机器人运输时间和系统能耗的 Pareto 最优 (多目标优化中的概念,意味着多目标综合最优),这是简单利用加权函数处理所无法实现的;③ 充分考虑多项物理约束,从理论上将摆角速度、负载位置速度及绳长、悬臂和台车的速度与加速度限制在合理范围内,满足系统所有实际约束,保证吊运安全性并提升其暂态性能。

本书第二部分的主要内容组织如下:第 2 章精心设计了关于定位误差的积分项,并将其引入消摆定位控制器,提高定位精度并给出严格的理论证明;第 3 章首先设计了一种状态观测器，将其引入基于摩擦补偿的塔式起重机饱和输出反馈控制策略，并利用硬件实验结果验证其有效性；第 4 章设计了有限时间收敛的非线性塔式起重机滑模跟踪控制方法，并给出相应的理论分析与实验验证；第 5 章考虑了五自由度塔式起重机器人变绳长控制问题，构造一种基于伪速度信号与准确重力补偿项的自适应输出反馈控制策略，在多种不确定性的情况下仍可实现令人满意的控制性能；第 6 章提出了一种考虑状态约束的五自由度塔式起重机多目标最优轨迹规划方法，实现运输时间和系统能耗的多目标最优，并保证状态变量的物理约束。

第 2 章   塔式起重机自适应消摆与积分定位控制

本章将为四自由度塔式起重机设计一种自适应积分消摆定位控制方法，基于原始动态模型，没有进行任何线性化处理，用于处理参数未知、超调约束等多种不确定性因素的影响，给出具体分析与设计细节，并且在自主搭建的多功能塔式起重机器人实验平台上进行了大量实验来验证所提控制方法的有效性和鲁棒性。

2.1   问 题 描 述

塔式起重机器人的模型示意图如图 2.1 所示，其中参考坐标系分别为大地坐标系 $\{O\text{-}x_g y_g z_g\}$、悬臂坐标系 $\{O\text{-}x_r y_r z_r\}$ 与台车坐标系 $\{O_t\text{-}x_t y_t z_t\}$。该模型的动力学方程如下[107]：

$$
\left(m_c \left(\sin^2 \theta_1 \cos^2 \theta_2 + \sin^2 \theta_2 \right) l^2 + 2 m_c x l \cos \theta_2 \sin \theta_1 + J + (m_c + m_t) x^2 \right) \ddot{\theta}_s
$$
$$
- m_c l \sin \theta_2 \ddot{x} - m_c l^2 \cos \theta_1 \cos \theta_2 \sin \theta_2 \ddot{\theta}_1 + m_c l \left(x \cos \theta_2 + l \sin \theta_1 \right) \ddot{\theta}_2
$$
$$
+ 2(m_c + m_t) x \dot{x} \dot{\theta}_s + 2 m_c l \cos \theta_1 \cos \theta_2 x \dot{\theta}_s \dot{\theta}_1 - m_c l \sin \theta_2 \left(2 \dot{\theta}_s \sin \theta_1 + \dot{\theta}_2 \right) x \dot{\theta}_2
$$
$$
+ 2 m_c l \sin \theta_1 \cos \theta_2 \dot{x} \dot{\theta}_s + m_c l^2 \sin 2\theta_1 \cos^2 \theta_2 \dot{\theta}_s \dot{\theta}_1 + m_c l^2 \sin \theta_1 \sin \theta_2 \cos \theta_2 \dot{\theta}_1^2
$$
$$
+ m_c l^2 \cos^2 \theta_1 \sin 2\theta_2 \dot{\theta}_s \dot{\theta}_2 + 2 m_c l^2 \cos \theta_1 \sin^2 \theta_2 \dot{\theta}_1 \dot{\theta}_2 = \tau_s \tag{2.1}
$$
$$
- m_c l \sin \theta_2 \ddot{\theta}_s + (m_c + m_t) \ddot{x} + m_c l \cos \theta_1 \cos \theta_2 \ddot{\theta}_1 - m_c l \sin \theta_1 \sin \theta_2 \ddot{\theta}_2
$$
$$
- (m_c + m_t) x \dot{\theta}_s^2 - 2 m_c l \cos \theta_1 \sin \theta_2 \dot{\theta}_1 \dot{\theta}_2
$$
$$
- m_c l \cos \theta_2 \left(\sin \theta_1 \left(\dot{\theta}_s^2 + \dot{\theta}_1^2 + \dot{\theta}_2^2 \right) + 2 \dot{\theta}_s \dot{\theta}_2 \right) = F_x \tag{2.2}
$$
$$
- m_c l^2 \cos \theta_1 \cos \theta_2 \sin \theta_2 \ddot{\theta}_s + m_c l \cos \theta_1 \cos \theta_2 \ddot{x} + m_c l^2 \cos^2 \theta_2 \ddot{\theta}_1 - m_c l \cos \theta_1 \cos \theta_2
$$
$$
\times (x + l \sin \theta_1 \cos \theta_2) \dot{\theta}_s^2 - 2 m_c l^2 \cos \theta_2 \left(\dot{\theta}_s \cos \theta_1 \cos \theta_2 + \dot{\theta}_1 \sin \theta_2 \right) \dot{\theta}_2
$$
$$
+ m_c g l \sin \theta_1 \cos \theta_2 + c_1 \dot{\theta}_1 = 0 \tag{2.3}
$$
$$
m_c l (x \cos \theta_2 + l \sin \theta_1) \ddot{\theta}_s - m_c l \sin \theta_1 \sin \theta_2 \ddot{x} + m_c l^2 \ddot{\theta}_2 + m_c l \left(x \sin \theta_1 \sin \theta_2 \right.
$$

$$-l\cos^2\theta_1\sin\theta_2\cos\theta_2)\,\dot{\theta}_s^2 + 2m_cl^2\cos\theta_1\cos^2\theta_2\dot{\theta}_s\dot{\theta}_1 + m_cl^2\dot{\theta}_1^2\sin\theta_2\cos\theta_2$$

$$+ 2m_cl\cos\theta_2\dot{x}\dot{\theta}_s + m_cgl\cos\theta_1\sin\theta_2 + c_2\dot{\theta}_2 = 0 \tag{2.4}$$

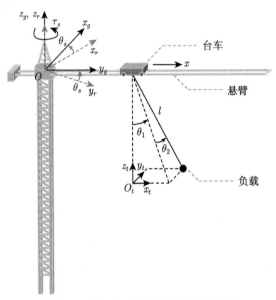

图 2.1　塔式起重机器人模型示意图

其中，定义参数与状态向量如下：m_t, m_c 分别为台车与负载的质量；l 为吊绳长度 (在本章中考虑固定绳长的情况，取为常数)；J 为转动惯量；g 为重力加速度；c_1, c_2 为阻尼系数；x, θ_s, θ_1, θ_2 分别为台车位移、悬臂转角、负载在两个方向上的摆角 (径向摆角与切向摆角)；τ_s, F_x 分别为作用在悬臂上的驱动力矩与作用在台车上的驱动力。从式(2.1)~式(2.4)可以看出，塔式起重机器人动力学具有高度非线性且非常复杂，为使后续分析简洁明了，在本节中使用如下简记符号：$S_1 \triangleq \sin\theta_1$, $S_2 \triangleq \sin\theta_2$, $C_1 \triangleq \cos\theta_1$, $C_2 \triangleq \cos\theta_2$，并将系统动力学等效地改写为如下向量-矩阵形式：

$$M_t(\boldsymbol{q})\ddot{\boldsymbol{q}} + C_t(\boldsymbol{q},\dot{\boldsymbol{q}})\dot{\boldsymbol{q}} + G_t(\boldsymbol{q}) = \boldsymbol{U}_t + \boldsymbol{D}_t \tag{2.5}$$

其中，本节定义状态向量 $\boldsymbol{q} = \begin{bmatrix} \theta_s, & x, & \theta_1, & \theta_2 \end{bmatrix}^{\mathrm{T}}$；惯性矩阵 $M_t(\boldsymbol{q}) \in \mathbb{R}^{4\times4}$；向心 Coriolis 矩阵 $C_t(\boldsymbol{q},\dot{\boldsymbol{q}}) \in \mathbb{R}^{4\times4}$；重力向量 $G_t(\boldsymbol{q}) \in \mathbb{R}^4$；控制输入向量 $\boldsymbol{U}_t \in \mathbb{R}^4$ 与阻尼向量 $\boldsymbol{D}_t \in \mathbb{R}^4$。具体而言，矩阵 $M_t(\boldsymbol{q})$ 与 $C_t(\boldsymbol{q},\dot{\boldsymbol{q}})$ 的表达式分别为

$$M_t(\boldsymbol{q}) = \begin{bmatrix} m_{11} & m_{12} & m_{13} & m_{14} \\ m_{12} & m_{22} & m_{23} & m_{24} \\ m_{13} & m_{23} & m_{33} & 0 \\ m_{14} & m_{24} & 0 & m_c l^2 \end{bmatrix}, \quad C_t(\boldsymbol{q}, \dot{\boldsymbol{q}}) = \begin{bmatrix} c_{11} & c_{12} & c_{13} & c_{14} \\ c_{21} & 0 & c_{23} & c_{24} \\ c_{31} & 0 & c_{33} & c_{34} \\ c_{41} & m_c l C_2 \dot{\theta}_s & c_{43} & 0 \end{bmatrix}$$

其中，$m_{11} = m_c(S_1^2 C_2^2 + S_2^2)l^2 + 2m_c x l C_2 S_1 + J + (m_c + m_t)x^2$, $m_{12} = -m_c l S_2$, $m_{13} = -m_c l^2 C_1 C_2 S_2$, $m_{14} = m_c l(x C_2 + l S_1)$, $m_{22} = m_c + m_t$, $m_{23} = m_c l C_1 C_2$, $m_{24} = -m_c l S_1 S_2$, $m_{33} = m_c l^2 C_2^2$, $c_{11} = (m_c + m_t)x\dot{x} + m_c l(x\dot{\theta}_1 C_1 C_2 - x\dot{\theta}_2 S_2 S_1 + \dot{x} S_1 C_2) + m_c l^2(\dot{\theta}_1 S_1 C_1 C_2^2 + \dot{\theta}_2 C_1^2 S_2 C_2)$, $c_{12} = ((m_c + m_t)x + m_c l S_1 C_1)\dot{\theta}_s$, $c_{13} = m_c l x \dot{\theta}_s C_1 C_2 + m_c l^2(\dot{\theta}_s S_1 C_1 C_2^2 + \dot{\theta}_1 S_1 S_2 C_2)$, $c_{14} = -m_c l(x \dot{\theta}_s S_2 S_1 + x \dot{\theta}_2 S_2) + m_c l^2(\dot{\theta}_s C_1^2 S_2 C_2 + \dot{\theta}_1 C_1 S_2^2)$, $c_{21} = -(m_c + m_t)x\dot{\theta}_s - m_c l(\dot{\theta}_s C_2 S_1 + \dot{\theta}_2 C_2)$, $c_{23} = -m_c l(\dot{\theta}_2 C_1 S_2 + \dot{\theta}_1 C_2 S_1)$, $c_{24} = -m_c l(\dot{\theta}_1 C_1 S_2 + \dot{\theta}_2 C_2 S_1 + \dot{\theta}_s C_2)$, $c_{31} = -m_c l(x + l S_1 C_2)\dot{\theta}_s C_1 C_2 - m_c l^2 \dot{\theta}_2 C_2^2 C_1$, $c_{33} = -m_c l^2 \dot{\theta}_2 C_2 S_2$, $c_{34} = -m_c l^2(\dot{\theta}_s C_1 C_2^2 + \dot{\theta}_1 C_2 S_2)$, $c_{41} = m_c l(\dot{x} C_2 + x \dot{\theta}_s S_1 S_2 - l\dot{\theta}_s C_1^2 S_2 C_2) + m_c l^2 \dot{\theta}_1 C_1 C_2^2$, $c_{43} = m_c l^2(\dot{\theta}_s C_1 C_2^2 + \dot{\theta}_1 S_1 C_2)$。此外，向量 $\boldsymbol{G}_t(\boldsymbol{q})$, $\boldsymbol{U}_t$ 与 $\boldsymbol{D}_t$ 的表达式为

$$\boldsymbol{G}_t(\boldsymbol{q}) = \begin{bmatrix} 0, & 0, & m_c g l S_1 C_2, & m_c g l C_1 S_2 \end{bmatrix}^{\mathrm{T}}$$

$$\boldsymbol{U}_t = \begin{bmatrix} \tau_s, & F_x, & 0, & 0 \end{bmatrix}^{\mathrm{T}}$$

$$\boldsymbol{D}_t = \begin{bmatrix} 0, & 0, & -c_1 \dot{\theta}_1, & -c_2 \dot{\theta}_2 \end{bmatrix}^{\mathrm{T}}$$

式(2.5)中的 Euler-Lagrange 系统具有如下性质。

性质 2.1　矩阵 $\frac{1}{2}\dot{M}_t(\boldsymbol{q}) - C_t(\boldsymbol{q}, \dot{\boldsymbol{q}})$ 是斜对称矩阵。

性质 2.2　Rayleigh-Ritz 不等式[146] 成立，即对于正定矩阵 $M_t(\boldsymbol{q})$，有如下不等式成立：$\lambda_m \|\boldsymbol{x}\|^2 \leqslant \boldsymbol{x}^{\mathrm{T}} M_t(\boldsymbol{q})\boldsymbol{x} \leqslant \lambda_M \|\boldsymbol{x}\|^2$, $\forall \boldsymbol{x} \in \mathbb{R}^4$，其中 λ_m, $\lambda_M \in \mathbb{R}^+$ 分别表示矩阵 $M_t(\boldsymbol{q})$ 特征值的上下界。

此外，考虑到塔式起重机器人的实际应用情况存在如下假设[107-111]。

假设 2.1　负载始终在悬臂以下摆动，即

$$-\frac{\pi}{2} + \varphi \leqslant \theta_1(t), \quad \theta_2(t) \leqslant \frac{\pi}{2} - \varphi, \quad \forall t \geqslant 0$$

其中，$\varphi \in \mathbb{R}^+$ 是一个正数。

假设 2.2　台车与负载的质量有界，即 $\underline{m}_t \leqslant m_t \leqslant \overline{m}_t$, $\underline{m}_c \leqslant m_c \leqslant \overline{m}_c$，其中，$\underline{m}_t$, $\overline{m}_t$, $\underline{m}_c$, $\overline{m}_c$ 为已知的上下界。

本节将通过设计有效的台车驱动力与悬臂驱动转矩，达到如下目标。

(1) 使悬臂从初始位置旋转期望的角度 θ_{sd}，并消除定位误差。

(2) 使台车到达期望的位移 x_d，并消除定位误差。在整个过程中，台车位移 $x(t)$ 始终在设定的范围 (X_m, X_M) 内变化，其中 X_m，X_M 分别为设定的台车安全运行界限。

(3) 在整个过程中有效抑制负载在三维空间内的摆动。上述目标可由如下表达式描述：

$$
\begin{cases}
\lim_{t \to \infty} \begin{bmatrix} \theta_s(t), & x(t), & \theta_1(t), & \theta_2(t) \end{bmatrix}^{\mathrm{T}} = \begin{bmatrix} \theta_{sd}, & x_d, & 0, & 0 \end{bmatrix}^{\mathrm{T}} \\
X_m < x(t) < X_M, \quad \forall\, t \geqslant 0
\end{cases}
\tag{2.6}
$$

2.2 控制器设计及稳定性分析

接下来，将基于塔式起重机的动力学模型，进行控制器的设计与稳定性分析。首先，定义如下误差信号及其导数如下：

$$
e_{\theta_s} = \theta_s - \theta_{sd}, \quad e_x = x - x_d \Longrightarrow \dot{e}_{\theta_s} = \dot{\theta}_s, \quad \dot{e}_x = \dot{x}
$$

整个系统的能量为

$$
E = \frac{1}{2}\dot{q}^{\mathrm{T}} M_t(q)\dot{q} + m_c g l(1 - C_1 C_2)
\tag{2.7}
$$

对式(2.7)求导，并运用动力学方程(2.5)及性质 2.1，可得

$$
\begin{aligned}
\dot{E} &= \dot{q}^{\mathrm{T}} M_t(q)\ddot{q} + \frac{1}{2}\dot{q}^{\mathrm{T}} \dot{M}_t(q)\dot{q} + \dot{q}^{\mathrm{T}} G_t(q) \\
&= \dot{q}^{\mathrm{T}} \left(U_t + D_t - C_t(q, \dot{q})\dot{q} + \frac{1}{2}\dot{M}_t(q)\dot{q} \right) \\
&= \dot{q}^{\mathrm{T}}(U_t + D_t) \\
&= \tau_s \dot{\theta}_s + F_x \dot{x} - c_1 \dot{\theta}_1^2 - c_2 \dot{\theta}_2^2
\end{aligned}
\tag{2.8}
$$

接着，将基于式(2.8)与后续的分析，设计如下的控制器：

$$
\tau_s = -k_{\mathrm{P1}} e_{\theta_s} - k_{\mathrm{D1}} \dot{\theta}_s - k_{\mathrm{I1}} \int_0^t f_1(e_{\theta_s}(s))\mathrm{d}s
$$

$$
F_x = -k_{\mathrm{P2}} e_x - k_{\mathrm{D2}} \dot{x} - k_{\mathrm{I2}} \int_0^t f_2(e_x(s))\mathrm{d}s - k_x \left(\frac{x_d - X_M}{(x - X_M)^3} + \frac{x_d - X_m}{(x - X_m)^3} \right) e_x
\tag{2.9}
$$

其中，$k_{\mathrm{P}i}$, $k_{\mathrm{D}i}$, $k_{\mathrm{I}i} \in \mathbb{R}^+ (i = 1, 2)$ 为控制增益；$k_x \in \mathbb{R}^+$ 为一个正数；辅助函数 $f_1(e_{\theta_s})$, $f_2(e_x)$ 定义如下：

$$f_1(e_{\theta_s}) \triangleq \mu_1 \rho(e_{\theta_s}), \quad f_2(e_x) \triangleq \mu_2 \rho(e_x) \tag{2.10}$$

在构造辅助函数时，引入了参数 μ_1, $\mu_2 \in \mathbb{R}^+$ 与如下饱和函数 $\rho(\star)$, $\forall \star \in \mathbb{R}$：

$$\rho(\star) \triangleq \begin{cases} 1, & \star > \dfrac{\pi}{2} \\ \sin(\star), & |\star| \leqslant \dfrac{\pi}{2} \\ -1, & \star < -\dfrac{\pi}{2} \end{cases} \tag{2.11}$$

进一步地，定义如下辅助函数 $f_3(\theta_1, \theta_2)$：

$$f_3(\theta_1, \theta_2) \triangleq \mu_3 \rho\left(\frac{\theta_1 + \theta_2}{2}\right) = \mu_3 \sin\left(\frac{\theta_1 + \theta_2}{2}\right) \tag{2.12}$$

其中，参数 $\mu_3 \in \mathbb{R}^+$ 是一个足够小的正数。辅助函数具有如下性质：

$$|\rho(\star)| \leqslant 1, \ |f_i(\star)| \leqslant \mu_i, \ |\star| \cdot |f_i(\star)| = \star f_i(\star)$$

$$\left|\frac{\mathrm{d}\rho(\star)}{\mathrm{d}\star}\right| \leqslant 1, \ \left|\frac{\mathrm{d}f_i(\star)}{\mathrm{d}\star}\right| \leqslant \mu_i, \ -\star f_i(\star) \leqslant -\frac{f_i^2(\star)}{\mu_i}, \quad i = 1, 2, 3 \tag{2.13}$$

此外，所提控制器(2.9)中的各控制增益或参数在取值时，需满足如下条件：

$$\begin{cases} k_{\mathrm{D}1} > \lambda_M \mu_1 + \overline{\delta}_{\theta_s}, \ k_{\mathrm{D}2} > \lambda_M \mu_2 + \overline{\delta}_x, \ k_{\mathrm{P}1} - k_{\mathrm{I}1} > 0, \ k_{\mathrm{P}2} - k_{\mathrm{I}2} > 0 \\ \lambda_M \dfrac{\mu_3}{2} + \overline{m}_c l^2(\mu_1 + 2\mu_3) < \dfrac{(1 - \mu_3)c_1}{2}, \ \lambda_M \dfrac{\mu_3}{2} + \overline{m}_c l^2(\mu_1 + \mu_3) < \dfrac{(1 - \gamma_3)c_2}{2} \\ 0 < \mu_1, \mu_2 < 1 \end{cases} \tag{2.14}$$

其中，$\overline{\delta}_{\theta_s}$, $\overline{\delta}_x$ 定义为

$$\overline{\delta}_{\theta_s} \triangleq (\overline{m}_c + \overline{m}_t) X_M (\gamma_1 + \gamma_2) + \overline{m}_c l \left(\mu_1 + \mu_2 + \frac{\mu_3}{2}\right)$$

$$+ 2\left(\overline{m}_c l X_M + \overline{m}_c l^2\right) \mu_3$$

$$+ \frac{\left(\overline{m}_c l X_M \mu_1 + \overline{m}_c l^2\left(\mu_1 + \frac{3}{2}\mu_3\right)\right)^2}{c_1}$$

$$+ \frac{\left((\overline{m}_c l X_M + \overline{m}_c l^2)(\mu_1 + \mu_3) + \frac{1}{2}\overline{m}_c l \mu_2\right)^2}{c_2}$$

$$\overline{\delta}_x \triangleq (\overline{m}_c + \overline{m}_t)\mu_1 X_M + \overline{m}_c l\left(\mu_1 + \frac{1}{2}\mu_3\right)$$

$$+ \frac{\overline{m}_c^2 l^2 \mu_3^2}{c_1} + \frac{\overline{m}_c^2 l^2 (\mu_1 + \mu_3)^2}{c_2} \tag{2.15}$$

接下来，将进行稳定性分析。首先给出如下引理。

引理 2.1　构造函数 $V_1(t)$ 如下：

$$V_1(t) = \frac{1}{2}(k_{P1} - k_{I1})e_{\theta_s}^2 + \frac{1}{2}(k_{P2} - k_{I2})e_x^2 + E + \dot{\boldsymbol{q}}^T M_t(\boldsymbol{q})\boldsymbol{f}(\boldsymbol{e}) \tag{2.16}$$

则当满足如下条件时，函数 $V_1(t)$ 是非负的：

$$k_{P1} - k_{D1} > \lambda_M \mu_1^2, \quad k_{P2} - k_{D2} > \lambda_M \mu_2^2, \quad 0 < \mu_3 < \sqrt{\frac{m_c g l}{4\lambda_M}} \tag{2.17}$$

其中，基于辅助函数(2.10)与(2.12)定义了向量 $\boldsymbol{f}(\boldsymbol{e}) \triangleq [\begin{array}{cccc} f_1 & f_2 & f_3 & f_3 \end{array}]^T$。

证明　基于式(2.7)，可将式(2.16)中的函数 $V_1(t)$ 改写为

$$V_1(t) = \frac{1}{2}(k_{P1} - k_{I1})e_{\theta_s}^2 + \frac{1}{2}(k_{P2} - k_{I2})e_x^2 + \frac{1}{2}(\dot{\boldsymbol{q}} - \boldsymbol{f}(\boldsymbol{e}))^T M_t(\boldsymbol{q})(\dot{\boldsymbol{q}} - \boldsymbol{f}(\boldsymbol{e}))$$

$$- \frac{1}{2}\boldsymbol{f}^T(\boldsymbol{e})M_t(\boldsymbol{q})\boldsymbol{f}(\boldsymbol{e}) + m_c g l(1 - C_1 C_2) \tag{2.18}$$

显然地，式(2.18)的前三项都是非负的，于是只需分析后两项。经过一些整理，由式(2.13)可得到如下不等式：

$$-\frac{1}{2}\boldsymbol{f}^T(\boldsymbol{e})M_t(\boldsymbol{q})\boldsymbol{f}(\boldsymbol{e}) + m_c g l(1 - C_1 C_2)$$

$$\geqslant -\frac{1}{2}\lambda_M\left(f_1^2 + f_2^2 + 2f_3^2\right) + \frac{m_c g l}{2}\left(\sin^2\frac{\theta_1}{2} + \sin^2\frac{\theta_2}{2}\right)$$

$$\geqslant -\frac{1}{2}\lambda_M(\mu_1^2 e_{\theta_s}^2 + \mu_2^2 e_x^2) - \lambda_M \mu_3^2\left(\sin\frac{\theta_1}{2} + \sin\frac{\theta_2}{2}\right)^2 + \frac{m_c g l}{2}\left(\sin^2\frac{\theta_1}{2} + \sin^2\frac{\theta_2}{2}\right)$$

$$\geqslant -\frac{1}{2}\lambda_M(\mu_1^2 e_{\theta_s}^2 + \mu_2^2 e_x^2) + \left(\frac{m_c g l}{2} - 2\lambda_M \mu_3^2\right)\left(\sin^2\frac{\theta_1}{2} + \sin^2\frac{\theta_2}{2}\right) \tag{2.19}$$

结合式(2.18)，如下不等式成立：

$$V_1 \geqslant \frac{1}{2}(k_{P1} - k_{I1} - \lambda_M \mu_1^2)e_{\theta_s}^2 + \frac{1}{2}(k_{P2} - k_{I2} - \lambda_M \mu_2^2)e_x^2$$

$$+ \left(\frac{m_c g l}{2} - 2\lambda_M \mu_3^2 \right) \left(\sin^2 \frac{\theta_1}{2} + \sin^2 \frac{\theta_2}{2} \right) \tag{2.20}$$

由此可见，当满足式(2.17)时 $V_1(t)$ 非负，引理 2.1 得证。 □

接下来，引入如下定理概述本节的主要结论，并对其进行证明。

定理 2.1 针对塔式起重机器人，当满足式(2.14)中的条件时，应用所提控制器(2.9)可使如下结论成立：

$$e_{\theta_s}(t) \to 0, \ e_x(t) \to 0, \ \theta_1(t) \to 0, \ \theta_2(t) \to 0, \ X_m < x(t) < X_M, \ \forall \, t \geqslant 0 \tag{2.21}$$

证明 首先，构造如下 Lyapunov 候选函数：

$$
\begin{aligned}
V(t) = {} & \frac{1}{2}(k_{P1} - k_{I1})e_{\theta_s}^2 + \frac{1}{2}k_{I1}\left(\int_0^t f_1(e_{\theta_s})\mathrm{d}s + e_{\theta_s} \right)^2 + \frac{1}{2}(k_{P2} - k_{I2})e_x^2 \\
& + \frac{1}{2}k_{I2}\left(\int_0^t f_2(e_x)\mathrm{d}s + e_x \right)^2 + k_{D1}\int_0^{e_{\theta_s}} f_1(e_{\theta_s})\mathrm{d}s \\
& + k_{D2}\int_0^{e_x} f_2(e_x)\mathrm{d}s + \frac{k_x}{2}\left(\frac{1}{(x - X_M)^2} + \frac{1}{(x - X_m)^2} \right)e_x^2 \\
& + \frac{1}{2}\dot{\boldsymbol{q}}^{\mathrm{T}} M_t(\boldsymbol{q})\dot{\boldsymbol{q}} + \dot{\boldsymbol{q}}^{\mathrm{T}} M_t(\boldsymbol{q})\boldsymbol{f}(\boldsymbol{e}) + m_c g l(1 - C_1 C_2)
\end{aligned} \tag{2.22}
$$

由引理 2.1 可知，$V(t)$ 是非负的。对 $V(t)$ 求导，并经过一些整理，可得

$$
\begin{aligned}
\dot{V}(t) = {} & \ddot{\boldsymbol{q}}^{\mathrm{T}} M_t(\boldsymbol{q})\boldsymbol{f}(\boldsymbol{e}) + \dot{\boldsymbol{q}}^{\mathrm{T}} \dot{M}_t(\boldsymbol{q})\boldsymbol{f}(\boldsymbol{e}) + \dot{\boldsymbol{q}}^{\mathrm{T}} M_t(\boldsymbol{q})\dot{\boldsymbol{f}}(\boldsymbol{e}) \\
& + k_{I1}\left(\int_0^t f_1(e_{\theta_s})\mathrm{d}s + e_{\theta_s} \right)f_1(e_{\theta_s}) + k_{D1}\dot{\theta}_s f_1(e_{\theta_s}) \\
& + k_{I2}\left(\int_0^t f_2(e_x)\mathrm{d}s + e_x \right)f_2(e_x) + k_{D2}\dot{x}f_2(e_x) \\
& - k_{D1}\dot{\theta}_s^2 - k_{D2}\dot{x}^2 - c_1\dot{\theta}_1^2 - c_2\dot{\theta}_2^2
\end{aligned} \tag{2.23}
$$

为便于分析，将对式(2.23)进行拆分并逐项分析。首先，对于 $\ddot{\boldsymbol{q}}^{\mathrm{T}} M(\boldsymbol{q})\boldsymbol{f}(\boldsymbol{e}) + \dot{\boldsymbol{q}}^{\mathrm{T}} \dot{M}(\boldsymbol{q})\boldsymbol{f}(\boldsymbol{e})$，利用式(2.5)并代入控制器(2.9)，可得

$$
\begin{aligned}
& \ddot{\boldsymbol{q}}^{\mathrm{T}} M_t(\boldsymbol{q})\boldsymbol{f}(\boldsymbol{e}) + \dot{\boldsymbol{q}}^{\mathrm{T}} \dot{M}_t(\boldsymbol{q})\boldsymbol{f}(\boldsymbol{e}) \\
= {} & \boldsymbol{f}(\boldsymbol{e})^{\mathrm{T}} M_t(\boldsymbol{q})\ddot{\boldsymbol{q}} + 2\dot{\boldsymbol{q}}^{\mathrm{T}} C_t(\boldsymbol{q}, \dot{\boldsymbol{q}})\boldsymbol{f}(\boldsymbol{e}) \\
= {} & -k_{P1}e_{\theta_s}f_1(e_{\theta_s}) - k_{P2}e_x f_2(e_x) - k_{D1}\dot{\theta}_s f_1(e_{\theta_s}) - k_{I1}\int_0^t f_1(e_{\theta_s})\mathrm{d}s \cdot f_1(e_{\theta_s})
\end{aligned}
$$

$$- k_{\mathrm{D}2}\dot{x}f_2(e_x) - k_{\mathrm{I}2}\int_0^t f_2(e_x)\mathrm{d}s \cdot f_2(e_x) - c_1\dot{\theta}_1 f_3(\theta_1,\theta_2)$$

$$- k_x\left(\frac{x_d - X_M}{(x - X_M)^3} + \frac{x_d - X_m}{(x - X_m)^3}\right)e_x f_2(e_x) - c_2\dot{\theta}_2 f_3(\theta_1,\theta_2)$$

$$- m_c g l f_3(\theta_1,\theta_2)S_1 C_2 - m_c g l f_3(\theta_1,\theta_2)S_2 C_1 + \dot{\boldsymbol{q}}^{\mathrm{T}}C_t(\boldsymbol{q},\dot{\boldsymbol{q}})\boldsymbol{f}(\boldsymbol{e}) \tag{2.24}$$

接着，基于式(2.23)与式(2.24)中的结论，可将 Lyapunov 候选函数的导数 $\dot{V}(t)$ 进一步改写为如下表达式：

$$\dot{V}(t) = - (k_{\mathrm{P}1} - k_{\mathrm{I}1})e_{\theta_s}f_1(e_{\theta_s}) - (k_{\mathrm{P}2} - k_{\mathrm{I}2})e_x f_2(e_x) - c_1\dot{\theta}_1^2 - c_2\dot{\theta}_2^2 - k_{\mathrm{D}1}e_{\theta_s}^2 - k_{\mathrm{D}2}e_x^2$$

$$- k_x\left(\frac{x_d - X_M}{(x - X_M)^3} + \frac{x_d - X_m}{(x - X_m)^3}\right)e_x f_2(e_x) - c_1\dot{\theta}_1 f_3(\theta_1,\theta_2) - c_2\dot{\theta}_2 f_3(\theta_1,\theta_2)$$

$$- m_c g l f_3(\theta_1,\theta_2)\sin\theta_1\cos\theta_2 - m_c g l f_3(\theta_1,\theta_2)\cos\theta_1\sin\theta_2$$

$$+ \dot{\boldsymbol{q}}^{\mathrm{T}}M_t(\boldsymbol{q})\dot{\boldsymbol{f}}(\boldsymbol{e}) + \dot{\boldsymbol{q}}^{\mathrm{T}}C_t(\boldsymbol{q},\dot{\boldsymbol{q}})\boldsymbol{f}(\boldsymbol{e}) \tag{2.25}$$

之后，将式(2.25)拆开分析。首先，有

$$- c_1\dot{\theta}_1 f_3(\theta_1,\theta_2) - c_2\dot{\theta}_2 f_3(\theta_1,\theta_2) - m_c g l f_3(\theta_1,\theta_2)\sin\theta_1\cos\theta_2$$

$$- m_c g l f_3(\theta_1,\theta_2)\cos\theta_1\sin\theta_2 + \dot{\boldsymbol{q}}^{\mathrm{T}}M_t(\boldsymbol{q})\dot{\boldsymbol{f}}(\boldsymbol{e})$$

$$= - 2m_c g l \mu_3 \sin^2\left(\frac{\theta_1 + \theta_2}{2}\right)\cos\left(\frac{\theta_1 + \theta_2}{2}\right) + \dot{\boldsymbol{q}}^{\mathrm{T}}M_t(\boldsymbol{q})\dot{\boldsymbol{f}}(\boldsymbol{e}) - c_1\dot{\theta}_1 f_3 - c_2\dot{\theta}_2 f_3$$

$$\leqslant - 2m_c g l \mu_3 \cos\left(\frac{\pi}{2} - \varphi\right)\sin^2\left(\frac{\theta_1 + \theta_2}{2}\right) + \lambda_M\left(\mu_1\dot{e}_{\theta_x}^2 + \mu_2\dot{e}_x^2 + \mu_3\left(\dot{\theta}_1^2 + \dot{\theta}_2^2\right)\right)$$

$$+ c_1\mu_3\left(\frac{\dot{\theta}_1^2}{2} + \frac{1}{2}\sin^2\left(\frac{\theta_1 + \theta_2}{2}\right)\right) + c_2\mu_3\left(\frac{\dot{\theta}_2^2}{2} + \frac{1}{2}\sin^2\left(\frac{\theta_1 + \theta_2}{2}\right)\right)$$

$$\leqslant \lambda_M\mu_1\dot{\theta}_s^2 + \lambda_M\mu_2\dot{x}^2 + \left(\lambda_M\mu_3 + \frac{c_1\mu_3}{2}\right)\dot{\theta}_1^2 + \left(\lambda_M\mu_3 + \frac{c_2\mu_3}{2}\right)\dot{\theta}_2^2$$

$$- \frac{1}{2}\mu_3\left(4m_c g l \sin\varphi - c_1 - c_2\right)\sin^2\left(\frac{\theta_1 + \theta_2}{2}\right) \tag{2.26}$$

同时，式(2.25)的余项可进一步整理为

$$\dot{\boldsymbol{q}}^{\mathrm{T}}C_t(\boldsymbol{q},\dot{\boldsymbol{q}})\boldsymbol{f}(\boldsymbol{e}) \leqslant m_c l^2 \mu_3 \dot{\theta}_1^2 + \left(\left((m_c + m_t)x + m_c l\right)\mu_2 + 2(m_c l x + m_c l^2)\mu_3\right)\dot{\theta}_s^2$$

$$+ \left(m_c l \mu_3 + 2\left((m_c + m_t)x + m_c l\right)\mu_1\right)|\dot{\theta}_s||\dot{x}|$$

$$+ \left(2(m_c l x + m_c l^2)\mu_1 + 3m_c l^2\mu_3\right)|\dot{\theta}_s||\theta_1|$$

$$+ \left(2(m_clx + m_cl^2)\mu_1 + m_cl\mu_2 + 2m_cl^2\mu_3 + m_clx\mu_3\right)|\dot{\theta}_s||\dot{\theta}_2|$$

$$+ 2m_cl(\mu_1 + \mu_3)|\dot{x}||\dot{\theta}_2| + 2m_cl\mu_3|\dot{x}||\dot{\theta}_1| + 2m_cl^2(\mu_1 + \mu_3)|\dot{\theta}_1||\dot{\theta}_2| \tag{2.27}$$

之后，应用均值不等式与如下辅助信号：

$$\delta_{\theta_s} \triangleq (m_c + m_t)x(\mu_1 + \mu_2) + m_cl(\mu_1 + \mu_2 + \frac{\mu_3}{2})$$

$$+ 2\left(m_clx + m_cl^2\right)\mu_3 + \frac{\left(m_clx\mu_1 + m_cl^2\left(\mu_1 + \frac{3}{2}\mu_3\right)\right)^2}{c_1}$$

$$+ \frac{\left((m_clx + m_cl^2)(\mu_1 + \mu_3) + \frac{1}{2}m_cl\mu_2\right)^2}{c_2}$$

$$\delta_x \triangleq (m_c + m_t)\mu_1 x + m_cl\left(\mu_1 + \frac{1}{2}\mu_3\right) + \frac{m_c^2l^2\mu_3^2}{c_1} + \frac{m_c^2l^2(\mu_1 + \mu_3)^2}{c_2}$$

可从式(2.27)得到如下结论：

$$\dot{q}^T C_t(q, \dot{q}) f(e) \leqslant \delta_{\theta_s}\dot{\theta}_s^2 + \delta_x\dot{x}^2 + \left(m_cl^2(\mu_1 + 2\mu_3) + \frac{c_1}{2}\right)\dot{\theta}_1^2$$

$$+ \left(m_cl^2(\mu_1 + \mu_3) + \frac{c_2}{2}\right)\dot{\theta}_2^2 \tag{2.28}$$

基于式(2.13)，并将式(2.26)与式(2.28)代入式(2.25)，可推知 $\dot{V}(t)$ 满足如下不等式：

$$\dot{V}(t) \leqslant - (k_{D1} - \lambda_M\mu_1 - \delta_{\theta_s})\dot{\theta}_s^2 - (k_{D2} - \lambda_M\mu_2 - \delta_x)\dot{x}^2$$

$$- \left(\frac{c_1}{2} - \frac{c_1\mu_3}{2} - \mu_3\lambda_M - m_cl^2(\mu_1 + 2\mu_3)\right)\dot{\theta}_1^2$$

$$- \left(\frac{c_2}{2} - \frac{c_2\mu_3}{2} - \mu_3\lambda_M - m_cl^2(\mu_1 + \mu_3)\right)\dot{\theta}_2^2$$

$$- \frac{k_{P1} - k_{I1}}{\mu_1}f_1^2(e_{\theta_s}) - \frac{k_{P2} - k_{I2}}{\mu_2}f_2^2(e_x)$$

$$- \frac{k_x}{\mu_2}\left(\frac{x_d - X_M}{(x - X_M)^3} + \frac{x_d - X_m}{(x - X_m)^3}\right)f_2^2(e_x)$$

$$- \frac{1}{2}\mu_3(4m_cgl\sin\varphi - c_1 - c_2)\sin^2\left(\frac{\theta_1 + \theta_2}{2}\right) \tag{2.29}$$

当满足式(2.14)时，式(2.29)的前七项均为负。因此，接下来将对式(2.29)的余项进一步分析。首先，考虑到应用了所提控制器(2.9)之后，闭环系统依然是连续的，于是由连续性可知，当初始位移 $x(0)$ 在设定的范围 (X_m, X_M) 内（即满足 $X_m < x(0) < X_M$）时，一定存在时间 T，使位移在 $t \in [0, T)$ 时，满足 $X_m < x(t) < X_M$。因此，可由 $X_m < x_d < X_M$ 推知，当 $t \in [0, T)$ 时，式(2.29)的余项为负。再结合式(2.22)，有如下结论成立：

$$V(t) \in \mathcal{L}_\infty, \quad \forall\, t \in [0, T) \tag{2.30}$$

接着，将运用反证法证明在 T 时间后，$x(t)$ 依然始终在范围 (X_m, X_M) 内变化。为此，首先假设 $x(t)$ 在 $t \in [0, T)$ 时存在超出范围 (X_m, X_M) 的趋势。由于 $x(t)$ 连续，因此在 T 时刻，它一定会跨过范围的边界，即存在 $x(T) = X_m$ 或 $x(T) = X_M$。于是，在 T 时刻，式(2.22)中相关项的分母趋于 0，使 $V(T) = +\infty$。根据连续性，有 $\lim_{t \to T^-} V(t) = +\infty$，这与式(2.30)中的结论相矛盾。因此，台车位移将始终在给定范围内变化，即满足

$$X_m < x(t) < X_M, \quad \forall\, t \geqslant 0 \tag{2.31}$$

并且，式(2.29)的余项为负。综上，有如下结论：

$$\dot{V}(t) \leqslant 0 \tag{2.32}$$

于是，由式(2.32)可知

$$V(t) \in \mathcal{L}_\infty \Longrightarrow e_{\theta_s}, \ e_x, \ \theta_1, \ \theta_2, \ \dot{e}_{\theta_s}, \ \dot{e}_x, \ \dot{\theta}_1, \ \dot{\theta}_2, \ \int_0^t f_1(e_{\theta_s})\mathrm{d}s, \ \int_0^t f_2(e_x)\mathrm{d}s \in \mathcal{L}_\infty \tag{2.33}$$

基于式(2.33)中的有界的结论，将进一步分析收敛性。定义如下集合：

$$\mathcal{S} \triangleq \left\{ \dot{\theta}_s, \ \dot{x}, \ \dot{\theta}_1, \ \dot{\theta}_2, \ e_{\theta_s}, \ e_x \,\middle|\, \dot{V} = 0 \right\} \tag{2.34}$$

并定义 $\mathcal{S}$ 的最大不变集 $\mathcal{M}$。在 $\mathcal{M}$ 中，有

$$\dot{\theta}_s, \ \dot{x}, \ \dot{\theta}_1, \ \dot{\theta}_2 = 0, \ f_1(e_{\theta_s}), \ f_2(e_x) = 0 \Longrightarrow e_{\theta_s}, \ e_x = 0, \ \ddot{\theta}_s, \ \ddot{x}, \ \ddot{\theta}_1, \ \ddot{\theta}_2 = 0 \tag{2.35}$$

将式(2.35)代入式(2.3)和式(2.4)，并运用假设 2.1 中提到的 $\cos\theta_1 > 0$ 与 $\cos\theta_2 > 0$，可得

$$m_c gl \sin\theta_1 \cos\theta_2 = 0, \ m_c gl \cos\theta_1 \sin\theta_2 = 0 \Longrightarrow \theta_1, \ \theta_2 = 0 \tag{2.36}$$

可以看出，$\mathcal{M}$ 中只含有系统的平衡点，因此可直接应用 LaSalle 不变性原理[146]得出式(2.6)，即定理 2.1 得证。　　　　　　　　　　　　　　　　　　　□

2.3 实验结果与分析

接下来将对本章所提自适应积分消摆定位控制方法进行实验验证。采用如图 2.2 所示的平台[①]。可以看出，悬臂运动通过电机 1 (400 W，3000 r/min) 控制，搭配减速比为 100:1 的减速器，且内置有 2500 PPR 的编码器 1，该编码器用于测量悬臂的转角；台车运动通过电机 2 (200 W，3000 r/min) 控制，搭配减速比为 10:1 的减速器，且内置有 2500 PPR 的编码器 2，该编码器用于测量台车位移；与此同时，在台车上设计了一个交叉半圆形金属片结构，装配上 2000 PPR 的编码器 3 与 4，当负载摆动时带动金属片转动，从而获得负载的摆角。所有通过编码器获得的信号，均通过一块运动控制板传递给主机。在主机中配置了 MATLAB/Simulink RTWT 环境，用以生成控制信号并再次通过运动控制板传递给驱动装置，驱动平台的运动。在这个过程中，采样间隔为 5 ms。平台参数为 $m_c = 1.5$ kg, $m_t = 8$ kg, $l = 0.6$ m。

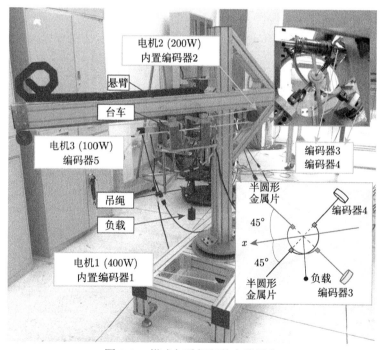

图 2.2 塔式起重机硬件实验平台

在实验中，一些需设定的参数与上下界取值分别为 $\mu_1 = \mu_2 = 0.001$, $\mu_3 =$

---

① 在本章中，由于考虑的是固定绳长的运送环节，实验时没有用到电机 3。

0.0004, $X_m = 0.05$ m, $X_M = 0.55$ m, $\underline{m}_c = 1$ kg, $\overline{m}_c = 5$ kg, $\underline{m}_t = 5$ kg, $\overline{m}_t = 10$ kg。本节共进行了四组实验。

实验 1：消摆定位对比。本组实验将所提控制方法与经典的线性二次调节器 (linear quadratic regulator, LQR) 方法进行了对比。初始条件与期望目标设定为 $\phi_{s0} = 0°$, $x_0 = 0.1$ m, $\phi_{sd} = 45°$, $x_d = 0.5$ m。对于如下 LQR 控制器：

$$\tau_s = -k_1 e_{\theta s} - k_2 \dot{e}_{\theta_s} - k_3 \theta_2 - k_4 \dot{\theta}_2 + \tau_f$$

$$F_x = -k_5 e_x - k_6 \dot{e}_x - k_7 \theta_1 - k_8 \dot{\theta}_1 + F_f$$

控制增益为 $k_1 = 31.6$, $k_2 = 51.2$, $k_3 = -101.7$, $k_4 = -10.4$, $k_5 = 31.6$, $k_6 = 50.2$, $k_7 = -106.8$, $k_8 = -7.8$，摩擦补偿则选用如下模型[147]：

$$\tau_f = f_{\tau 1} \tanh(f_{\tau 0} \dot{\theta}_s) + f_{\tau 2}|\dot{\theta}_s|\dot{\theta}_s, \ F_f = f_{F1} \tanh(f_{F0} \dot{x}) + f_{F2}|\dot{x}|\dot{x} \quad (2.37)$$

并取摩擦参数 $f_{\tau 0} = 1$, $f_{\tau 1} = 34.11$, $f_{\tau 2} = 0.329$, $f_{F0} = 8000.11$, $f_{F1} = 35.77$, $f_{F2} = 90$。而对于所提方法(2.9)，通过调节，控制增益与参数取 $k_{P1} = 0.1$, $k_{D1} = 0.05$, $k_{I1} = 0.01$, $k_{P2} = 150$, $k_{D2} = 50$, $k_{I2} = 0.01$, $k_x = 0.1$。本组实验结果如图 2.3 所示。可以看出，两种方法均能实现准确的定位，即悬臂与台车在 2 s 内到达期望的目标。然而，所提方法在消摆性能上要优于对比方法。在

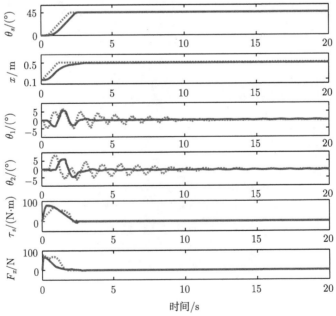

图 2.3　塔式起重机器人积分消摆定位控制对比结果 (实线：所提方法；虚线：对比方法)

图 2.3 中，应用 LQR 方法时，负载在 10 s 后依然存在明显的残余摆动。而所提方法则有效地在 5 s 内抑制了负载摆动，且几乎不存在残余摆动。

实验 2：不准确的摩擦补偿。在实验 1 中，在应用 LQR 方法时利用辨识得到的摩擦模型进行了较为准确的摩擦补偿。而在实际应用中，摩擦补偿往往难以精确已知。因此，本组实验人为地将摩擦参数修改为 $f_{\tau 0} = 1.5$，$f_{\tau 1} = 60$，$f_{\tau 2} = 5$，$f_{F0} = 4000$，$f_{F1} = 20$，$f_{F2} = 5$，以模拟摩擦补偿不准确的情况。在不重新调参的情况下，本组实验的结果如图 2.4 所示。结果表明，对比方法在摩擦补偿不准确时便会存在定位误差，即悬臂旋转超过期望的 45°，而台车位移则没有到达 0.5 m。而所提方法因为引入了积分项消除定位误差，则几乎没有受到摩擦补偿变化的影响，依然实现了精准的定位。

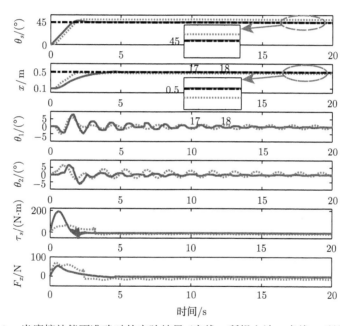

图 2.4　当摩擦补偿不准确时的实验结果 (实线：所提方法；虚线：对比方法)

实验 3：非零初始扰动。本组实验将初始扰动施加在两个方向上的负载摆角上，即令 $\theta_1(0) = -23.80°$，$\theta_2(0) = 24.96°$。如图 2.5 所示，即便当欠驱动的负载摆角以较大的幅值开始摆动时，所提方法依然能够实现快速的消摆，表明其对非零的初始扰动具有一定的鲁棒性。

实验 4：加入外部干扰。本组实验中，在吊运过程中，人为地通过推动负载施加了一定的外部干扰，如图 2.6 所示，加入外部扰动后，摆角的最大摆幅达 16.81°。在这种情况下，所提方法也能够有效地处理干扰产生的影响，体现出良好的鲁棒性。

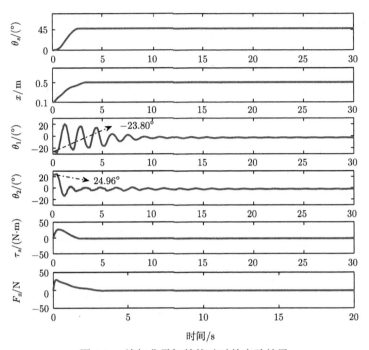

图 2.5　施加非零初始扰动时的实验结果

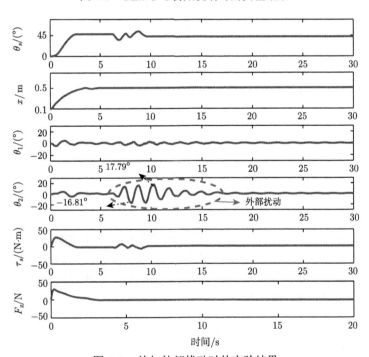

图 2.6　施加外部扰动时的实验结果

2.4　本　章　小　结

本章考虑了三维工作空间内塔式起重机器人负载吊运与摆动抑制问题，提出了一种引入积分项的消摆定位方法。具体而言，首先分析了固定绳长的塔式起重机器人动力学，并将其改写为结构较为紧凑的形式便于分析。接下来，定义误差信号，并基于系统能量构造 Lyapunov 候选函数，对控制器进行分析设计。在这个过程中，利用饱和的辅助函数及其性质，分析设计了积分环节，并同时利用台车定位误差构造了一个位移约束项。之后基于 Lyapunov 方法与 LaSalle 不变性原理进行稳定性分析，得到闭环系统渐近稳定的结论。一系列硬件实验结果也表明，所提方法因含有积分环节，能够在不进行精确摩擦补偿的情况下依然保证良好的定位精度，并且负载在两个方向上的摆动都被有效地抑制了。即便加入初始扰动或外部扰动，所提方法也能够达到满意的控制性能。

第 3 章　基于状态观测器与摩擦补偿的塔式起重机饱和输出反馈控制

本章提出了一种新型输出反馈控制方法来实现悬臂/台车快速定位、摩擦估计并消除负载摆动。速度信号可通过精心设计的状态观测器准确获取，在控制器设计过程中充分考虑了驱动器约束，从而避免驱动器饱和，提高控制性能。对于整个闭环系统 (包括控制器、状态观测器和塔式起重机) 平衡点的渐近稳定性，可采用 Lyapunov 方法严格证明。

3.1　问　题　描　述

本节将继续基于式 (2.5) 给出的塔式起重机器人动力学模型设计控制器。特别地，除了负载受到的空气阻力影响，这里额外考虑了台车与悬臂运动时受到的摩擦扰动，对应的向量–矩阵形式如下：

$$M_t(\boldsymbol{q})\ddot{\boldsymbol{q}} + C_t(\boldsymbol{q},\dot{\boldsymbol{q}})\dot{\boldsymbol{q}} + G_t(\boldsymbol{q}) = \boldsymbol{U}_t + \boldsymbol{f} \tag{3.1}$$

其中，$\boldsymbol{f}$ 表示台车平移运动/悬臂转动时受到的摩擦影响，以及负载径向/切向摆动时的阻力影响，即

$$\boldsymbol{f} = \begin{bmatrix} -d_1\dot{\theta}_s, & -d_2\dot{x}, & -d_3\dot{\theta}_1, & -d_4\dot{\theta}_2 \end{bmatrix}^{\mathrm{T}}$$

d_1, d_2 和 d_3, d_4 分别与不确定的摩擦系数和空气阻力系数相关，其取值在已知范围 $(\bar{d}_i, \underline{d}_i)$ 内，$i = 1, \cdots, 4$。

性质 3.1　由式 (2.1)～式 (2.4) 不难发现，正定矩阵 $M_t(\boldsymbol{q})$(其顺序主子式均为正) 和 $C_t(\boldsymbol{q},\dot{\boldsymbol{q}})$ 满足如下性质：

$$\lambda_m\|\boldsymbol{\xi}\|^2 \leqslant \boldsymbol{\xi}^{\mathrm{T}} M_t(\boldsymbol{q})\boldsymbol{\xi} \leqslant \lambda_M\|\boldsymbol{\xi}\|^2, \quad \forall\, \boldsymbol{\xi} \in \mathbb{R}^4 \tag{3.2}$$

$$\boldsymbol{\xi}^{\mathrm{T}} \left(\frac{1}{2}\dot{M}_t(\boldsymbol{q}) - C_t(\boldsymbol{q},\dot{\boldsymbol{q}})\right)\boldsymbol{\xi} = 0, \quad \forall\, \boldsymbol{\xi} \in \mathbb{R}^4 \tag{3.3}$$

$$C_t(\boldsymbol{\xi},\boldsymbol{\xi}_1)\boldsymbol{\xi}_2 = C_t(\boldsymbol{\xi},\boldsymbol{\xi}_2)\boldsymbol{\xi}_1, \quad \forall\, \boldsymbol{\xi},\boldsymbol{\xi}_1,\boldsymbol{\xi}_2 \in \mathbb{R}^4 \tag{3.4}$$

$$\|C_t(\boldsymbol{q},\dot{\boldsymbol{\xi}})\|_{m_1} \leqslant \varpi\|\dot{\boldsymbol{\xi}}\|, \quad \forall\, \boldsymbol{\xi} \in \mathbb{R}^4 \tag{3.5}$$

其中，ϖ 为已知常数，定义为

$$\varpi \triangleq 4\left(2(m_c + m_t)x_{\max} + 4m_c l x_{\max} + 6m_c l^2 + 4m_c l\right) \tag{3.6}$$

λ_m 和 λ_M 是 $M_t(\boldsymbol{q})$ 的最小和最大特征值；$\|\cdot\|$ 和 $\|\cdot\|_{m_1}$ 分别表示向量的 2-范数和矩阵的 m_1-范数①。

此外，考虑到实际电机的饱和特性，控制输入应保持在允许范围内，即

$$|\tau_s| \leqslant \tau_{s\max} \tag{3.7}$$

$$|F_x| \leqslant F_{x\max} \tag{3.8}$$

其中，$\tau_{s\max}$ 和 $F_{x\max}$ 分别是驱动悬臂和台车控制量的上限值。

由于实际应用中负载总是在台车下方摆动，因此可以做出以下假设。

假设 3.1　负载摆角 θ_1 和 θ_2 始终在 $(-\pi/2, \pi/2)$ 内变化。

该假设广泛应用于起重机的相关研究中，如文献 [131]~ [145]、[148]。

接下来，基于上述动力学模型 (3.1)，本章面向塔式起重机器人的主要控制目标为：

(1) 在摩擦力不确定的情况下，分别将臂架和台车无定位误差地驱动至目的地；

(2) 有效抑制负载残余摆动；

(3) 仅利用可测量的输出反馈信号就可以准确地在线恢复状态变量的速度信号；

(4) 将计算出的控制输入的最大幅度限制在式 (3.7) 和式 (3.8) 中允许的范围内。

3.2　控制器设计及稳定性分析

由于速度不可测且摩擦参数不确定，本节首先设计了非线性状态观测器和摩擦系数估计项；然后，构建了一种考虑驱动器饱和的新型输出反馈控制器。控制器设计的整个过程分为以下四个步骤。

步骤 1：状态观测。基于塔式起重机器人的非线性动力学特性，所提状态观测器可以在控制过程中提供有效的速度反馈，具体形式如下：

$$\dot{\hat{\boldsymbol{q}}} = \boldsymbol{\chi}_e + \Omega_2^{-1}\Omega_1\tilde{\boldsymbol{q}} \tag{3.9a}$$

$$\boldsymbol{\chi}_e = \boldsymbol{p} + \frac{1}{\lambda_m}\Omega_3\boldsymbol{q} \tag{3.9b}$$

---

① 矩阵的 m_1-范数定义为 $\|Z\|_{m_1} = \sum\limits_{i,j=1}^{n}|z_{ij}|$，$\forall\ Z = (z_{ij})_{n\times n} \in \mathbb{R}^{n\times n}$，用于推导式 (3.5) 中的结论。

$$\dot{\boldsymbol{p}} = -M_t^{-1}(\boldsymbol{q})C_t(\boldsymbol{q}, \boldsymbol{\chi}_e)\boldsymbol{\chi}_e - M_t^{-1}(\boldsymbol{q})\boldsymbol{G}(\boldsymbol{q}) + M_t^{-1}(\boldsymbol{q})\boldsymbol{U}$$

$$+ M_t^{-1}(\boldsymbol{q})\Omega_2\tilde{\boldsymbol{q}} - \frac{1}{\lambda_m}\Omega_3\boldsymbol{\chi}_e \tag{3.9c}$$

其中，$\tilde{\boldsymbol{q}}(t) = \boldsymbol{q}(t) - \hat{\boldsymbol{q}}(t)$ 表示估计误差向量与状态估计向量；$\hat{\boldsymbol{q}}(t)$，$\boldsymbol{\chi}_e(t)$，$\dot{\boldsymbol{p}}(t)$ 表示精心设计的辅助向量；λ_m 定义于式 (3.2)；$\Omega_1 = \mathrm{diag}\{\omega_{11}, \omega_{12}, \omega_{13}, \omega_{14}\}$，$\Omega_2 = \mathrm{diag}\{\omega_{21}, \omega_{22}, \omega_{23}, \omega_{24}\}$，$\Omega_3 = \mathrm{diag}\{\omega_{31}, \omega_{32}, \omega_{33}, \omega_{34}\} \in \mathbb{R}^{4 \times 4}$ 是正定的对角增益矩阵。在控制过程中，只需可测的位置和角度即可恢复速度信号并产生平滑的控制输入，以保证控制性能。从式 (3.9a) 可以看出，为了得到 $\dot{\hat{\boldsymbol{q}}}(t)$，有必要计算类似速度估计的变量 $\boldsymbol{\chi}_e(t)$ 和估计误差 $\tilde{\boldsymbol{q}}(t)$。同时，$\boldsymbol{\chi}_e(t)$ 也与 $\tilde{\boldsymbol{q}}(t)$ 有关，如式 (3.9b) 和式 (3.9c) 所示。由此，结合 $\tilde{\boldsymbol{q}}(t) = \boldsymbol{q}(t) - \hat{\boldsymbol{q}}(t)$ 可以得出 $\hat{\boldsymbol{q}}(t)$ 是获得 $\dot{\hat{\boldsymbol{q}}}(t)$ 的一个重要变量。实际上，所提非线性状态观测器是基于后续 Lyapunov 稳定性分析获得的，详细构造方法见式 (3.31)～式 (3.42)。

步骤 2：在线摩擦补偿。由于实际机械系统中通常无法获得准确的摩擦系数，所以有必要对其进行在线估计，以提供有效的摩擦补偿并消除定位误差。因此，本章设计 $\hat{d}_1(t)$ 和 $\hat{d}_2(t)$ 分别表示 d_1 和 d_2 的估计值，相应的估计误差设为

$$\tilde{d}_1 = d_1 - \hat{d}_1 \implies \dot{\tilde{d}}_1 = -\dot{\hat{d}}_1 \tag{3.10}$$

$$\tilde{d}_2 = d_2 - \hat{d}_2 \implies \dot{\tilde{d}}_2 = -\dot{\hat{d}}_2 \tag{3.11}$$

此外，为了保证 $\hat{d}_1(t)$ 和 $\hat{d}_2(t)$ 有界，构造 $\hat{d}_1(t)$ 和 $\hat{d}_2(t)$ 的更新律如下：

$$\dot{\hat{d}}_1 = \mathrm{Proj}\{\Lambda_1\}$$

$$= \begin{cases} 0, & \hat{d}_1 = \underline{d}_1, \ \Lambda_1 < 0 \ \text{或者} \ \hat{d}_1 = \bar{d}_1, \ \Lambda_1 > 0 \\ \Lambda_1, & \text{其他} \end{cases} \tag{3.12}$$

$$\dot{\hat{d}}_2 = \mathrm{Proj}\{\Lambda_2\}$$

$$= \begin{cases} 0, & \hat{d}_2 = \underline{d}_2, \ \Lambda_2 < 0 \ \text{或者} \ \hat{d}_2 = \bar{d}_2, \ \Lambda_2 > 0 \\ \Lambda_2, & \text{其他} \end{cases} \tag{3.13}$$

定义待定参数 $\beta_1, \beta_2 \in \mathbb{R}^+$，$\Lambda_1 = -\beta_1\tanh(\vartheta_\phi)\dot{\hat{\phi}}$ 与 $\Lambda_2 = -\beta_2\tanh(\vartheta_\eta)\dot{\hat{\eta}}$，且 $\hat{d}_i$ 的初始值在已知范围 $(\bar{d}_i, \underline{d}_i)(i = 1, 2)$ 内选择。

步骤 3：输出反馈控制器。首先，定义悬臂和台车的定位误差为

$$e_{\theta_s} = \theta_s - \theta_{sd} \implies \dot{e}_{\theta_s} = \dot{\theta}_s, \quad e_x = x - x_d \implies \dot{e}_x = \dot{x}$$

其中，θ_{sd} 和 x_d 为 $\theta_s(t)$ 和 $x(t)$ 的期望值。然后，通过所提状态观测器 (3.9)，本章提出一种新的输出反馈控制方案，无需速度测量，具体形式如下：

$$F_x(t) = -k_{p1}\tanh e_{\theta_s} - k_{d1}\tanh(\vartheta_{\theta_s}) + \hat{d}_1\tanh(\vartheta_{\theta_s}) - k_{s1}\tanh(\vartheta_{\theta_s})(1-\cos\theta_1)^2 \tag{3.14}$$

$$\tau_s(t) = -k_{p2}\tanh(e_x) - k_{d2}\tanh(\vartheta_x) + \hat{d}_2\tanh(\vartheta_x) - k_{s2}\tanh(\vartheta_x)(1-\cos\theta_2)^2 \tag{3.15}$$

其中，$k_{p1}, k_{d1}, k_{s1}, k_{p2}, k_{d2}, k_{s2}$ 为正的控制增益；辅助变量 ϑ_{θ_s} 和 ϑ_x 的导数设计为

$$\dot{\vartheta}_{\theta_s} = -a_1\tanh(\vartheta_{\theta_s}) + b_1\dot{\hat{\theta}}_s + \frac{k_{s1}b_1}{k_{d1}}(1-\cos\theta_1)^2\dot{\hat{\theta}}_s \tag{3.16}$$

$$\dot{\vartheta}_x = -a_2\tanh(\vartheta_x) + b_2\dot{\hat{x}} + \frac{k_{s2}b_2}{k_{d2}}(1-\cos\theta_2)^2\dot{\hat{x}} \tag{3.17}$$

其中，a_1, a_2, b_1, b_2 是正的控制参数。速度估计 $\dot{\hat{\theta}}_s(t)$ 和 $\dot{\hat{x}}(t)$ 分别被引入式 (3.16) 和式 (3.17)，以代替不可驱动的悬臂和台车速度 $\dot{\theta}_s(t)$ 和 $\dot{x}(t)$。不失一般性地，$\vartheta_{\theta_s}(t)$，$\vartheta_x(t)$ 和速度估计的初始值分别选为 $\vartheta_{\theta_s}(0) = \vartheta_x(0) = 0$ 和 $\dot{\hat{q}}(0) = 0$。并且，通过饱和函数 $\tanh(\cdot)$，计算出的控制输入的幅值被有效地限制在允许的范围内，以避免执行器饱和。$F_x(t)$ 和 $\tau_s(t)$ 的最后一项反馈了不可驱动的摆角信息，从而提高消摆性能。

步骤 4：控制增益条件。一些待调节的控制参数满足如下条件：

$$\frac{k_{d1}a_1}{b_1} > \max\left\{\bar{d}_1, (k_{d1} + k_{s1} + |\bar{d}_1 - \underline{d}_1|)^2/\gamma\right\} \tag{3.18}$$

$$\frac{k_{d2}a_2}{b_2} > \max\left\{\bar{d}_2, (k_{d2} + k_{s2} + |\bar{d}_2 - \underline{d}_2|)^2/\gamma\right\} \tag{3.19}$$

$$\min\{\omega_{11}, \omega_{12}, \omega_{13}, \omega_{14}\} > 3\gamma\Pi_\omega^2 \tag{3.20}$$

$$\min\{\omega_{31}, \omega_{32}, \omega_{33}, \omega_{34}\} - 2\varpi\sqrt{2\Psi/\lambda_m} - \gamma > \frac{\left(\max\{\bar{d}_1, \bar{d}_2, \bar{d}_3, \bar{d}_4\}\right)^2}{4\min\left\{\frac{\underline{d}_1}{2}, \frac{\underline{d}_2}{2}, \underline{d}_3, \underline{d}_4\right\}} \tag{3.21}$$

$$k_{p1} + k_{d1} + k_{s1} + \bar{d}_1 \leqslant F_{x\max}, \quad k_{p2} + k_{d2} + k_{s2} + \bar{d}_2 \leqslant \tau_{s\max} \tag{3.22}$$

其中，$\Pi_\omega = \max\{\omega_{11}, \omega_{12}, \omega_{13}, \omega_{14}\}/\min\{\omega_{21}, \omega_{22}, \omega_{23}, \omega_{24}\}$；$\gamma$ 和 Ψ 将在后续分析中引入 (见式 (3.41) 和式 (3.55))。并且条件 (3.22) 用于保证式 (3.14) 和式 (3.15) 中提出的控制器满足饱和约束 (3.8)。

随后，基于所提控制器，本节给出了整个闭环系统平衡点的稳定性证明。

定理 3.1　当满足式 (3.18)~式 (3.22) 中的控制增益条件时, 可以得出以下结论。

(1) 结合式 (3.9) 中提出的非线性状态观测器、式 (3.12) 和式 (3.13) 中的摩擦系数估计值及式 (3.14) 和式 (3.15) 中的控制方法可以使悬臂和台车准确到达其所需位置, 并且负载摆角可以被抑制为零, 其描述为

$$\lim_{t \to \infty} [\theta_s(t),\ x(t),\ \theta_1(t),\ \theta_2(t)]^{\mathrm{T}} = [\theta_{sd},\ x_d,\ 0,\ 0]^{\mathrm{T}} \tag{3.23}$$

$$\lim_{t \to \infty} \left[\dot{\theta}_s(t),\ \dot{x}(t),\ \dot{\theta}_1(t),\ \dot{\theta}_2(t)\right]^{\mathrm{T}} = [0,\ 0,\ 0,\ 0]^{\mathrm{T}} \tag{3.24}$$

(2) 状态变量的速度估计值可准确收敛到对应的真实值, 即

$$\lim_{t \to \infty} \left[\tilde{\boldsymbol{q}}(t),\ \dot{\tilde{\boldsymbol{q}}}(t)\right]^{\mathrm{T}} = [0,\ 0]^{\mathrm{T}} \tag{3.25}$$

(3) 式 (3.8) 中的驱动器约束可通过所提控制器式 (3.14) 和式 (3.15) 来保证。

证明　整个证明分析过程共分为三个部分, 对应的分析结构框图如图 3.1 所示。

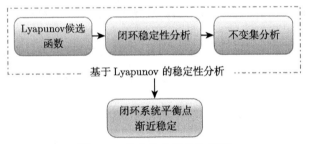

图 3.1　稳定性分析结构框图

第一部分: Lyapunov 函数构造。这里, 首先考虑以下系统能量函数:

$$E = \frac{1}{2}\dot{\boldsymbol{q}}^{\mathrm{T}} M_t(\boldsymbol{q})\dot{\boldsymbol{q}} + m_c gl(1 - \cos\theta_1 \cos\theta_2) \tag{3.26}$$

利用系统动力学模型 (3.1) 和式 (3.3) 中的性质, 可知式 (3.26) 关于时间的微分为

$$\dot{E} = (F_x - d_1\dot{\theta}_s)\dot{\theta}_s + (\tau_s - d_2\dot{x})\dot{x} - d_3\dot{\theta}_1^2 - d_4\dot{\theta}_2^2 \tag{3.27}$$

此外, 为了设计有效的控制器来实现塔式起重机的控制目标, 本章提出了一个正定函数 $V_{o1}(t)$, 包括误差信号 $e_{\theta_s}(t)$ 和 $e_x(t)$ 如下:

$$V_{o1}(t) = E + k_{p1}\ln(\cosh(e_{\theta_s})) + k_{p2}\ln(\cosh(e_x)) + \frac{1}{2\beta_1}\tilde{d}_1^2$$

$$+ \frac{k_{d1}}{b_1} \ln(\cosh(\vartheta_{\theta_s})) + \frac{k_{d2}}{b_2} \ln(\cosh(\vartheta_x)) + \frac{1}{2\beta_2} \tilde{d}_2^2 \tag{3.28}$$

对式 (3.28) 关于时间求导, 可得

$$\dot{V}_{o1}(t) = \dot{E} + k_{p1} \tanh(e_{\theta_s})\dot{\theta}_s + k_{p2} \tanh(e_x)\dot{x} + \frac{1}{\beta_1}\tilde{d}_1\dot{\tilde{d}}_1$$

$$+ \frac{k_{d1}}{b_1}\tanh(\vartheta_{\theta_s})\dot{\vartheta}_{\theta_s} + \frac{k_{d2}}{b_2}\tanh(\vartheta_x)\dot{\vartheta}_x + \frac{1}{\beta_2}\tilde{d}_2\dot{\tilde{d}}_2$$

$$= \tau_s\dot{\theta}_s + F_x\dot{x} - d_1\dot{\vartheta}_{\theta_s}^2 - d_2\dot{x}^2 - d_3\dot{\theta}_1^2 - d_4\dot{\theta}_2^2 + k_{p1}\tanh(e_{\theta_s})\dot{\theta}_s + k_{p2}\tanh(e_x)\dot{x}$$

$$+ \frac{k_{d1}}{b_1}\tanh(\vartheta_{\theta_s})\left(-a_1\tanh(\vartheta_{\theta_s}) + b_1\dot{\hat{\vartheta}}_{\theta_s} + \frac{k_{s1}b_1}{k_{d1}}(1-\cos\theta_1)^2\dot{\hat{\vartheta}}_{\theta_s}\right) - \frac{1}{\beta_1}\tilde{d}_1\dot{\tilde{d}}_1$$

$$+ \frac{k_{d2}}{b_2}\tanh(\vartheta_x)\left(-a_2\tanh(\vartheta_x) + b_2\dot{x} + \frac{k_{s2}b_2}{k_{d2}}(1-\cos\theta_2)^2\dot{x}\right) - \frac{1}{\beta_2}\tilde{d}_2\dot{\tilde{d}}_2 \tag{3.29}$$

将式 (3.12)~式 (3.17) 代入式 (3.29), 计算 $\dot{V}_{o1}(t)$ 如下:

$$\dot{V}_{o1}(t) = -d_1\dot{\theta}_s^2 - d_2\dot{x}^2 - d_3\dot{\theta}_1^2 - d_4\dot{\theta}_2^2 + d_1\tanh(\vartheta_{\theta_s})\dot{\theta}_s + d_2\tanh(\vartheta_x)\dot{x}$$

$$- \tilde{d}_1\tanh(\vartheta_{\theta_s})\dot{\tilde{\theta}}_s - \tilde{d}_2\tanh(\vartheta_x)\dot{\tilde{x}} - k_{d1}\tanh(\vartheta_{\theta_s})\dot{\tilde{\theta}}_s - k_{d2}\tanh(\vartheta_x)\dot{\tilde{x}}$$

$$- k_{s1}\tanh(\vartheta_{\theta_s})(1-\cos\theta_1)^2\dot{\tilde{\theta}}_s - k_{s2}\tanh(\vartheta_x)(1-\cos\theta_2)^2\dot{\tilde{x}}$$

$$- \frac{k_{d1}a_1}{b_1}\tanh^2(\vartheta_{\theta_s}) - \frac{k_{d2}a_2}{b_2}\tanh^2(\vartheta_x)$$

$$\leqslant -\frac{1}{2}d_1\dot{\theta}_s^2 - \frac{1}{2}d_2\dot{x}^2 - \min\left\{\frac{d_1}{2}, \frac{d_2}{2}, d_3, d_4\right\}\|\dot{q}\|^2$$

$$+ d_1|\tanh(\vartheta_{\theta_s})||\dot{\theta}_s| + d_2|\tanh(\vartheta_x)||\dot{x}| + |\tilde{d}_1||\tanh(\vartheta_{\theta_s})||\dot{\tilde{\theta}}_s|$$

$$+ |\tilde{d}_2||\tanh(\vartheta_x)||\dot{\tilde{x}}|$$

$$+ (k_{d1}+k_{s1})|\tanh(\vartheta_{\theta_s})||\dot{\tilde{\theta}}_s| + (k_{d2}+k_{s2})|\tanh(\vartheta_x)||\dot{\tilde{x}}|$$

$$- \frac{k_{d1}a_1}{b_1}\tanh^2(\vartheta_{\theta_s}) - \frac{k_{d2}a_2}{b_2}\tanh^2(\vartheta_x) \tag{3.30}$$

为了完成后续整个闭环系统平衡点的稳定性分析, 这里定义类估计误差信号 $\tilde{\chi}_e(t)$ 为

$$\tilde{\chi}_e(t) = \dot{q} - \chi_e \implies \dot{\tilde{\chi}}_e = \ddot{q} - \dot{\chi}_e \tag{3.31}$$

随后，考虑如下关于类估计误差的非负函数 $V_{o2}(t)$：

$$V_{o2}(t) = \frac{1}{2}\tilde{\chi}_e^{\mathrm{T}} M_t(\boldsymbol{q})\tilde{\chi}_e + \frac{1}{2}\tilde{\boldsymbol{q}}^{\mathrm{T}}\Omega_2\tilde{\boldsymbol{q}} \tag{3.32}$$

其关于时间的导数为

$$\dot{V}_{o2}(t) = \tilde{\chi}_e^{\mathrm{T}}\left(M_t(\boldsymbol{q})\dot{\tilde{\chi}}_e + \frac{1}{2}\dot{M}_t(\boldsymbol{q})\tilde{\chi}_e\right) + \tilde{\boldsymbol{q}}^{\mathrm{T}}\Omega_2\dot{\tilde{\boldsymbol{q}}} \tag{3.33}$$

为了处理 $\dot{V}_{o2}(t)$ 中的耦合项以便后续分析，本章将 $\dot{\tilde{\boldsymbol{q}}}(t)$ 构造为式 (3.9a) 的形式，因此，结合式 (3.31)，可以发现

$$\dot{\tilde{\boldsymbol{q}}} = \tilde{\chi}_e - \Omega_2^{-1}\Omega_1\tilde{\boldsymbol{q}} \tag{3.34}$$

从而将交叉项 $\tilde{\boldsymbol{q}}^{\mathrm{T}}\Omega_2\tilde{\chi}_e$ 和 $-\tilde{\boldsymbol{q}}^{\mathrm{T}}\Omega_1\tilde{\boldsymbol{q}}$ 引入 $\dot{V}_{o2}(t)$ 中。为了消除耦合项 $\tilde{\boldsymbol{q}}^{\mathrm{T}}\Omega_2\tilde{\chi}_e$，将 $M_t(\boldsymbol{q})\dot{\tilde{\chi}}_e$ 设计为如下形式：

$$M_t(\boldsymbol{q})\dot{\tilde{\chi}}_e = -C_t(\boldsymbol{q},\chi_e)\tilde{\chi}_e - C_t(\boldsymbol{q},\dot{\boldsymbol{q}})\tilde{\chi}_e - \Omega_2\tilde{\boldsymbol{q}} - \frac{1}{\lambda_m}M(\boldsymbol{q})\Omega_3\tilde{\chi}_e + \boldsymbol{f} \tag{3.35}$$

进一步地，可以将式 (3.1) 重新整理为

$$M_t(\boldsymbol{q})\ddot{\boldsymbol{q}} = -C_t(\boldsymbol{q},\dot{\boldsymbol{q}})\dot{\boldsymbol{q}} - G(\boldsymbol{q}) + \boldsymbol{U} + \boldsymbol{f} \tag{3.36}$$

结合式 (3.4)、式 (3.31)、式 (3.35) 和式 (3.36) 中的性质可以得到

$$M_t(\boldsymbol{q})\dot{\chi}_e = -C_t(\boldsymbol{q},\chi_e)\chi_e - G(\boldsymbol{q}) + \boldsymbol{U} + \Omega_2\tilde{\boldsymbol{q}} + \frac{1}{\lambda_m}M_t(\boldsymbol{q})\Omega_3\tilde{\chi}_e \tag{3.37}$$

将式 (3.37) 两边同时乘以 $M_t^{-1}(\boldsymbol{q})$，不难得到

$$\dot{\chi}_e = -M_t^{-1}(\boldsymbol{q})C_t(\boldsymbol{q},\chi_e)\chi_e - M_t^{-1}(\boldsymbol{q})G(\boldsymbol{q}) + M_t^{-1}(\boldsymbol{q})\boldsymbol{U}$$

$$+ M_t^{-1}(\boldsymbol{q})\Omega_2\tilde{\boldsymbol{q}} - \frac{1}{\lambda_m}\Omega_3\chi_e + \frac{1}{\lambda_m}\Omega_3\dot{\boldsymbol{q}} \tag{3.38}$$

此式对应于所提状态观察器 (3.9b) 中的导数。接下来，结合式 (3.2)、式 (3.3)、式 (3.5) 和式 (3.35)，$\dot{V}_{o2}(t)$ 可被改写为

$$\dot{V}_{o2}(t) = \tilde{\chi}_e^{\mathrm{T}}\left(M_t(\boldsymbol{q})\dot{\tilde{\chi}}_e + \frac{1}{2}\dot{M}_t(\boldsymbol{q})\tilde{\chi}_e\right) + \tilde{\boldsymbol{q}}^{\mathrm{T}}\Omega_2\dot{\tilde{\boldsymbol{q}}}$$

$$= \tilde{\chi}_e^{\mathrm{T}}\left(-C_t(\boldsymbol{q},\chi_e)\tilde{\chi}_e - \Omega_2\tilde{\boldsymbol{q}} - \frac{1}{\lambda_m}M_t(\boldsymbol{q})\Omega_3\tilde{\chi}_e + \boldsymbol{f}\right) - \tilde{\boldsymbol{q}}^{\mathrm{T}}\Omega_1\tilde{\boldsymbol{q}} + \tilde{\boldsymbol{q}}^{\mathrm{T}}\Omega_2\tilde{\chi}_e$$

$$\leqslant \|C_t(\boldsymbol{q}, \boldsymbol{\chi}_e)\|_{m_1} \|\tilde{\boldsymbol{\chi}}_e\|^2 - \min\{\omega_{31}, \omega_{32}, \omega_{33}, \omega_{34}\} \|\tilde{\boldsymbol{\chi}}_e\|^2$$

$$- \min\{\omega_{11}, \omega_{12}, \omega_{13}, \omega_{14}\} \|\tilde{\boldsymbol{q}}\|^2 + \max\{d_1, d_2, d_3, d_4\} \|\tilde{\boldsymbol{\chi}}_e\| \|\dot{\boldsymbol{q}}\|$$

$$\leqslant -\left(\min\{\omega_{31}, \omega_{32}, \omega_{33}, \omega_{34}\} - \varpi \|\boldsymbol{\chi}_e\|\right) \|\tilde{\boldsymbol{\chi}}_e\|^2$$

$$- \min\{\omega_{11}, \omega_{12}, \omega_{13}, \omega_{14}\} \|\tilde{\boldsymbol{q}}\|^2 + \max\{d_1, d_2, d_3, d_4\} \|\tilde{\boldsymbol{\chi}}_e\| \|\dot{\boldsymbol{q}}\| \tag{3.39}$$

另外，对于式 (3.34)，可以看出

$$\|\tilde{\boldsymbol{\chi}}_e\| = \|\dot{\tilde{\boldsymbol{q}}} + \Omega_2^{-1} \Omega_1 \tilde{\boldsymbol{q}}\| \geqslant \|\dot{\tilde{\boldsymbol{q}}}\| - \frac{\max\{\omega_{11}, \omega_{12}, \omega_{13}, \omega_{14}\}}{\min\{\omega_{21}, \omega_{22}, \omega_{23}, \omega_{24}\}} \|\tilde{\boldsymbol{q}}\| = \|\dot{\tilde{\boldsymbol{q}}}\| - \Pi_\omega \|\tilde{\boldsymbol{q}}\| \tag{3.40}$$

随后，对式 (3.40) 进行平方运算并将结果乘以 $-\gamma$，可知

$$-\gamma \|\tilde{\boldsymbol{\chi}}_e\|^2 \leqslant -\gamma \|\dot{\tilde{\boldsymbol{q}}}\|^2 + 2\gamma \Pi_\omega \|\dot{\tilde{\boldsymbol{q}}}\| \|\tilde{\boldsymbol{q}}\| - \gamma \Pi_\omega^2 \|\tilde{\boldsymbol{q}}\|^2$$

$$\leqslant -\gamma \|\dot{\tilde{\boldsymbol{q}}}\|^2 + 2\gamma \Pi_\omega \|\dot{\tilde{\boldsymbol{q}}}\| \|\tilde{\boldsymbol{q}}\| + \gamma \Pi_\omega^2 \|\tilde{\boldsymbol{q}}\|^2 \tag{3.41}$$

其中，γ 是已知的正常数。因此，在式 (3.39) 中同时减去并加上项 $\gamma \|\tilde{\boldsymbol{\chi}}_e(t)\|^2$，便可将式 (3.39) 改写为如下形式：

$$\dot{V}_{o2}(t) \leqslant -\left(\min\{\omega_{31}, \omega_{32}, \omega_{33}, \omega_{34}\} - \varpi \|\boldsymbol{\chi}_e\| - \gamma\right) \|\tilde{\boldsymbol{\chi}}_e\|^2$$

$$- \min\{\omega_{11}, \omega_{12}, \omega_{13}, \omega_{14}\} \|\tilde{\boldsymbol{q}}\|^2$$

$$+ 2\gamma \Pi_\omega \|\dot{\tilde{\boldsymbol{q}}}\| \|\tilde{\boldsymbol{q}}\| + \gamma \Pi_\omega^2 \|\tilde{\boldsymbol{q}}\|^2 - \frac{\gamma}{2} \|\dot{\tilde{\boldsymbol{q}}}\|^2 - \frac{\gamma}{2} \left|\dot{\tilde{\theta}}_s\right|^2 - \frac{\gamma}{2} \left|\dot{\tilde{x}}\right|^2$$

$$+ \max\{d_1, d_2, d_3, d_4\} \|\tilde{\boldsymbol{\chi}}_e\| \|\dot{\boldsymbol{q}}\| \tag{3.42}$$

进一步地，结合式 (3.28) 中的 $V_{o1}(t)$(与悬臂/台车的定位误差有关) 和式 (3.32) 中的 $V_{o2}(t)$(与状态估计误差有关)，我们可以定义如下正定函数作为 Lyapunov 候选函数：

$$V(t) = V_{o1}(t) + V_{o2}(t) \tag{3.43}$$

同时，基于式 (3.2) 可知

$$V(t) \geqslant \frac{1}{2} \tilde{\boldsymbol{\chi}}_e^{\mathrm{T}} M_t(\boldsymbol{q}) \tilde{\boldsymbol{\chi}}_e \geqslant \frac{1}{2} \lambda_m \|\tilde{\boldsymbol{\chi}}_e\|^2 \Longrightarrow \|\tilde{\boldsymbol{\chi}}_e\| \leqslant \sqrt{2V(t)/\lambda_m} \tag{3.44}$$

$$V(t) \geqslant \frac{1}{2} \lambda_m \|\dot{\boldsymbol{q}}\|^2 \Longrightarrow \|\dot{\boldsymbol{q}}\| \leqslant \sqrt{2V(t)/\lambda_m} \tag{3.45}$$

从式 (3.31)、式 (3.44) 和式 (3.45) 可以进一步推导出

$$\|\boldsymbol{\chi}_e\| = \|\dot{\boldsymbol{q}} - \tilde{\boldsymbol{\chi}}_e\| \leqslant \|\dot{\boldsymbol{q}}\| + \|\tilde{\boldsymbol{\chi}}_e\| \leqslant 2\sqrt{2V(t)/\lambda_m} \tag{3.46}$$

基于上述分析，对式 (3.43) 关于时间求导，并整理得到如下结果：

$$
\begin{aligned}
\dot{V}(t) \leqslant -\boldsymbol{\Phi}_1^{\mathrm{T}}
\begin{bmatrix}
\dfrac{d_1}{2} & -\dfrac{d_1}{2} \\[2mm]
-\dfrac{d_1}{2} & \dfrac{k_{d1}a_1}{2b_1}
\end{bmatrix}
\boldsymbol{\Phi}_1
-\boldsymbol{\Phi}_2^{\mathrm{T}}
\begin{bmatrix}
\dfrac{d_2}{2} & -\dfrac{d_2}{2} \\[2mm]
-\dfrac{d_2}{2} & \dfrac{k_{d2}a_2}{2b_2}
\end{bmatrix}
\boldsymbol{\Phi}_2 \\[4mm]
-\boldsymbol{\Phi}_3^{\mathrm{T}}
\begin{bmatrix}
\dfrac{\gamma}{2} & -\dfrac{k_{d1}+k_{s1}+\left|\bar{d}_1-\underline{d}_1\right|}{2} \\[4mm]
-\dfrac{k_{d1}+k_{s1}+\left|\bar{d}_1-\underline{d}_1\right|}{2} & \dfrac{k_{d1}a_1}{2b_1}
\end{bmatrix}
\boldsymbol{\Phi}_3 \\[4mm]
-\boldsymbol{\Phi}_4^{\mathrm{T}}
\begin{bmatrix}
\dfrac{\gamma}{2} & -\dfrac{k_{d2}+k_{s2}+\left|\bar{d}_2-\underline{d}_2\right|}{2} \\[4mm]
-\dfrac{k_{d2}+k_{s2}+\left|\bar{d}_2-\underline{d}_2\right|}{2} & \dfrac{k_{d2}a_2}{2b_2}
\end{bmatrix}
\boldsymbol{\Phi}_4 \\[4mm]
-\boldsymbol{\Phi}_5^{\mathrm{T}}
\begin{bmatrix}
s_{11} & s_{12} \\
s_{21} & s_{22}
\end{bmatrix}
\boldsymbol{\Phi}_5
-\boldsymbol{\Phi}_6^{\mathrm{T}}
\begin{bmatrix}
t_{11} & t_{12} \\
t_{21} & t_{22}
\end{bmatrix}
\boldsymbol{\Phi}_6
\end{aligned}
\tag{3.47}
$$

其中

$$s_{11} = \gamma/2, \; s_{12} = s_{21} = -\gamma\Pi_\omega, \; s_{22} = \min\{\omega_{11}, \omega_{12}, \omega_{13}, \omega_{14}\} - \gamma\Pi_\omega^2$$

$$t_{11} = \min\{\omega_{31}, \omega_{32}, \omega_{33}, \omega_{34}\} - \varpi\|\boldsymbol{\chi}_e\| - \gamma, \; t_{12} = t_{21} = -\max\{d_1, d_2, d_3, d_4\}/2$$

$$t_{22} = \min\{d_1/2, d_2/2, d_3, d_4\}, \; \boldsymbol{\Phi}_1 = \left[\dot{\theta}_s, \; \tanh(\vartheta_{\theta_s})\right]^{\mathrm{T}}, \; \boldsymbol{\Phi}_2 = [\dot{x}, \; \tanh(\vartheta_x)]^{\mathrm{T}}$$

$$\boldsymbol{\Phi}_3 = \left[\dot{\tilde{\theta}}_s, \; \tanh(\vartheta_{\theta_s})\right]^{\mathrm{T}}, \; \boldsymbol{\Phi}_4 = \left[\dot{\tilde{x}}, \; \tanh(\vartheta_x)\right]^{\mathrm{T}}$$

$$\boldsymbol{\Phi}_5 = \left[\|\dot{\tilde{\boldsymbol{q}}}\|, \; \|\tilde{\boldsymbol{q}}\|\right]^{\mathrm{T}}, \; \boldsymbol{\Phi}_6 = [\|\tilde{\boldsymbol{\chi}}_e\|, \; \|\dot{\boldsymbol{q}}\|]^{\mathrm{T}}$$

第二部分：闭环信号分析。为了使式 (3.47) 中的所有矩阵都是非负定的，可推导出如下条件：

$$\frac{k_{d1}a_1}{b_1} > \max\left\{\bar{d}_1, (k_{d1}+k_{s1}+|\bar{d}_1-\underline{d}_1|)^2/\gamma\right\} \tag{3.48}$$

$$\frac{k_{d2}a_2}{b_2} > \max\left\{\bar{d}_2, (k_{d2}+k_{s2}+|\bar{d}_2-\underline{d}_2|)^2/\gamma\right\} \tag{3.49}$$

$$\min\{\omega_{11}, \omega_{12}, \omega_{13}, \omega_{14}\} > 3\gamma\Pi_\omega^2 \tag{3.50}$$

$$\min\{\omega_{31}, \omega_{32}, \omega_{33}, \omega_{34}\} - \varpi\|\boldsymbol{\chi}_e\| - \gamma > \frac{\left(\max\{d_1, d_2, d_3, d_4\}\right)^2}{4\min\left\{\dfrac{d_1}{2}, \dfrac{d_2}{2}, d_3, d_4\right\}} \tag{3.51}$$

结合式 (3.46) 和 $d_1 \sim d_4$ 的有界性，式 (3.51) 成立的一个充分条件为

$$\min\{\omega_{31}, \omega_{32}, \omega_{33}, \omega_{34}\} - 2\varpi\sqrt{2\Psi/\lambda_m} - \gamma > \frac{\left(\max\{\bar{d}_1, \bar{d}_2, \bar{d}_3, \bar{d}_4\}\right)^2}{4\min\left\{\dfrac{\underline{d}_1}{2}, \dfrac{\underline{d}_2}{2}, \underline{d}_3, \underline{d}_4\right\}} \tag{3.52}$$

其中，Ψ 表示与式 (3.55) 中定义的 $V(0)$ 相关的已知量。因此，如果根据式 (3.48)$\sim$ 式 (3.50) 和式 (3.52) 选择控制增益，不难由式 (3.47) 发现，存在六个正常数 $\mu_1 \sim \mu_6 \in \mathbb{R}^+$，使得

$$\dot{V}(t) \leqslant -\mu_1\|\dot{\boldsymbol{q}}\|^2 - \mu_2\|\dot{\tilde{\boldsymbol{q}}}\|^2 - \mu_3\|\tilde{\boldsymbol{\chi}}_e\|^2 - \mu_4\|\tilde{\boldsymbol{q}}\|^2 - \mu_5\tanh^2(\vartheta_{\theta_s}) - \mu_6\tanh^2(\vartheta_x) \tag{3.53}$$

由此证明了闭环系统平衡点的稳定性和 $V(t) \in \mathcal{L}_\infty$。因此，可以推导出 $\dot{\boldsymbol{q}}(t)$，$\tilde{\boldsymbol{\chi}}_e(t)$，$\tilde{\boldsymbol{q}}(t)$，$e_{\theta_s}(t)$，$e_x(t)$，$\vartheta_{\theta_s}(t)$，$\vartheta_x(t)$，$\tilde{d}_1(t)$，$\tilde{d}_2(t) \in \mathcal{L}_\infty$，即

$$\tilde{\dot{\boldsymbol{q}}}(t), \ \dot{\boldsymbol{q}}(t), \ \theta_s(t), \ x(t), \ F_x(t), \ \tau_s(t) \in \mathcal{L}_\infty \tag{3.54}$$

另外，由式 (3.53) 可知 $V(t) \leqslant V(0)$ 且定义 $\Psi = V(0)$，有

$$\Psi = k_{p1}\ln(\cosh(\theta_s(0) - \theta_{sd})) + k_{p2}\ln(\cosh(x(0) - x_d)) + \frac{k_{d1}}{b_1}\ln(\cosh(\vartheta_{\theta_s}(0)))$$

$$+ \frac{k_{d2}}{b_2}\ln(\cosh(\vartheta_x(0))) + \frac{1}{2\beta_1}(d_1 - \hat{d}_1(0))^2 + \frac{1}{2\beta_2}(d_2 - \hat{d}_2(0))^2 \tag{3.55}$$

其中，Ψ 是已知的且 $V(t) \leqslant \Psi$。在此基础上，最终得到式 (3.52) 的充分条件，如 式 (3.21) 所示。

第三部分：不变集分析。我们利用 LaSalle 不变性原理来完成证明。具体地， 定义 $\Xi \triangleq \left\{(\boldsymbol{q}, \dot{\boldsymbol{q}}, \tilde{\boldsymbol{q}}, \dot{\tilde{\boldsymbol{q}}}, \tilde{\boldsymbol{\chi}}_e, \vartheta_{\theta_s}, \vartheta_x) : \dot{V}(t) = 0\right\}$，并令 $\Theta \subseteq \Xi$ 作为 Ξ 中的最大不 变集。式 (3.53) 可知，在 Θ 中有

$$\dot{\boldsymbol{q}} = 0, \ \tilde{\boldsymbol{\chi}}_e = 0, \ \tilde{\boldsymbol{q}} = 0, \ \dot{\tilde{\boldsymbol{q}}} = 0, \ \vartheta_{\theta_s} = \vartheta_x = 0 \tag{3.56}$$

$$\Longrightarrow \ \ddot{\boldsymbol{q}} = 0, \ \ddot{\tilde{\boldsymbol{q}}} = 0, \ \dot{\hat{d}}_1 = \dot{\hat{d}}_2 = 0 \tag{3.57}$$

且 $\tau_s(t) = -k_{p1} \tanh(e_{\theta_s})$, $F_x(t) = -k_{p2} \tanh(e_x)$。随后，将式 (3.56)、式 (3.57)、$F_x(t)$ 和 $\tau_s(t)$ 代入式 (2.5) 和式 (3.1)，可以得出

$$k_{p1} \tanh(e_{\theta_s}) = k_{p2} \tanh(e_x) = 0 \tag{3.58}$$

$$m_c g l \sin\theta_1 \cos\theta_2 = m_c g l \cos\theta_1 \sin\theta_2 = 0 \tag{3.59}$$

从而可知 $e_{\theta_s} = e_x = 0$ 和 $\theta_1 = \theta_2 = 0$。此外，由于 $|\tanh(\cdot)| \leqslant 1$，不难推导出式 (3.7) 和式 (3.8) 中的饱和约束对于 $F_x(t)$ 和 $\tau_s(t)$ 总是有效的。证毕。□

3.3　实验结果与分析

所提控制器的性能将分别在实验 1 和 2 中进行验证，塔式起重机实验平台如图 2.2 所示，此平台可在一定程度上展示真实塔式起重机的主要动态特性，从而能够反映所提控制器的吊运性能。

整个实验平台由三部分组成：① 核心控制系统，利用 MATLAB/Simulink 2012b Real-Time Windows Target 可根据不同的算法在线生成控制命令；② 机械结构部分，包括具有回转运动的悬臂、沿悬臂轨道方向平移的台车以及在台车下方摆动的负载；③ 信号传输部分，基于运动控制板，可以在传感器、电机和控制系统之间传输传感器反馈信号与实时控制命令，采样周期为 5 ms。特别地，两个交流 (AC) 伺服电机 (分别为 400 W 和 200 W) 分别控制悬臂和台车，其回转角度和位移可由嵌入电机内的传感器检测 (2500 PPR)。此外，固定在台车下方的两个角度编码器 (2000 PPR) 分别用于检测负载径向和切向摆角。本章实验中，塔式起重机平台的部分参数为 $m_c = 1$ kg, $l = 0.5$ m, 其余参数与第 2 章实验部分相同。

实验 1：在本实验中，选择 LQR 方法进行比较，以便更好地说明该方法的控制性能。悬臂和台车的初始位置和期望位置分别设置为 $\theta_s(0) = 0°$, $x(0) = 0.1$ m 和 $\theta_{sd} = 30°$, $x_d = 0.5$ m, 此外，有效负载径向和切向摆动角的相应值选择为 $\theta_1(0) = \theta_2(0) = \theta_{1d} = \theta_{2d} = 0°$。悬臂和台车允许的控制输入的最大幅度分别为 $F_{x\max} = 30$ N 和 $\tau_{s\max} = 40$ N·m。对于提出的控制方法，控制增益和观测器参数选择为 $k_{p1} = 27$, $k_{d1} = 12.5$, $k_{s1} = 0.18$, $a_1 = 200$, $b_1 = 200$, $\beta_1 = 20$, $k_{p2} = 19$, $k_{d2} = 7.6$, $k_{s2} = 0.3$, $a_2 = 100$, $b_2 = 100$, $\beta_2 = 50$, $\Omega_1 = \mathrm{diag}\{600, 800, 600, 600\}$, $\Omega_2 = \mathrm{diag}\{300, 800, 300, 300\}$, $\Omega_3 = \mathrm{diag}\{600, 800, 600, 600\}$, 实验 2 中也采用了该值。经过计算，验证了本章能够满足式 (3.18)~式 (3.22) 中的增益条件。对于 LQR 方法，性能指标设置为 $J_1 = \int_0^\infty (\boldsymbol{e}_1^{\mathrm{T}} \boldsymbol{Q}_1 \boldsymbol{e}_1 + R_1 F_{x\mathrm{LQR}}^2) \mathrm{d}t$

和 $J_2 = \int_0^\infty (e_2^{\mathrm{T}} Q_2 e_2 + R_2 \tau_{sLQR}^2)\mathrm{d}t$，其中，$Q_1$，$Q_2$ 和 R_1，R_2 中的参数可通过反复实验来确定，从而求得 F_{xLQR} 和 τ_{sLQR} 中的控制增益。对于悬臂和台车子系统，e_1，Q_1，R_1 和 e_2，Q_2，R_2 选择如下：

$$e_1 = [e_{\theta_s},\ \dot{\theta}_s,\ \theta_1,\ \dot{\theta}_1]^{\mathrm{T}},\quad e_2 = [e_x,\ \dot{x},\ \theta_2,\ \dot{\theta}_2]^{\mathrm{T}} \tag{3.60}$$

$$Q_1 = \mathrm{diag}\,\{12, 16, 150, 0\},\quad R_1 = R_2 = 0.009,\quad Q_2 = \mathrm{diag}\,\{14, 16, 150, 0\} \tag{3.61}$$

然后，利用 MATLAB 工具箱，可以得出对比方法的控制输入为

$$F_{xLQR} = -36.51 e_{\theta_s} - 56.66 \dot{\theta}_s + 113.85 \theta_1 + 8.97 \dot{\theta}_1 + f_1 \tag{3.62}$$

$$\tau_{sLQR} = -39.44 e_x - 57.01 \dot{x} + 116.32 \theta_2 + 6.62 \dot{\theta}_2 + f_2 \tag{3.63}$$

其中，$f_1 = 0.33 \dot{\theta}_s$ 与 $f_2 = 0.25 \dot{x}$ 分别代表补偿悬臂和台车摩擦力的附加项。

相应的实验结果如图 3.2 和图 3.3 所示。LQR 控制器中涉及的速度项 $\dot{\theta}_s$ 和

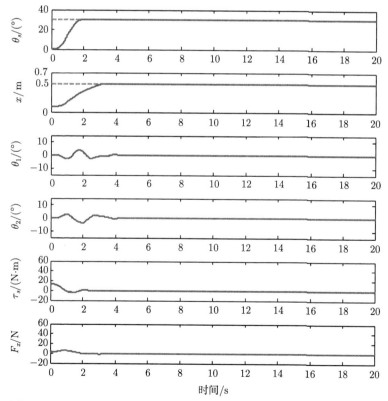

图 3.2　实验 1: 提出的非线性控制方法 (虚线: 期望值; 实线: 实验结果)

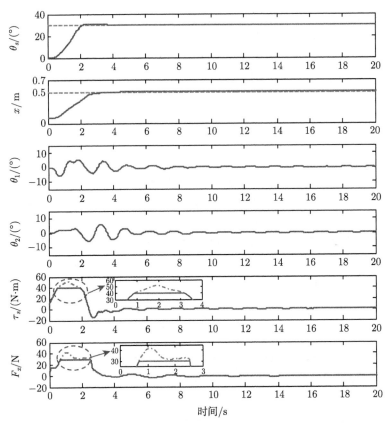

图 3.3　实验 1:LQR(对比) 控制法 (虚线: 期望值; 实线: 实验结果; 点划线: 计算的控制输入)

$\dot{x}$ 是由配置于塔式起重机平台上的速度传感器直接测量得到的。相反地,对于所提控制方法,我们没有使用测量得到的速度信号,仅使用速度估计值。实验结果表明,即使在没有速度反馈的情况下,与对比方法相比,所提控制方法仍然可以获得优越的控制性能。特别地,使用所提控制器,悬臂和台车都可以到达期望位置,而且它们的控制扭矩和力始终在预设范围内,如图 3.2 中的第 5 个和第 6 个子图所示。整个运输过程中,残余摆动很快被消除,大约可在 4 s 后忽略不计。然而,LQR 方法难以保证令人满意的消摆性能,并且负载摆动最大幅度大于所提控制器的实验结果。由于摩擦补偿不准确且忽略驱动器约束,对比方案存在较大的定位误差,驱动器不可避免地陷入饱和,如图 3.3 所示。

　　为了进一步探讨影响塔式起重机定位性能的一些可能因素,我们对 100 组实验结果进行了统计,计算了塔式起重机工作过程中悬臂旋转角、台车位移和负载摆角的平均值和标准差①。如图 3.4 中前两个子图所示，悬臂旋转角和台车位移的稳态均值 (分别为 29.819° 和 0.506 m) 说明所提控制方法具有稳定的定位性能，悬臂和台车在不同的实验组中能到达期望位置。

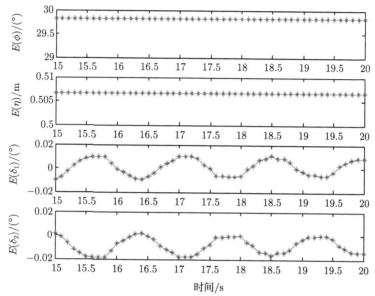

图 3.4　运输过程的最后 5 s 内，悬臂旋转角、台车位移和负载摆角的平均值

　　从实际角度来看，虽然每次运输过程中定位误差和负载残余摆动角度并不总是完全收敛于零，但微小的误差实际上基本可以忽略不计，不会影响运输任务。同时，如图 3.5 所示的悬臂旋转角、台车位移及负载摆角相对较小的标准差说明各组实验中的控制性能没有表现太大差异，这也意味着所提控制方法的可靠性和有效性。结合统计结果发现，一些实际因素可能不可避免地导致实验中的定位误差，例如，传感器引起的测量误差 (与精度、灵敏度等因素有关)、外部干扰、未建模动态、状态延迟、驱动器失效、结构限制等，这将是我们未来重要的研究方向。

　　实验 2：为了验证所提控制器的鲁棒性，本章在如下三种情况下进行了三组实验。

　　第 1 组：改变悬臂和台车的摩擦补偿。

　　第 2 组：在初始时刻扰动负载，使初始摆动角达到 $\theta_1(0) = 2.44°$，$\theta_2(0) = -6.08°$。

　　第 3 组：在运输过程中用手敲击负载，对负载施加外部扰动，使其最大径向

---

① 实验中，预设的控制时长为 20 s，采样周期为 5 ms，因此整个过程中有 4001 组数据。由于密集的数据集不利于观察统计结果，我们仅在每 0.1 s 绘制数据点，以反映最后 5 s 内的定位性能。

和切向摆角分别达到 $6.83°$ 和 $-4.70°$。

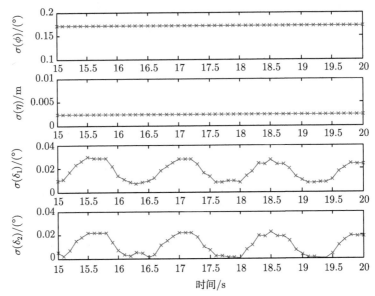

图 3.5   运输过程的最后 5 s 内，悬臂旋转角、台车位移和负载摆角的标准差

第 1 组实验主要用于比较所提控制器和 LQR 控制器在悬臂和台车的摩擦补偿不准确时的定位性能，即摩擦力不确定 (实验 1 中 f_1 和 f_2 的值相对准确)。因此，我们在 LQR 控制方法中将 f_1 和 f_2 分别更改为 $0.83\dot{\theta}_s$ 和 $0.55\dot{x}$，以表示不准确的摩擦补偿。从图 3.6 中可以看出，即使改变摩擦补偿，所提方法仍然可以保证悬臂和台车的准确定位，同时相应的控制量也没有超过允许范围，保证了较好的防摆性能。相比之下，采用 LQR 控制器时，存在明显的悬臂/台车定位误差以及不利的残余摆动，如图 3.7 所示。此外，由于控制输入过大，驱动器陷入饱和，控制性能进一步下降。

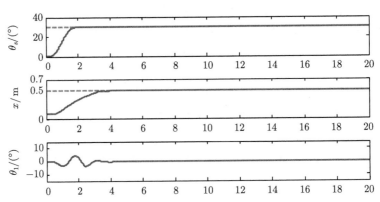

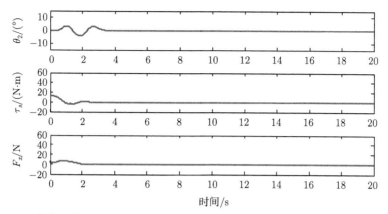

图 3.6　实验 2-第 1 组: 提出的非线性控制方法 (虚线: 期望值; 实线: 实验结果)

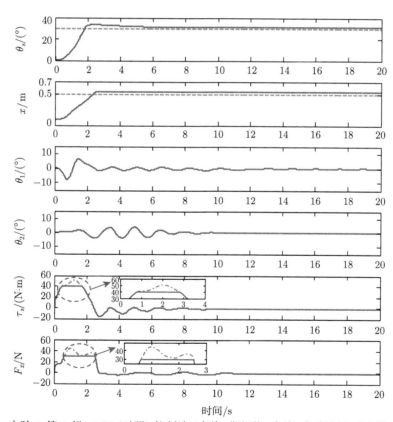

图 3.7　实验 2-第 1 组: LQR(对照) 控制法 (虚线: 期望值; 实线: 实验结果; 点划线: 计算的控制输入)

从第 2 组和第 3 组可以发现，本章提出的控制器对外部干扰表现出令人满意的鲁棒性，如图 3.8 和图 3.9 所示。具体来说，第 2 组中非零初始摆动角可以被快速抑制，同时不影响悬臂和台车的定位性能。此外，第 3 组的不确定扰动引起的负载摆角可以在 3 s 左右被有效抑制，随后整个系统再次恢复稳定。此外，值得指出的是，上述实验中计算出的控制输入均能满足驱动器饱和约束。

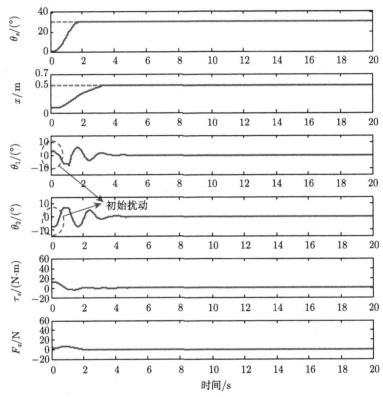

图 3.8   实验 2-第 2 组: 向负载添加非零初始扰动 (虚线: 期望值; 实线: 实验结果)

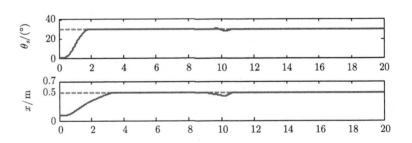

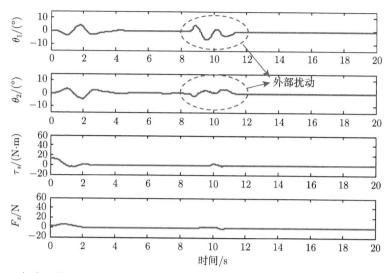

图 3.9　实验 2-第 3 组: 不确定的外部扰动添加到负载 (虚线: 期望值; 实线: 实验结果)

3.4　本 章 小 结

本章面向塔式起重机器人提出了一种新颖的输入幅值有界的输出反馈控制方法, 使悬臂和台车准确到达目标位置, 同时消除负载残余摆动。不需要额外的速度传感器, 便可通过所提状态观测器, 仅使用测量的位移和角度来恢复状态变量的速度信号。另外, 计算出的控制输入都被限制在驱动器饱和范围内。另外, 通过在线估计不确定的摩擦力, 可以有效避免定位误差。同时, 控制器中包含有效的负载摆动信息, 以提高消摆性能。基于 Lyapunov 方法, 分析了整个闭环系统 (包括所提观测器、控制器和塔式起重机器人) 平衡点的复合稳定性。最后, 通过在自制的塔式起重机器人平台上进行多次实验, 验证了所提控制器的实用性和鲁棒性。

第 4 章　有限时间收敛非线性塔式起重机器人滑模跟踪控制

本章为欠驱动塔式起重机设计了一种有限时间收敛的非线性滑模跟踪控制方法，可以在有效消除负载摆动的情况下实现台车和悬臂的准确跟踪。经过精心设计，塔式起重机器人的状态变量可以很快收敛到指定滑模面上，并且在预先设置的有限时间内快速消除台车和悬臂的跟踪误差。此外，在所提控制器中引入了与摆动相关的非线性耦合项，使不可驱动的摆角信息得到及时反馈，从而提高了负载消摆性能。

4.1　问　题　描　述

面向式 (3.1) 给出的四自由度塔式起重机器人，本章的控制目标是使悬臂与台车能够准确跟踪给定的参考轨迹，同时消除负载摆动。为了保证良好的跟踪性能，使悬臂与台车平稳到达指定位置，参考轨迹 θ_{sr}, x_r 需满足如下条件：

$$\theta_{sr}(t),\ \dot{\theta}_{sr}(t),\ \ddot{\theta}_{sr}(t),\ x_r(t),\ \dot{x}_r(t),\ \ddot{x}_r(t) \in \mathcal{L}_\infty$$

$$\theta_{sr}(0) = \theta_{sr}(0),\quad \dot{\theta}_{sr}(0) = 0,\quad \ddot{\theta}_{sr}(0) = 0,\quad \theta_{sr}^{(3)}(0) = 0$$

$$\theta_{sr}(t) = \theta_{st},\quad \dot{\theta}_{sr}(t) = 0,\quad \ddot{\theta}_{sr}(t) = 0,\quad \theta_{sr}^{(3)}(t) = 0,\quad t \geqslant T$$

$$x_r(0) = x_0,\quad \dot{x}_r(0) = 0,\quad \ddot{x}_r(0) = 0,\quad x_r^{(3)}(0) = 0$$

$$x_r(t) = x_t,\quad \dot{x}_r(t) = 0,\quad \ddot{x}_r(t) = 0,\quad x_r^{(3)}(t) = 0,\quad t \geqslant T \tag{4.1}$$

其中，T 为运输时间。接着，定义跟踪误差 $e_{\theta_s}(t) = \theta_s(t) - \theta_{sr}(t)$ 与 $e_x(t) = x(t) - x_r(t)$，则控制目标可用如下数学表达式表示：

$$\lim_{t \to T} \left[e_{\theta_s}(t),\ e_x(t),\ \dot{e}_{\theta_s}(t),\ \dot{e}_x(t)\right]^{\mathrm{T}} = [0,\ 0,\ 0,\ 0]^{\mathrm{T}}$$

$$\lim_{t \to \infty} \left[\theta_1(t),\ \theta_2(t),\ \dot{\theta}_1(t),\ \dot{\theta}_2(t)\right]^{\mathrm{T}} = [0,\ 0,\ 0,\ 0]^{\mathrm{T}} \tag{4.2}$$

在实际应用中，考虑到负载总悬挂于台车下方，可以做出如下假设。

假设 4.1　实际运输过程中，负载的两个摆角 $\theta_1(t)$ 和 $\theta_2(t)$ 的变化范围为 $(-\pi/2, \pi/2)$。

4.2　控制器设计与稳定性分析

针对未经任何线性化处理的塔式起重机器人动力学模型，本节将设计一种非线性跟踪控制器，在滑模控制的基础上添加了非线性耦合项优化了消摆控制性能。

为了方便后续控制器的设计，首先由式 (2.5) 可得

$$\ddot{\boldsymbol{q}} = M_t^{-1}(\boldsymbol{q})(\boldsymbol{U}_t + \boldsymbol{D}_t - C_t(\boldsymbol{q}, \dot{\boldsymbol{q}}) - \boldsymbol{G}_t(\boldsymbol{q})) \tag{4.3}$$

根据式 (4.3) 将悬臂转角和台车位移部分的动力学方程 (式 (2.5) 中的可驱动部分) 改写为

$$\ddot{\boldsymbol{x}} = \frac{1}{\det(M_t)}(P\boldsymbol{u} + \boldsymbol{w}) \tag{4.4}$$

其中，$\det(M_t)$ 为 $M_t(q)$ 的行列式

$$\boldsymbol{x} = [\theta_s,\ x]^{\mathrm{T}}, \quad \boldsymbol{u} = [F_x,\ \tau_s]^{\mathrm{T}}$$

$$P = \begin{bmatrix} p_{11} & p_{12} \\ p_{12} & p_{22} \end{bmatrix}, \quad \boldsymbol{w} = [w_1,\ w_2]^{\mathrm{T}}$$

$$p_{11} = l^4 m_c^2 C_2^2 \left(m_t + m_c C_2^2 - m_c C_1^2 C_2^2\right)$$

$$p_{12} = -l^4 m_c^3 x C_2^3 S_1 S_2$$

$$p_{22} = l^4 m_c^2 C_2^2 \left(J + m_t x^2 + m_c x^2 S_2^2\right)$$

$$w_1 = l^3 m_c^2 C_2^2 (m_t l S_1 + m_c x C_2 + m_t x C_2 - m_c x C_1^2 C_2$$

$$\qquad + l m_c C_2^2 S_1 - l m_c C_1^2 C_2^2 S_1)$$

$$\qquad \cdot (d_2 \dot{\theta}_2 + \dot{\theta}_1^2 l^2 m_c C_2 S_1 + g l m_c C_1 S_2 + 2 \dot{\theta}_s \dot{x} l m_c C_2$$

$$\qquad + \dot{\theta}_s^2 l m_c x S_1 S_2 - \dot{\theta}_s^2 l^2 m_c C_1^2 C_2 S_2$$

$$\qquad + 2 \dot{\theta}_s \dot{\theta}_1 l^2 m_c C_1 C_2^2) - l^4 m_c^2 C_2^2 (m_t + m_c C_2^2$$

$$\qquad - m_c C_1^2 C_2^2)(2 \dot{\theta}_s \dot{x} m_c x + 2 m_t \dot{\theta}_s \dot{x} x$$

$$\qquad + \dot{\theta}_s \dot{x} l m_c S_1 C_1 - \dot{\theta}_2^2 l m_c x S_2 + \dot{\theta}_1^2 l^2 m_c C_2 S_1 S_2$$

$$\qquad + \dot{\theta}_1 \dot{\theta}_2 l^2 m_c C_1 S_2^2 + \dot{\theta}_s l m_c x C_2 S_1$$

$$+ 2\dot{\theta}_s\dot{\theta}_1 lm_c x C_1 C_2 - 2\dot{\theta}_s\dot{\theta}_2 lm_c x S_1 S_2$$

$$+ \dot{\theta}_s\dot{\theta}_1 l^2 m_c C_1 C_2^2 S_1 + \dot{\theta}_s\dot{\theta}_2 l^2 m_c C_1^2 C_2 S_2$$

$$+ \dot{\theta}_1 l^2 m_c \theta_s C_1 C_2^2 S_1 + \dot{\theta}_2 l^2 m_c \theta_s C_1^2 C_2 S_2)$$

$$+ l^3 m_c^2 C_1 C_2 S_2 (m_t l + lm_c C_2^2 + m_c s C_2 S_1$$

$$- lm_c C_1^2 C_2^2)(2\dot{\theta}_1\dot{\theta}_2 l^2 m_c C_2 S_2 - glm_c C_2 S_1 - d_1\dot{\theta}_1$$

$$+ \dot{\theta}_s^2 lm_c s C_1 C_2 + \dot{\theta}_s^2 l^2 m_c C_1 C_2^2 S_1$$

$$+ 2\dot{\theta}_s\dot{\theta}_2 l^2 m_c C_1 C_2^2) - l^4 (m_c)^3 x C_2^3 S_1 S_2 (\dot{\theta}_s^2 m_c x$$

$$+ m_t \dot{\theta}_s^2 x + \dot{\theta}_s^2 lm_c C_2 S_1 + \dot{\theta}_1^2 lm_c C_2 S_1$$

$$+ \dot{\theta}_2^{\,2} lm_c C_2 S_1 + \dot{\theta}_s\dot{\theta}_2 lm_c C_1 + \dot{\theta}_s\dot{\theta}_2 lm_c C_2$$

$$+ 2\dot{\theta}_1\dot{\theta}_2 lm_c C_1 S_2)$$

$$w_2 = l^4 m_c^2 C_2^2 (J + m_t x^2 + m_c x^2 S_2^2)(\dot{\theta}_s^2 m_c x$$

$$+ m_t \dot{\theta}_s^2 x + \dot{\theta}_s^2 lm_c C_2 S_1 + \dot{\theta}_1^2 lm_c C_2 S_1$$

$$+ \dot{\theta}_2^2 lm_c C_2 S_1 + \dot{\theta}_s\dot{\theta}_2 lm_c C_1 + \dot{\theta}_s\dot{\theta}_2 lm_c C_2$$

$$+ 2\dot{\theta}_1\dot{\theta}_2 lm_c C_1 S_2) - l^3 (m_c)^2 C_1 C_2$$

$$\cdot (2\dot{\theta}_1\dot{\theta}_2 l^2 m_c S_2 C_2 - glm_c C_2 S_1 - d_1\dot{\theta}_1$$

$$+ \dot{\theta}_s^2 lm_c x C_1 C_2 + \dot{\theta}_s^2 l^2 m_c C_1 C_2^2 S_1$$

$$+ 2\dot{\theta}_s\dot{\theta}_2 l^2 m_c C_1 C_2^2)(J + m_t x^2$$

$$+ m_c x^2 S_2^2 + lm_c x C_2 S_1 - lm_c x C_2^3 S_1)$$

$$- l^3 (m_c)^2 C_2^2 S_2 (JS_1 + m_t x^2 S_1 + m_c x^2 S_1$$

$$+ lm_c x C_2 - lm_c x C_1^2 C_2)(d2\dot{\theta}_2 + \dot{\theta}_1^2 l^2 m_c C_2 S_1$$

$$+ glm_c C_1 S_2 + 2\dot{\theta}_s \dot{x} lm_c C_2 + \dot{\theta}_s^2 lm_c x S_1 S_2$$

$$- \dot{\theta}_s^2 l^2 m_c C_1^2 C_2 S_2 + 2\dot{\theta}_s\dot{\theta}_1 l^2 m_c C_1 C_2^2)$$

$$+ l^4 (m_c)^3 x C_2^3 S_1 S_2 (2\dot{\theta}_s \dot{x} m_c x + 2m_t \dot{\theta}_s \dot{x} x$$

$$+ \dot{\theta}_s \dot{x} lm_c S_1 C_1 - \dot{\theta}_2^2 lm_c x S_2 + \dot{\theta}_1^2 l^2 m_c C_2 S_1 S_2$$

$$
\begin{aligned}
&+ \dot{\theta}_1 \dot{\theta}_2 l^2 m_c C_1 S_2^2 + \dot{\theta}_s lm_c x C_2 S_1 + 2\dot{\theta}_s \dot{\theta}_1 lm_c x C_1 C_2 \\
&- 2\dot{\theta}_s \dot{\theta}_2 lm_c x S_1 S_2 \\
&+ \dot{\theta}_s \dot{\theta}_1 l^2 m_c C_1 C_2^2 S_1 + \dot{\theta}_s \dot{\theta}_2 l^2 m_c C_1^2 C_2 S_2 \\
&+ \dot{\theta}_1 l^2 m_c \theta_s C_1 C_2^2 S_1 + \dot{\theta}_2 l^2 m_c \theta_s C_1^2 C_2 S_2)
\end{aligned}
$$

为了实现控制目标，构造如下滑模面：

$$
\boldsymbol{\zeta} = \dot{e} + Ae + B \begin{bmatrix} e_{\theta_s}^{\frac{q_1}{p_1}} \\ \\ e_x^{\frac{q_2}{p_2}} \end{bmatrix} \tag{4.5}
$$

其中，$\boldsymbol{\zeta} = [\zeta_{\theta_s},\ \zeta_x]^{\mathrm{T}}$；$A = \begin{bmatrix} a_1 & 0 \\ 0 & a_2 \end{bmatrix}$；$B = \begin{bmatrix} b_1 & 0 \\ 0 & b_2 \end{bmatrix}$；$a_1,\ a_2,\ b_1,\ b_2$ 为正数；$p_i,\ q_i(i=1,2)$ 为正奇数，且满足 $q_i < p_i < 2q_i$。接下来，结合式 (4.4)，对式 (4.5) 关于时间求导可得

$$
\begin{aligned}
\dot{\boldsymbol{\zeta}} &= \ddot{e} + A\dot{e} + BQ \begin{bmatrix} e_{\theta_s}^{\frac{q_1-p_1}{p_1}} \dot{e}_{\theta_s} \\ \\ e_x^{\frac{q_2-p_2}{p_2}} \dot{e}_x \end{bmatrix} \\
&= \ddot{\boldsymbol{x}} - \ddot{\boldsymbol{x}}_r + A(\dot{\boldsymbol{x}} - \dot{\boldsymbol{x}}_r) + BQ \begin{bmatrix} (\theta_s - \theta_{sr})^{\frac{q_1-p_1}{p_1}} (\dot{\theta}_s - \dot{\theta}_{sr}) \\ (x - x_r)^{\frac{q_2-p_2}{p_2}} (\dot{x} - \dot{x}_r) \end{bmatrix}
\end{aligned}
$$

$$
\begin{aligned}
&= \frac{P}{\det(M_t)} \boldsymbol{u} + \frac{\boldsymbol{w}}{\det(M_t)} - \ddot{\boldsymbol{x}}_r + A(\dot{\boldsymbol{x}} - \dot{\boldsymbol{x}}_r) \\
&\quad + BQ \begin{bmatrix} (\theta_s - \theta_{sr})^{\frac{q_1-p_1}{p_1}} (\dot{\theta}_s - \dot{\theta}_{sr}) \\ \\ (x - x_r)^{\frac{q_2-p_2}{p_2}} (\dot{x} - \dot{x}_r) \end{bmatrix}
\end{aligned} \tag{4.6}
$$

其中，$Q = \mathrm{diag}\left\{\dfrac{q_1}{p_1}, \dfrac{q_2}{p_2}\right\}$；$\boldsymbol{x}_r = [\theta_{sr},\ x_r]^{\mathrm{T}}$。

因此，根据式 (4.5) 所构造的滑模面形式，我们提出如下控制律：

$$
\boldsymbol{u} = -\left(\frac{P}{\det(M_t)}\right)^{-1} \left(\frac{\boldsymbol{w}}{\det(M_t)} - \ddot{\boldsymbol{x}}_r + A(\dot{\boldsymbol{x}} - \dot{\boldsymbol{x}}_r)\right.
$$

$$+ BQ \begin{bmatrix} (\theta_s - \theta_{sr})^{\frac{q_1 - p_1}{p_1}} (\dot{\theta}_s - \dot{\theta}_{sr}) \\ (x - x_r)^{\frac{q_2 - p_2}{p_2}} (\dot{x} - \dot{x}_r) \end{bmatrix} \Bigg)$$
$$- k \left(\frac{P}{\det(M_t)} \right)^{-1} \frac{\boldsymbol{\zeta}}{\|\boldsymbol{\zeta}\|} - K_c \left(\frac{P}{\det(M_t)} \right)^{-1} \boldsymbol{\zeta} \left(\theta_1^2 + \theta_2^2 \right) \tag{4.7}$$

其中，$K_c = \mathrm{diag}\{k_{c1}, k_{c2}\}$，$k$，$k_{c1}$，$k_{c2}$ 为正的控制增益。

接下来，将利用 Lyapunov 方法、Barbalat 引理以及扩展 Barbalat 引理对本章所提控制器 (4.7) 作用下的闭环系统进行稳定性分析。

定理 4.1　对于欠驱动四自由度塔式起重机器人，本章所提控制器 (4.7) 可以保证其悬臂和台车准确跟踪参考轨迹，同时实现负载摆动的消除，其数学表达式如下：

$$\lim_{t \to \infty} \left[e_{\theta_s}(t), \ e_x(t), \ \dot{e}_{\theta_s}(t), \ \dot{e}_x(t) \right]^{\mathrm{T}} = [0, \ 0, \ 0, \ 0]^{\mathrm{T}}$$
$$\lim_{t \to \infty} \left[\theta_1(t), \ \theta_2(t), \ \dot{\theta}_1(t), \ \dot{\theta}_2(t) \right]^{\mathrm{T}} = [0, \ 0, \ 0, \ 0]^{\mathrm{T}}$$

证明　首先，构造如下 Lyapunov 候选函数：

$$V_1 = \frac{1}{2} \boldsymbol{\zeta}^{\mathrm{T}} \boldsymbol{\zeta} \geqslant 0 \tag{4.8}$$

接着，根据式 (4.4) 和式 (4.5)，可得式 (4.8) 的导数为

$$\begin{aligned} \dot{V}_1 &= \boldsymbol{\zeta}^{\mathrm{T}} \dot{\boldsymbol{\zeta}} \\ &= \boldsymbol{\zeta}^{\mathrm{T}} \left(\frac{\boldsymbol{w}}{\det(M_t)} - \ddot{\boldsymbol{x}}_r + A(\dot{\boldsymbol{x}} - \dot{\boldsymbol{x}}_r) \right. \\ &\quad \left. + BQ \begin{bmatrix} (\theta_s - \theta_{sr})^{\frac{q_1 - p_1}{p_1}} (\dot{\theta}_s - \dot{\theta}_{sr}) \\ (x - x_r)^{\frac{q_2 - p_2}{p_2}} (\dot{x} - \dot{x}_r) \end{bmatrix} \right) + \frac{\boldsymbol{\zeta}^{\mathrm{T}} P \boldsymbol{u}}{\det(M_t)} \end{aligned} \tag{4.9}$$

将控制器 (4.7) 代入式 (4.9)，可得

$$\dot{V}_1 = -k\|\boldsymbol{\zeta}\| - \left(k_{c1} \zeta_{\theta_s}^2 + k_{c2} \zeta_x^2 \right) \left(\theta_1^2 + \theta_2^2 \right) \leqslant -k\|\boldsymbol{\zeta}\| \leqslant 0 \tag{4.10}$$

因为 $V_a(t) \geqslant 0$，$\dot{V}_a(t) \leqslant 0$，再由式 (4.1) 和式 (4.5) 可知

$$V_1(t) \in \mathcal{L}_\infty \ \Rightarrow \ \zeta_{\theta_s}, \ \zeta_x \in \mathcal{L}_\infty \Rightarrow e_{\theta_s}, \ e_x, \ \dot{e}_{\theta_s}, \ \dot{e}_x \in \mathcal{L}_\infty \ \Rightarrow \ \theta_s, \ x, \ \dot{\theta}_s, \ \dot{x} \in \mathcal{L}_\infty \tag{4.11}$$

然后, 将控制器 (4.7) 代入式 (4.6) 可得

$$\dot{\zeta} = -k\frac{\zeta}{\|\zeta\|} - K_c\zeta\left(\theta_1^2 + \theta_2^2\right) \tag{4.12}$$

所以, 由式 (4.1)、式 (4.6)、式 (4.11) 和式 (4.12), 可以推导出

$$\dot{\zeta}_{\theta_s}, \ \dot{\zeta}_x \in \mathcal{L}_\infty \Rightarrow \ddot{e}_{\theta_s}, \ \ddot{e}_x \in \mathcal{L}_\infty \Rightarrow \ddot{\theta}_s, \ \ddot{x} \in \mathcal{L}_\infty \tag{4.13}$$

接着, 由式 (4.8) 和式 (4.10) 可得

$$\dot{V}_1 \leqslant -K\sqrt{2V_1} \implies \sqrt{V_1(t)} - \sqrt{V_1(0)} \leqslant -\frac{k}{\sqrt{2}}t \tag{4.14}$$

假设系统的状态变量将在 t_f 时刻收敛到滑模面 $\zeta = [0, \ 0]^{\mathrm{T}}$ 上, 即 $V_1(t_f) = 0$, 则由式 (4.14) 可算得

$$t_f \leqslant \frac{\sqrt{2V_1(0)}}{k} \tag{4.15}$$

因此, 当系统各状态位于滑模面上时, 有

$$\dot{e}_{\theta_s}(t) = -a_1 e_{\theta_s}(t) - b_1 e_{\theta_s}(t)^{\frac{q_1}{p_1}}, \ \dot{e}_x(t) = -a_2 e_x(t) - b_2 e_x(t)^{\frac{q_2}{p_2}}, \ t \geqslant t_f \tag{4.16}$$

将式 (4.16) 写成如下微分方程形式:

$$\frac{p_1}{a_1(p_1 - q_1)} \cdot \frac{b_1}{a_1 e_{\theta_s}^{\frac{p_1-q_1}{p_1}} + b_1} \cdot \frac{a_1(p_1 - q_1)}{b_1 p_1} e_{\theta_s}^{-\frac{q_1}{p_1}} \mathrm{d}e_{\theta_s} = -\mathrm{d}t \tag{4.17}$$

$$\frac{p_2}{a_2(p_2 - q_2)} \cdot \frac{b_2}{a_2 e_x^{\frac{p_2-q_2}{p_2}} + b_2} \cdot \frac{a_2(p_2 - q_2)}{b_2 p_2} e_x^{-\frac{q_2}{p_2}} \mathrm{d}e_x = -\mathrm{d}t \tag{4.18}$$

设 $e_{\theta_s}(t)$, $e_x(t)$ 将分别在有限时间 T_{θ_s}, T_x 时收敛到零, 从而求得式 (4.17) 和式 (4.18) 分别在时间区间 $t \in [t_f, T_{\theta_s}]$ 和 $t \in [t_f, T_x]$ 上的积分如下:

$$e_{\theta_s}(t) = 0, \ t \geqslant T_{\theta_s}$$

$$T_{\theta_s} = t_f + \frac{p_1}{a_1(p_1 - q_1)} \ln \frac{a_1(\theta_s(0) - \theta_{sr}(0))^{\frac{(p_1-q_1)}{p_1}} + b_1}{b_1} \tag{4.19}$$

$$e_x(t) = 0, \ t \geqslant T_x$$

$$T_x = t_f + \frac{p_2}{a_2(p_2 - q_2)} \ln \frac{a_2(x(0) - x_r(0))^{\frac{(p_2-q_2)}{p_2}} + b_2}{b_2} \tag{4.20}$$

然后，定义时间 $T_m = \max\{T_{\theta_s}, T_x, T\}$，则由式 (4.1)、式 (4.19) 和式 (4.20) 可知

$$\lim_{t \to T_m} e_{\theta_s}(t) = 0, \ e_x(t) = 0, \ \dot{e}_{\theta_s}(t) = 0, \ \dot{e}_x(t) = 0, \ \ddot{e}_{\theta_s}(t) = 0, \ \ddot{e}_x(t) = 0$$

$$\implies \lim_{t \to T_m} \theta_s(t) = \theta_{st}, \ x(t) = x_t, \ \dot{\theta}_s(t) = 0, \ \dot{x}(t) = 0, \ \ddot{\theta}_s(t) = 0, \ \ddot{x}(t) = 0 \quad (4.21)$$

接下来，将式 (2.3) 和式 (2.4) 移项整理为如下形式：

$$m_c l^2 \cos \theta_2^2 \ddot{\theta}_1 - 2m_c l^2 \cos \theta_2 \dot{\theta}_1 \sin \theta_2 \dot{\theta}_2 + d_1 \dot{\theta}_1$$
$$= m_c l^2 \cos \theta_1 \cos \theta_2 \sin \theta_2 \ddot{\theta}_s - m_c l \cos \theta_1 \cos \theta_2 \ddot{x}$$
$$+ m_c l \cos \theta_1 \cos \theta_2 \left(x + l \sin \theta_1 \cos \theta_2 \right) \dot{\theta}_s^2$$
$$+ 2m_c l^2 \cos \theta_2 \dot{\theta}_s \cos \theta_1 \cos \theta_2 \dot{\theta}_2 - m_c g l \sin \theta_1 \cos \theta_2 \quad (4.22)$$

$$m_c l^2 \ddot{\theta}_2 + 2m_c l^2 \cos \theta_1 \cos \theta_2^2 \dot{\theta}_s \dot{\theta}_1 + m_c l^2 \dot{\theta}_1^2 \sin \theta_2 \cos \theta_2 + d_2 \dot{\theta}_2$$
$$= - m_c l \left(\cos \theta_2 x + l \sin \theta_1 \right) \ddot{\theta}_s + m_c l \sin \theta_1 \sin \theta_2 \ddot{x} - 2m_c l \cos \theta_2 \dot{x} \dot{\theta}_s$$
$$- m_c l x \sin \theta_1 \sin \theta_2 \dot{\theta}_s^2 - 2m_c l^2 \cos \theta_1 \cos \theta_2^2 \dot{\theta}_s \dot{\theta}_1 - m_c g l \cos \theta_1 \sin \theta_2 \quad (4.23)$$

于是，根据式 (4.11) 和式 (4.13) 可知，式 (4.22) 和式 (4.23) 等号右边的多项式有界，所以等号左边的多项式也有界，即

$$m_c l^2 \cos \theta_2^2 \ddot{\theta}_1 - 2m_c l^2 \cos \theta_2 \dot{\theta}_1 \sin \theta_2 \dot{\theta}_2 + d_1 \dot{\theta}_1 \in \mathcal{L}_\infty \quad (4.24)$$

$$m_c l^2 \ddot{\theta}_2 + 2m_c l^2 \cos \theta_1 \cos \theta_2^2 \dot{\theta}_s \dot{\theta}_1 + m_c l^2 \dot{\theta}_1^2 \sin \theta_2 \cos \theta_2 + d_2 \dot{\theta}_2 \in \mathcal{L}_\infty \quad (4.25)$$

进而对式 (4.24) 在有限时间 μ 内积分，可得

$$\int_0^\mu \left(m_c l^2 \cos \theta_2^2 \ddot{\theta}_1 - 2m_c l^2 \cos \theta_2 \dot{\theta}_1 \sin \theta_2 \dot{\theta}_2 + d_1 \dot{\theta}_1 \right) \mathrm{d}t$$

$$= m_c l^2 \cos \theta_2(\mu)^2 \dot{\theta}_1(\mu) + d_1 \theta_1(\mu) - m_c l^2 \cos \theta_2(0)^2 \dot{\theta}_1(0) - d_1 \theta_1(0) \in \mathcal{L}_\infty, \ \mu \in [0, T_m]$$

$$\implies \dot{\theta}_1(\mu) \in \mathcal{L}_\infty \quad (4.26)$$

由式 (4.25) 和式 (4.26) 不难发现，$t \leqslant T_m$ 时有

$$m_c l^2 \ddot{\theta}_2 + d_2 \dot{\theta}_2 \in \mathcal{L}_\infty \quad (4.27)$$

对式 (4.27) 在 $t \in [0, \mu]$ 上积分，有

$$\int_0^\mu \left(m_c l^2 \ddot{\theta}_2 + d_2 \dot{\theta}_2 \right) \mathrm{d}t = m_c l^2 \theta_2(\mu) + d_2 \theta_2(\mu) - m l^2 \theta_2(0) + d_2 \theta_2(0) \in \mathcal{L}_\infty$$

$$\Longrightarrow \dot{\theta}_2(\mu) \in \mathcal{L}_\infty \tag{4.28}$$

因此，根据式 (4.24)~式 (4.26) 和式 (4.28) 可知，$\ddot{\theta}_1(\mu)$，$\ddot{\theta}_2(\mu) \in \mathcal{L}_\infty$。所以，在有限时间 T_m 内，负载摆角速度和其加速度全部有界。

下面将考虑在时间 T_m 以后不可驱动的负载摆动子系统的闭环稳定性。将式 (4.21) 代入式 (2.3) 和式 (2.4) 中化简可得

$$l \cos\theta_2^2 \ddot{\theta}_1 - 2l\dot{\theta}_1 \cos\theta_2 \sin\theta_2 \dot{\theta}_2 + g\sin\theta_1 \cos\theta_2 + \frac{d_1}{m_c l}\dot{\theta}_1 = 0$$

$$l\ddot{\theta}_2 + l\dot{\theta}_1^2 \cos\theta_2 \sin\theta_2 + g\cos\theta_1 \sin\theta_2 + \frac{d_2}{m_c l}\dot{\theta}_2 = 0 \tag{4.29}$$

因此，可以构造 Lyapunov 候选函数如下：

$$V_2 = \frac{l}{2}\dot{\theta}_1^2 \cos\theta_2^2 + \frac{l}{2}\dot{\theta}_2^2 + g(1 - \cos\theta_1 \cos\theta_2) \tag{4.30}$$

对 $V_2(t)$ 关于时间求导，并结合式 (4.29) 可得

$$
\begin{aligned}
\dot{V}_2(t) &= l\dot{\theta}_1\ddot{\theta}_1 \cos\theta_2^2 - l\dot{\theta}_1^2 \cos\theta_2 \sin\theta_2 \dot{\theta}_2 + l\dot{\theta}_2\ddot{\theta}_2 + g\sin\theta_1\dot{\theta}_1 \cos\theta_2 + g\cos\theta_1 \sin\theta_2\dot{\theta}_2 \\
&= \dot{\theta}_1\left(l\ddot{\theta}_1 \cos\theta_2^2 - l\dot{\theta}_1 \cos\theta_2 \sin\theta_2\dot{\theta}_2 + g\cos\theta_2 \sin\theta_1\right) + \dot{\theta}_2\left(l\ddot{\theta}_2 + g\cos\theta_1 \sin\theta_2\right) \\
&= \dot{\theta}_1\left(l\dot{\theta}_1 \cos\theta_2 \sin\theta_2\dot{\theta}_2 - \frac{d_1}{m_c l}\dot{\theta}_1\right) + \dot{\theta}_2\left(-l\theta_1^2 \cos\theta_2 \sin\theta_2 - \frac{d_2}{m_c l}\dot{\theta}_2\right) \\
&= l\dot{\theta}_1^2 \cos\theta_2 \sin\theta_2\dot{\theta}_2 - \frac{d_1}{m_c l}\dot{\theta}_1^2 - l\dot{\theta}_1^2 \cos\theta_2 \sin\theta_2\dot{\theta}_2 - \frac{d_2}{m_c l}\dot{\theta}_2^2 \\
&= -\frac{d_1}{m_c l}\dot{\theta}_1^2 - \frac{d_2}{m_c l}\dot{\theta}_2^2 \leqslant 0
\end{aligned}
\tag{4.31}
$$

由式 (4.30) 和式 (4.31) 可得 $V_2(t) \geqslant 0$ 且 $\dot{V}_2(t) \leqslant 0$，所以有

$$V_2(t) \in \mathcal{L}_\infty \Rightarrow \dot{\theta}_1,\ \dot{\theta}_2 \in \mathcal{L}_\infty \tag{4.32}$$

根据式 (4.29) 和式 (4.32) 可得

$$\ddot{\theta}_1,\ \ddot{\theta}_2 \in \mathcal{L}_\infty \tag{4.33}$$

另外，将式 (4.31) 两边在时间区间 $t \in [T_m,\ t]$ 上求积分，可知

$$-\frac{d_1}{m_c l}\int_{T_m}^{t}\dot{\theta}_1^2 - \frac{d_2}{m_c l}\int_{T_m}^{t}\dot{\theta}_2^2 = V_2(t) - V_2(T_m) \tag{4.34}$$

于是，由式 (4.32) 和式 (4.34) 发现

$$\dot{\theta}_1,\ \dot{\theta}_2 \in \mathcal{L}_2 \tag{4.35}$$

因此，根据式 (4.32)、式 (4.33) 和式 (4.35)，推导出 $\dot{\theta}_1,\ \dot{\theta}_2 \in \mathcal{L}_2 \cap \mathcal{L}_\infty$ 且 $\ddot{\theta}_1,\ \ddot{\theta}_2 \in \mathcal{L}_\infty$，进而由 Barbalat 引理可得

$$\lim_{t\to\infty} \dot{\theta}_1(t) = 0, \quad \lim_{t\to\infty} \dot{\theta}_2(t) = 0 \tag{4.36}$$

接着，将式 (4.29) 重新整理为如下形式：

$$l\ddot{\theta}_1 = g_1(t) + g_2(t), \quad l\ddot{\theta}_2 = g_3(t) + g_4(t) \tag{4.37}$$

其中，$g_1(t)$，$g_2(t)$，$g_3(t)$ 和 $g_4(t)$ 的表达式如下

$$g_1(t) = -g\tan\theta_1, \quad g_2(t) = \sec\theta_2^2 \left(2l\dot{\theta}_1\cos\theta_2\sin\theta_2\dot{\theta}_2 - \frac{d_1}{m_c l}\dot{\theta}_1 \right)$$

$$g_3(t) = -g\cos\theta_1\sin\theta_2, \quad g_4(t) = -l\dot{\theta}_1^2\cos\theta_2\sin\theta_2 - \frac{d_2}{m_c l}\dot{\theta}_2$$

结合式 (4.36)，易得

$$\lim_{t\to\infty} g_2(t) = 0, \quad g_4(t) = 0 \tag{4.38}$$

另外，由式 (4.32) 可知

$$\dot{g}_1(t) = -g\sec\theta_1^2 \in \mathcal{L}_\infty$$

$$\dot{g}_3(t) = g\sin\theta_1\dot{\theta}_1\sin\theta_2 - g\cos\theta_1\cos\theta_2\dot{\theta}_2 \in \mathcal{L}_\infty \tag{4.39}$$

所以，联立式 (4.36)、式 (4.38) 和式 (4.39)，因为 $l > 0$，根据扩展 Barbalat 引理可知

$$\lim_{t\to\infty} l\ddot{\theta}_1(t) = 0, \quad g_1(t) = 0 \Rightarrow \lim_{t\to\infty} \ddot{\theta}_1(t) = 0, \quad \theta_1(t) = 0$$

$$\lim_{t\to\infty} l\ddot{\theta}_2(t) = 0, \quad g_3(t) = 0 \Rightarrow \lim_{t\to\infty} \ddot{\theta}_2(t) = 0, \quad \theta_2(t) = 0 \tag{4.40}$$

综上所述，由式 (4.21)、式 (4.36) 和式 (4.40) 可知定理 4.1 是成立的。证毕。　□

4.3　实验结果与分析

为了验证本章所提控制方法 (4.7) 的有效性与鲁棒性，本节进行了两组硬件实验，仍采用自主搭建的塔式起重机器人硬件实验平台 (见图 2.2) 进行实验，并对实验结果进行了分析。

实验 1 比较分析了本章所提轨迹跟踪方法与 LQR 方法的控制效果，证明了所提方法的有效性；实验 2 在控制增益保持不变的情况下施加了外部干扰，从而验证了所提方法的鲁棒性。考虑到式 (4.1) 的限制，本节分别为悬臂和台车选取如下形式的多项式轨迹：

$$\theta_{sr}(t) = \theta_{s0} + (\theta_{st} - \theta_{s0})\left(-20\left(\frac{t}{T}\right)^7 + 70\left(\frac{t}{T}\right)^6 - 84\left(\frac{t}{T}\right)^5 + 35\left(\frac{t}{T}\right)^4\right)$$

$$x_r(t) = x_0 + (x_t - x_0)\left(-20\left(\frac{t}{T}\right)^7 + 70\left(\frac{t}{T}\right)^6 - 84\left(\frac{t}{T}\right)^5 + 35\left(\frac{t}{T}\right)^4\right)$$

为了避免奇异现象并结合实际情况，本章实验中各参数设置如表 4.1所示，其余参数与第 2 章相同。同时，本章所提轨迹跟踪控制器的增益最终选取为

$$a_1 = 15, \ a_2 = 18, \ b_1 = 4.5, \ b_2 = 4.5, \ q_1 = 5, \ p_1 = 7$$

$$q_2 = 5, \ p_2 = 7, \ k = 1.33, \ k_{c1} = 1.5, \ k_{c2} = 1.5$$

表 4.1　实验参数设置

参数	物理意义	取值
m_c	负载质量	1 kg
l	绳长	0.5 m
T	计划运输时间	5 s
θ_{s0}	悬臂初始位置	0°
θ_{sr0}	悬臂轨迹初始位置	9/50π°
θ_{st}	悬臂轨迹最终位置	45°
x_0	台车初始位置	0 m
x_{r0}	台车轨迹初始位置	0.001 m
x_t	台车轨迹最终位置	0.5 m

实验 1：轨迹跟踪。如图 4.1 所示，本章所提方法能够使悬臂和台车准确跟踪目标轨迹，平稳到达最终位置，同时快速有效地抑制了负载摆动。具体来说，从图中可以看出，悬臂转角 θ_s 和台车位移 x 跟随轨迹在 5 s 左右稳定在目标位置，与此同时，负载摆角 θ_1 和 θ_2 被有效抑制在 3° 内，在 5 s 后基本停止摆动，几乎没有残余摆动。

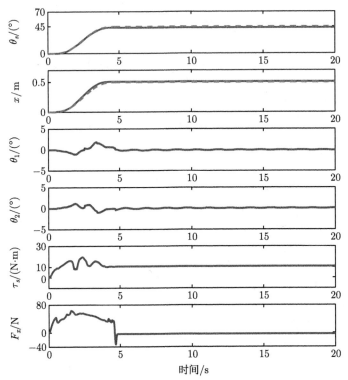

图 4.1　实验 1: 本章所提轨迹跟踪方法的控制效果 (实线: 实验结果; 虚线: 目标轨迹)

对于 LQR 控制方法, 通过将塔式起重机器人动力学方程线性化可以得到两个解耦的线性子系统。用于悬臂旋转子系统和台车平动子系统的 LQR 控制器形式分别为 $F_j = -k_1(\theta_s - \theta_{sr}) - k_2\dot{\theta}_s - k_3\theta_2 - k_4\dot{\theta}_2$ 和 $F_t = -k_5(x - x_r) - k_6\dot{x} - k_7\theta_1 - k_8\dot{\theta}_1$。为了得到合适的控制增益值, 选取 LQR 方法的代价函数为 $J = \int_0^\infty \left(\zeta^{\mathrm{T}}Q\zeta + RF^2\right)\mathrm{d}t$, 在旋转子系统中 $\zeta = [\theta_s(t) - \theta_s r, \quad \dot{\theta}_s(t), \quad \theta_2(t), \quad \dot{\theta}_2(t)]^{\mathrm{T}}$, 在平动子系统中 $\zeta = [x(t) - x_r, \quad \dot{x}(t), \quad \theta_1(t), \quad \dot{\theta}_1(t)]^{\mathrm{T}}$。由 MATLAB 计算出控制增益后, 可以得到 LQR 控制器 $u_1 = -38.0058(\theta_s - \theta_{sr}) - 55.2720\dot{\theta}_s + 112.3530\theta_2 + 6.4018\dot{\theta}_2$ 以及 $u_2 = -40.3113(x - x_r) - 47.9433\dot{x} + 109.8338\theta_1 + 8.8918\dot{\theta}_1$。

LQR 方法的控制效果如图 4.2 所示, 容易看出, 虽然悬臂和台车在 5 s 左右也到达了目标位置, 但对于负载摆动的消除效果比所提方法逊色很多, 尤其是 θ_2。此外在 θ_1 和 θ_2 两个方向上都存在着明显的残余摆动。

实验 2: 鲁棒性测试。为了进一步验证本章所提方法的鲁棒性, 在塔吊设备开始运行时, 对负载施加一个干扰作用力, 使径向摆角 θ_1 和切向摆角 θ_2 的初始值分别为 $-2.5°$ 和 $-0.8°$。实验结果如图 4.3 所示, 悬臂与台车依旧能准确跟踪轨迹，平稳到达最终位置，负载摆角也得到了有效抑制，在 8 s 左右基本消除。由此可见，本章所提方法对外部扰动具有较强的鲁棒性。

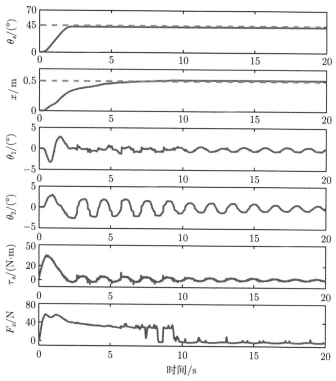

图 4.2　实验 1: LQR 方法的控制效果 (实线：实验结果；虚线：目标位置)

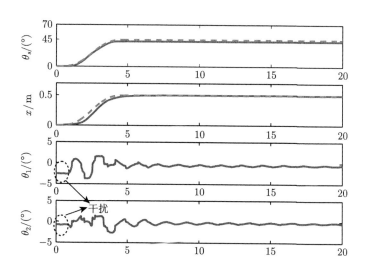

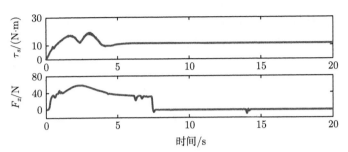

图 4.3　实验 2: 施加外部干扰 (实线: 实验结果; 虚线: 目标轨迹)

　　综上所述, 以上轨迹跟踪对比实验与鲁棒性测试较好地验证了本章所提方法的有效性和鲁棒性。

4.4　本 章 小 结

　　本章提出了一种有限时间收敛的非线性滑模跟踪控制方法, 使塔式起重机器人的悬臂与台车准确跟踪给定轨迹, 同时有效抑制负载摆动。所提控制器一方面可以使可驱动状态变量在有限时间内收敛到指定滑模面上, 进而快速消除跟踪误差, 使得悬臂和台车能够准确跟踪轨迹; 另一方面, 非线性摆动耦合项的引入使不可驱动的负载摆动得到及时反馈, 从而加速消摆。此外, 利用 Lyapunov 方法、Barbalat 引理与扩展 Barbalat 引理证明了闭环系统的稳定性。最后, 本章进行了两组硬件实验, 通过与现有控制方法对比, 以及施加外部干扰, 验证了本章所提方法的有效性和鲁棒性。

第 5 章　基于参数估计的变绳长塔式起重机的输出反馈控制

第 2 ~ 4 章解决的是固定绳长塔式起重机器人的防摆控制问题。而在实际应用中，塔式起重机器人作业时往往伴随着负载升降，同时也存在着质量等参数难以精确获得的问题。于是，针对考虑负载升降与参数未知的塔式起重机器人，本章提出了一种自适应输出反馈控制方法，并给出具体分析过程。

5.1　问 题 描 述

在固定绳长模型 (2.1)~(2.4) 的基础上，给出变绳长塔式起重机器人的动力学模型 (分为可驱动与不可驱动运动的 5 个动力学方程)。具体而言，首先给出可驱动的悬臂转动方程如下：

$$
\begin{aligned}
&\left(J + (m_c + m_t)x^2 + m_c l^2 \sin^2 \theta_2 + m_c l^2 \cos^2 \theta_2 \sin^2 \theta_1 + 2m_c x l \cos \theta_2 \sin \theta_1\right) \ddot{\theta}_s \\
&- m_c l \ddot{x} \sin \theta_2 + m_c x \ddot{l} \sin \theta_2 - m_c l^2 \ddot{\theta}_1 \cos \theta_2 \cos \theta_1 \sin \theta_2 \\
&+ (m_c l^2 \sin \theta_1 + m_c l x \cos \theta_2) \ddot{\theta}_2 + \left(2(m_c + m_t)x + 2m_c l \cos \theta_2 \sin \theta_1\right) \dot{x} \dot{\theta}_s \\
&+ \left(2m_c l \sin^2 \theta_2 + 2m_c l \cos^2 \theta_2 \sin^2 \theta_1 + 2m_c x \cos \theta_2 \sin \theta_1\right) \dot{l} \dot{\theta}_s \\
&+ \left(2m_c x l \cos \theta_2 \cos \theta_1 + 2m_c l^2 \cos^2 \theta_2 \sin \theta_1 \cos \theta_1\right) \dot{\theta}_s \dot{\theta}_1 \\
&+ \left(2m_c l^2 \sin \theta_2 \cos \theta_2 \cos^2 \theta_1 - 2m_c x l \sin \theta_1 \sin \theta_2\right) \dot{\theta}_s \dot{\theta}_2 \\
&- 2m_c l \dot{l} \dot{\theta}_1 \cos \theta_1 \cos \theta_2 \sin \theta_2 + (2m_c l \sin \theta_1 + 2m_c x \cos \theta_2) \dot{l} \dot{\theta}_2 \\
&+ m_c l^2 \dot{\theta}_1^2 \cos \theta_2 \sin \theta_1 \sin \theta_2 + 2m_c l^2 \dot{\theta}_1 \dot{\theta}_2 \cos \theta_1 \sin^2 \theta_2 - m_c l x \dot{\theta}_2^2 \sin \theta_2 = \tau_s \quad (5.1)
\end{aligned}
$$

由驱动力 $F_x(t)$ 驱动的台车平移运动方程为

$$
\begin{aligned}
&- m_c l \ddot{\theta}_s \sin \theta_2 + (m_c + m_t)\ddot{x} + m_c \ddot{l} \cos \theta_2 \sin \theta_1 + m_c l \ddot{\theta}_1 \cos \theta_2 \cos \theta_1 \\
&- m_c l \ddot{\theta}_2 \sin \theta_2 \sin \theta_1 - (m_c l \cos \theta_2 \sin \theta_1 + (m_c + m_t)x) \dot{\theta}_s^2 - 2m_c \dot{l} \dot{\theta}_s \sin \theta_2 \\
&- 2m_c l \dot{\theta}_s \dot{\theta}_2 \cos \theta_2 + 2m_c \dot{l} \dot{\theta}_1 \cos \theta_1 \cos \theta_2 - 2m_c \dot{l} \dot{\theta}_2 \sin \theta_1 \sin \theta_2
\end{aligned}
$$

$$- m_c l\dot{\theta}_1^2 \cos\theta_2 \sin\theta_1 - 2m_c l\dot{\theta}_1\dot{\theta}_2 \cos\theta_1 \sin\theta_2 - m_c l\dot{\theta}_2^2 \cos\theta_2 \sin\theta_1 = F_x \qquad (5.2)$$

由驱动力 $F_l(t)$ 驱动的绳长变化方程为

$$m_c x\ddot{\theta}_s \sin\theta_2 + m_c \ddot{x} \cos\theta_2 \sin\theta_1 + m_c \ddot{l} - (m_c x \cos\theta_2 \sin\theta_1 + m_c l^2 \cos^2\theta_2 \sin^2\theta_1$$
$$+ m_c l \sin^2\theta_2)\dot{\theta}_s^2 + 2m_c \dot{\theta}_s \dot{x} \sin\theta_2 + 2m_c l\dot{\theta}_s \dot{\theta}_1 \cos\theta_2 \cos\theta_1 \sin\theta_2$$
$$- 2m_c l\dot{\theta}_s \dot{\theta}_2 \sin\theta_1 - m_c l\dot{\theta}_2^2 - m_c l\dot{\theta}_1^2 \cos^2\theta_2 + m_c g \cos\theta_1 \cos\theta_2 = F_l \qquad (5.3)$$

不可驱动的负载径向/切向摆动方程如下：

$$- m_c l^2 \ddot{\theta}_s \cos\theta_2 \cos\theta_1 \sin\theta_2 + m_c l\ddot{x} \cos\theta_2 \cos\theta_1 + m_c l^2 \ddot{\theta}_1 \cos^2\theta_2$$
$$- \left(m_c l^2 \cos^2\theta_2 \cos\theta_1 \sin\theta_1 + m_c l x \cos\theta_1 \cos\theta_2\right)\dot{\theta}_s^2$$
$$- 2m_c l\dot{l}\dot{\theta}_s \cos\theta_1 \sin\theta_2 \cos\theta_2 - 2m_c l^2 \dot{\theta}_s \dot{\theta}_2 \cos^2\theta_2 \cos\theta_1$$
$$+ 2m_c l\dot{l}\dot{\theta}_1 \cos^2\theta_2 - 2m_c l^2 \dot{\theta}_1 \dot{\theta}_2 \sin\theta_2 \cos\theta_2 + m_c lg \cos\theta_2 \sin\theta_1 = 0 \qquad (5.4)$$

$$\left(m_c l^2 \sin\theta_1 + m_c l x \cos\theta_2\right)\ddot{\theta}_s - m_c l\ddot{x} \sin\theta_2 \sin\theta_1 + m_c l^2 \ddot{\theta}_2 + (m_c l x \sin\theta_1 \sin\theta_2$$
$$- m_c l^2 \cos^2\theta_1 \sin\theta_2 \cos\theta_2)\dot{\theta}_s^2 + 2m_c l\dot{x}\dot{\theta}_s \cos\theta_2 + 2m_c l\dot{l}\dot{\theta}_s \sin\theta_1$$
$$+ 2m_c l^2 \dot{\theta}_s \dot{\theta}_1 \cos\theta_1 \cos^2\theta_2 + m_c l^2 \dot{\theta}_1^2 \cos\theta_2 \sin\theta_2 + m_c lg \cos\theta_1 \sin\theta_2 = 0 \qquad (5.5)$$

该模型的示意图如图 2.1 所示。与式 (3.1) 给出的动力学模型相比，绳长由常数变为一个变量 $l(t)$，且绳长驱动力定义为 $F_l(t)$。为便于读者理解，这里在表 5.1 中给出系统各参数符号的定义。

表 5.1　系统参数定义

参数	物理意义	单位
θ_s	悬臂转角	rad
x	台车水平位移	m
l	绳长变化位移	m
θ_1, θ_2	负载转角	rad
m_c	负载质量	kg
m_t	台车质量	kg
g	重力加速度	m/s^2
J	臂惯性矩	kg·m^2
τ_s	悬臂控制扭矩	N·m
F_x	台车控制力	N
F_l	绳长变化控制力	N

本章定义状态向量 $\boldsymbol{q} = [\theta_s,\ x,\ l,\ \theta_1,\ \theta_2]^{\mathrm{T}}$ 与控制输入向量 $\boldsymbol{U}_t = [\tau_s,\ F_x,\ F_l,$

$0, 0]^T$，从而将原始动力学方程改写成如下向量-矩阵形式：

$$M_t(\boldsymbol{q})\ddot{\boldsymbol{q}} + C_t(\boldsymbol{q},\ \dot{\boldsymbol{q}})\dot{\boldsymbol{q}} + G_t(\boldsymbol{q}) = \boldsymbol{U}_t \tag{5.6}$$

其中，$M_t(\boldsymbol{q})$，$C_t(\boldsymbol{q},\ \dot{\boldsymbol{q}})$ 分别为惯性矩阵与向心 Coriolis 矩阵；$G_t(\boldsymbol{q})$ 为重力向量，分别定义为

$$M_t(\boldsymbol{q}) = \begin{bmatrix} m_{11} & m_{12} & m_{13} & m_{14} & m_{15} \\ m_{12} & m_c + m_t & m_{23} & m_{24} & m_{25} \\ m_{13} & m_{23} & m_c & 0 & 0 \\ m_{14} & m_{24} & 0 & m_c l^2 \cos^2\theta_2 & 0 \\ m_{15} & m_{25} & 0 & 0 & m_c l^2 \end{bmatrix}$$

$$C_t(\boldsymbol{q},\ \dot{\boldsymbol{q}}) = \begin{bmatrix} c_{11} & c_{12} & c_{13} & c_{14} & c_{15} \\ c_{21} & 0 & c_{23} & c_{24} & c_{25} \\ c_{31} & c_{32} & 0 & c_{34} & c_{35} \\ c_{41} & 0 & c_{43} & c_{44} & c_{45} \\ c_{51} & c_{52} & c_{53} & c_{54} & 0 \end{bmatrix},\ G_t(\boldsymbol{q}) = \begin{bmatrix} 0 \\ 0 \\ m_c g\cos\theta_1\cos\theta_2 \\ m_c g l\cos\theta_2\sin\theta_1 \\ m_c g l\cos\theta_1\sin\theta_2 \end{bmatrix}^T$$

其中各元素的具体表达式如下：

$$m_{11} = J + (m_c + m_t)x^2 + m_c l^2\sin^2\theta_2 + m_c l^2\cos^2\theta_2\sin^2\theta_1 + 2m_c x l\cos\theta_2\sin\theta_1$$

$$m_{12} = -m_c l\sin\theta_2,\ m_{13} = m_c x\sin\theta_2,\ m_{14} = -m_c l^2\cos\theta_2\sin\theta_2\cos\theta_1$$

$$m_{23} = m_c l\cos\theta_2\sin\theta_1,\ m_{24} = m_c l\cos\theta_2\cos\theta_1,\ m_{25} = -m_c l\sin\theta_2\sin\theta_1$$

$$c_{11} = (m_c + m_t)x\dot{x} + m_c l(x\dot{\theta}_1\cos\theta_1\cos\theta_2 - x\dot{\theta}_2\sin\theta_2\sin\theta_1 + \dot{x}\sin\theta_1\cos\theta_2)$$
$$+ m_c l^2(\dot{\theta}_1\sin\theta_1\cos\theta_1\cos^2\theta_2 + \dot{\theta}_2\cos^2\theta_1\sin\theta_2\cos\theta_2)$$

$$c_{12} = ((m_c + m_t)x + m_c l\sin\theta_1\cos\theta_1)\dot{\theta}_s + m_c l\dot{l}(\sin^2\theta_2 + \cos^2\theta_2\sin^2\theta_1)$$
$$+ m_c x\dot{l}\cos\theta_2\sin\theta_1$$

$$c_{13} = m_c l\dot{\theta}_s(\sin^2\theta_2 + \cos^2\theta_2\sin^2\theta_1) + m_c x\dot{\theta}_s\cos\theta_2\sin\theta_1$$

$$c_{14} = m_c l x\dot{\theta}_s\cos\theta_1\cos\theta_2 + m_c l^2(\dot{\theta}_s\sin\theta_1\cos\theta_1\cos^2\theta_2 + \dot{\theta}_1\sin\theta_1\sin\theta_2\cos\theta_2)$$

$$c_{15} = -m_c l(x\dot{\theta}_s\sin\theta_2\sin\theta_1 + x\dot{\theta}_2\sin\theta_2)$$
$$+ m_c l^2(\dot{\theta}_s\cos^2\theta_1\sin\theta_2\cos\theta_2 + \dot{\theta}_1\cos\theta_1\sin^2\theta_2)$$

$$c_{21} = -(m_c + m_t)x\dot{\theta}_s - m_c l(\dot{\theta}_s \cos\theta_2 \sin\theta_1 + \dot{\theta}_2 \cos\theta_2) - m_c \dot{l} \sin\theta_2$$

$$c_{23} = -m_c \dot{\theta}_s \sin\theta_2 + m_c \dot{\theta}_1 \cos\theta_1 \cos\theta_2 - m_c \dot{\theta}_2 \sin\theta_1 \sin\theta_2$$

$$c_{24} = -m_c l(\dot{\theta}_2 \cos\theta_1 \sin\theta_2 + \dot{\theta}_1 \cos\theta_2 \sin\theta_1) + m_c \dot{l} \cos\theta_1 \cos\theta_2$$

$$c_{25} = -m_c l(\dot{\theta}_1 \cos\theta_1 \sin\theta_2 + \dot{\theta}_2 \cos\theta_2 \sin\theta_1 + \dot{\theta}_s \cos\theta_2) - m_c \dot{l} \sin\theta_1 \sin\theta_2$$

$$c_{31} = (m_c x \cos\theta_2 \sin\theta_1 + m_c l^2 \cos^2\theta_2 \sin^2\theta_1 + m_c l \sin^2\theta_2)\dot{\theta}_s$$
$$\qquad + m_c \dot{x} \sin\theta_2 + m_c l \dot{\theta}_1 \cos\theta_2 \cos\theta_1 \sin\theta_2 - m_c l \dot{\theta}_2 \sin\theta_1$$

$$c_{32} = m_c \dot{\theta}_1 \sin\theta_2, \quad c_{34} = -m_c l \dot{\theta}_1 \cos^2\theta_2 + m_c l \dot{\theta}_s \cos\theta_2 \cos\theta_1 \sin\theta_2$$

$$c_{35} = -m_c l \dot{\theta}_2 - m_c l \dot{\theta}_s \sin\theta_1$$

$$c_{41} = -m_c l(x + l \sin\theta_1 \cos\theta_2)\dot{\theta}_s \cos\theta_1 \cos\theta_2 - m_c l^2 \dot{\theta}_2 \cos^2\theta_2 \cos\theta_1$$
$$\qquad - m_c l \dot{l} \cos\theta_1 \sin\theta_2 \cos\theta_2$$

$$c_{43} = -m_c l \dot{\theta}_s \cos\theta_1 \sin\theta_2 \cos\theta_2 + m_c l \dot{\theta}_1 \cos^2\theta_2$$

$$c_{44} = -m_c l^2 \dot{\theta}_2 \cos\theta_s \sin\theta_2 + m_c l \dot{l} \cos^2\theta_2$$

$$c_{45} = -m_c l^2(\dot{\theta}_s \cos\theta_1 \cos^2\theta_2 + \dot{\theta}_1 \cos\theta_2 \sin\theta_2)$$

$$c_{51} = m_c l(\dot{x} \cos\theta_2 + x\dot{\theta}_s \sin\theta_1 \sin\theta_2 - l\dot{\theta}_s \cos^2\theta_1 \sin\theta_2 \cos\theta_2)$$
$$\qquad + m_c l^2 \dot{\theta}_1 \cos\theta_1 \cos^2\theta_2 + m_c l \dot{l} \sin\theta_1$$

$$c_{52} = m_c l \dot{\theta}_s \cos\theta_2, \quad c_{53} = m_c l \dot{\theta}_s \sin\theta_1$$

$$c_{54} = m_c l^2(\dot{\theta}_s \cos\theta_1 \cos^2\theta_2 + \dot{\theta}_1 \sin\theta_1 \cos\theta_2)$$

此外, 在本节中 $\tau_s(t)$, $F_x(t)$, $F_l(t)$ 表示的是合力矩/力, 分别定义为 $\tau_s \triangleq \tau_{sa} - \tau_{sf}$, $F_x \triangleq F_{xa} - F_{xf}$, $F_l \triangleq F_{la} - F_{lf}$, 其中 τ_{sa}, F_{xa}, F_{la} 表示驱动力矩/力, τ_{sf}, F_{xf}, F_{lf} 表示摩擦力矩/力。

　　类似地, 根据实际应用情况, 可进行如下假设[107-111]。

　　假设 5.1 吊绳是刚性的, 其质量与密度忽略不计。负载始终在悬臂下方摆动, 即 $-\pi/2 < \theta_1(t)$, $\theta_2(t) < \pi/2$, $t \geqslant 0$。

5.2　控制设计及稳定性分析

　　在应用时, 即便系统的精确非线性模型已由式(5.1)～ 式(5.5) 给出, 许多系统参数也往往难以精确已知。为此，本节将基于原始非线性动力学模型，通过设计控制输入 $\tau_s(t)$, $F_x(t)$, $F_l(t)$，实现如下控制目标。

(1) 实现精准的悬臂定位、台车定位与绳长定位，使可驱动状态量 $\theta_s(t)$, $x(t)$, $l(t)$ 分别到达它们的期望目标 θ_{sd}, x_d, l_d，即 $\theta_s(t) \to \theta_{sd}$, $x(t) \to x_d$, $l(t) \to l_d$, $t \to \infty$。

(2) 实现负载摆动的有效抑制，即 $\theta_1(t) \to 0$, $\theta_2(t) \to 0$, $t \to \infty$。

(3) 实现未知负载质量的估计，即 $\tilde{m}_c(t) \to 0$, $t \to \infty$，其中，$\hat{m}_c$ 表示质量的估计值，而估计误差为 $\tilde{m}_c \triangleq m_c - \hat{m}_c$。

(4) 实现对吊绳长度的约束，使其在设定的安全范围 (l_m, l_M) 内变化，其中，l_m, $l_M \in \mathbb{R}^+$ 分别为设定的绳长上下界。

此外，为避免获得存在噪声的速度信号，在进行控制器设计之前，首先引入一个虚拟的弹簧滑块系统。该系统可用来生成替代速度信号的虚拟速度信号。所引入的系统如图 5.1 所示。

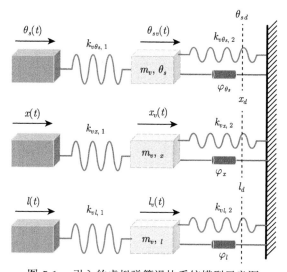

图 5.1　引入的虚拟弹簧滑块系统模型示意图

该弹簧滑块系统可由如下方程描述：

$$\begin{cases} m_{v,\theta_s}\ddot{\theta}_{sv} = -k_{v\theta_s,1}(\theta_{sv} - \theta_s) + k_{v\theta_s,2}(\theta_{sd} - \theta_{sv}) - \varphi_{\theta_s}\dot{\theta}_{sv} \\ m_{v,x}\ddot{x}_v = -k_{vx,1}(x_v - x) + k_{vx,2}(x_d - x_v) - \varphi_x\dot{x}_v \\ m_{v,l}\ddot{l}_v = -k_{vl,1}(l_v - l) + k_{vl,2}(l_d - l_v) - \varphi_l\dot{l}_v \end{cases} \tag{5.7}$$

其中，m_{v,θ_s}, $m_{v,x}$, $m_{v,l}$ 分别为虚拟滑块质量；$k_{v\theta_s,1}$, $k_{v\theta_s,2}$, $k_{vx,1}$, $k_{vx,2}$, $k_{vl,1}$, $k_{vl,2}$ 分别为虚拟弹簧劲度系数；φ_{θ_s}, φ_x, φ_l 分别为虚拟阻尼系数；θ_{sv}, x_v, l_v 分别

为虚拟滑块的位移。实际上，式(5.7)中的虚拟系统可以看作对应于实际系统状态变量的一个二阶滤波器。虚拟信号 θ_{sv}, x_v, l_v 可利用式(5.7)由如下微分方程动态生成：

$$\dot{\theta}_{sv} = \frac{1}{m_{v,\theta_s}}(\xi_{\theta_{sv}} - \varphi_{\theta_s}\theta_{sv}), \ \dot{\xi}_{\theta_{sv}} = -(k_{v\theta_s,1} + k_{v\theta_s,2})\theta_{sv} + k_{v\theta_s,1}\theta_s + k_{v\theta_s,2}\theta_{sd}$$

$$\dot{x}_v = \frac{1}{m_{v,x}}(\xi_x - \varphi_x x_v), \ \dot{\xi}_x = -(k_{vx,1} + k_{vx,2})x_v + k_{vx,1}x + k_{vx,2}x_d$$

$$\dot{l}_v = \frac{1}{m_{v,l}}(\xi_l - \varphi_l l_v), \ \dot{\xi}_l = -(k_{vl,1} + k_{vl,2})l_v + k_{vl,1}l + k_{vl,2}l_d \tag{5.8}$$

定义 $\xi_{\theta_s}(t)$, $\xi_x(t)$, $\xi_l(t)$ 是辅助变量，且令 $\xi_i(0) = 0(i = \theta_s, \ x, \ l), \theta_{sv}(0) = 0$, $x_v(0) = 0$, $l_v(0) = l(0)$。

引入的虚拟系统(5.7)的能量可描述为如下表达式：

$$E_v = \frac{1}{2}\Big(m_{v,\theta_s}\dot{\theta}_{sv}^2 + m_{v,x}\dot{x}_v^2 + m_{v,l}\dot{l}_v^2 + k_{v\theta_s,1}(\theta_{sv} - \theta_s)^2 + k_{v\theta_s,2}(\theta_{sd} - \theta_{sv})^2$$

$$+ k_{vl,1}(l_v - l)^2 + k_{vl,2}(l_d - l_v)^2 + k_{vx,1}(x_v - x)^2 + k_{vx,2}(x_d - x_v)^2 \Big) \tag{5.9}$$

利用虚拟系统的能量(5.9)构造如下标量函数：

$$E = \frac{1}{2}\dot{q}^{\mathrm{T}} M_t \dot{q} + m_c gl(1 - \cos\theta_1 \cos\theta_2) + E_v \tag{5.10}$$

对式(5.10)求导，并代入式(5.1)~式(5.5)、式(5.7)和式(5.9)，得

$$\dot{E} = \tau_s\dot{\theta}_s + F_x\dot{x} + (F_l + m_c g)\dot{l} + \dot{E}_v$$

$$= (\tau_s - k_{v\theta_s,1}(\theta_{sv} - \theta_s))\dot{\theta}_s + (F_x - k_{vx,1}(x_v - x))\dot{x}$$

$$+ (F_l + m_c g - k_{vl,1}(l_v - l))\dot{l} - \varphi_{\theta_s}\dot{\theta}_{sv}^2 - \varphi_x\dot{x}_v^2 - \varphi_l\dot{l}_v^2 \tag{5.11}$$

于是，基于类能量函数(5.10)、(5.11)与相关的分析，本节提出了如下自适应输出反馈控制器：

$$\tau_s = -k_{p1}e_{\theta_s} + k_{v\theta_s,1}(\theta_{sv} - \theta_s) \tag{5.12}$$

$$F_x = -k_{p2}e_x + k_{vx,1}(x_v - x) \tag{5.13}$$

$$F_l = -k_{p3}e_l - y(l) + k_{vl,1}(l_v - l) - \hat{m}_c g \tag{5.14}$$

定义误差信号 e_{θ_s}, e_x, e_l 如下：

$$e_{\theta_s} = \theta_s - \theta_{sd}, \; e_x = x - x_d, \; e_l = l - l_d$$

虚拟信号 θ_{sv}, x_v, l_v 则是由式(5.8)通过积分操作动态生成的，k_l, $k_{pi} \in \mathbb{R}^+ (i = 1, 2, 3)$ 为控制增益，$\hat{m}_c$ 表示对质量的估计，其定义为

$$\hat{m}_c \triangleq \hat{m}_{cp} + \hat{m}_{cs}$$

引入的主估计量 $\hat{m}_{cp}$ 的更新律与辅助估计量 $\hat{m}_{cs}$ 表达式设计如下：

$$
\begin{cases}
\dot{\hat{m}}_{cp} = \dfrac{g\dot{l}}{k_{m1}}, \quad \hat{m}_{cs}(e_l) = k_{m2} \cdot \dfrac{\left(\displaystyle\int_0^t e_l(\rho)\mathrm{d}\rho\right)^2}{1 + \left(\displaystyle\int_0^t e_l(\rho)\mathrm{d}\rho\right)^2} \cdot e_l \\[4mm]
\hat{m}_c = \dfrac{g}{k_{m1}}(l - l(0)) + k_{m2} \cdot \dfrac{\left(\displaystyle\int_0^t e_l(\rho)\mathrm{d}\rho\right)^2}{1 + \left(\displaystyle\int_0^t e_l(\rho)\mathrm{d}\rho\right)^2} \cdot e_l
\end{cases}
\tag{5.15}
$$

其中，k_{m1}, $k_{m2} \in \mathbb{R}^+$ 为待调节的参数。同时，在控制器(5.14)中设计了如下绳长约束项：

$$y(l) = -k_l \frac{\dfrac{\arctan(l_M - l)}{1 + (l - l_m)^2} - \dfrac{\arctan(l - l_m)}{1 + (l_M - l)^2}}{\arctan^2(l - l_m)\arctan^2(l_M - l)} \cdot e_l^2 + \frac{2k_l e_l}{\arctan(l - l_m)\arctan(l_M - l)}$$

接下来，将通过如下定理分析论证所提控制器与参数更新律能够使闭环系统平衡点渐近稳定。

定理 5.1　所提控制器(5.12)~(5.14)使系统(5.1)~(5.5)在 $t \to \infty$ 时，可满足：
(1) 定位误差渐近收敛于 0，负载摆角渐近收敛于 0，即

$$e_{\theta_s}(t) \to 0, \; e_x(t) \to 0, \; e_l(t) \to 0, \; \theta_1(t) \to 0, \; \theta_2(t) \to 0$$

$$\dot{e}_{\theta_s}(t) \to 0, \; \dot{e}_x(t) \to 0, \; \dot{e}_l(t) \to 0, \; \dot{\theta}_1(t) \to 0, \; \dot{\theta}_2(t) \to 0, \; t \to \infty \tag{5.16}$$

(2) 质量估计误差渐近收敛于 0，即 $\tilde{m}_c(t) \to 0$, $t \to \infty$；
(3) 绳长约束在设定范围内，即 $0 < l_m < l(t) < l_M$, $t \geqslant 0$。

证明　将分两步对定理 5.1 进行证明。

第一步：证明系统状态量有界。应用式(5.10)，构造如下标量方程：

$$V = \frac{1}{2}\dot{\boldsymbol{q}}^{\mathrm{T}} M_t \dot{\boldsymbol{q}} + m_c gl(1 - \cos\theta_1 \cos\theta_2) + \frac{1}{2}k_{p1}e_{\theta_s}^2 + \frac{1}{2}k_{p2}e_x^2 + \frac{1}{2}k_{p3}e_l^2 + \frac{1}{2}k_{m1}\tilde{m}_{cp}^2$$

$$+ g\int_0^{e_l} \hat{m}_{cs}(\tau)\mathrm{d}\tau + \frac{k_l e_l^2}{\arctan(l - l_m)\arctan(l_M - l)}$$

$$+ \frac{1}{2}\Big(m_{v,\theta_s}\dot{\theta}_{sv}^2 + m_{v,x}\dot{x}_v^2 + m_{v,l}\dot{l}_v^2 + k_{v\theta_s,1}(\theta_{sv} - \theta_s)^2 + k_{v\theta_s,2}(\theta_{sd} - \theta_{sv})^2$$

$$+ k_{vl,1}(l_v - l)^2 + k_{vl,2}(l_d - l_v)^2 + k_{vx,1}(x_v - x)^2 + k_{vx,2}(x_d - x_v)^2 \Big) \quad (5.17)$$

为简化表示，定义 $\tilde{m}_{cp} \triangleq m_c - \hat{m}_{cp}$。令 $l(t) > 0$，可得

$$m_c gl(1 - \cos\theta_1 \cos\theta_2) \geqslant 0, \quad \frac{k_l e_l^2}{\arctan(l - l_m)\arctan(l_M - l)} \geqslant 0 \quad (5.18)$$

同时，定义 $\Delta(e_l) \triangleq g\int_0^{e_l} \hat{m}_{cs}(\tau)\mathrm{d}\tau$。若 $e_l > 0$，则 $\Delta(0) = 0$；若 $e_l > 0$，则由式(5.15)可知 $\frac{\partial\Delta}{\partial e_l} = \hat{m}_{cs}(e_l)g > 0$；若 $e_l < 0$，则 $\frac{\partial\Delta}{\partial e_l} < 0$。因此，$\Delta(e_l)$ 在 $e_l > 0$ 时递增，在 $e_l \leqslant 0$ 时递减，即 $\Delta = g\int_0^{e_l} \hat{m}_{cs}(\tau)\mathrm{d}\tau \geqslant 0$ 成立。于是，有 $V(t) \geqslant 0$，当且仅当所有的状态变量都在平衡点处时取等，因此 $V(t)$ 是正定的。

随后，求 $V(t)$ 的导数，并代入式(5.11)~式(5.15)，可得

$$\dot{V}(t) = \dot{\theta}_s(\tau_s + k_{p1}e_s - k_{v\theta_s,1}(\theta_{sv} - \theta_s)) + \dot{x}(F_x + k_{p2}e_x - k_{vx,1}(x_v - x))$$

$$+ \dot{l}(F_l + m_c g + y(l) + \hat{m}_{cs}g + k_{p3}e_l - k_{vl,1}(l_v - l)) + k_{m1}\tilde{m}_{cp}\dot{\tilde{m}}_{cp}$$

$$- \varphi_{\theta_s}\dot{\theta}_{sv}^2 - \varphi_x\dot{x}_v^2 - \varphi_l\dot{l}_v^2$$

$$= -\varphi_{\theta_s}\dot{\theta}_{sv}^2 - \varphi_x\dot{x}_v^2 - \varphi_l\dot{l}_v^2 \quad (5.19)$$

可以看出 $\dot{V}(t)$ 非正，且有如下结论：

$$V(t) \leqslant V(0)$$

令绳长的初始值满足 $0 < l_m \leqslant l(0) \leqslant l_M$，则有

$$0 \leqslant V(0) \leqslant +\infty \Longrightarrow V(t) \leqslant V(0) \leqslant +\infty \quad (5.20)$$

接下来，将通过反证法证明绳长 $l(t)$ 将始终在范围 (l_m, l_M) 内变化。假设连续变化的 $l(t)$ 有超出设定范围的趋势，由于初始长度在范围 $l_m < l(0) < l_M$ 内，

则一定存在一个时刻 $t' \in (0, +\infty)$ 使 $l(t') \to l_m^+$ 成立或使 $l(t') \to l_M^-$ 成立。于是，从式(5.17) 可推知

$$\lim_{t \to t'} \frac{k_l e_l^2}{\arctan(l - l_m) \arctan(l_M - l)} = +\infty \Longrightarrow \lim_{t \to t'} V(t) = +\infty$$

这与式(5.20)相矛盾。因此，绳长始终被约束在设定的范围内，即满足

$$0 < l_m < l < l_M \tag{5.21}$$

从式(5.17)和式(5.20)可进一步得到如下有界的结论：

$$e_{\theta_s}, \ e_x, \ e_l, \ \dot{\theta}_s, \ \dot{x}, \ \dot{l}, \ \dot{\theta}_1, \ \dot{\theta}_2 \in \mathcal{L}_\infty$$

$$\theta_{sv}, \ \dot{\theta}_{sv}, \ x_v, \ \dot{x}_v, \ l_v, \ \dot{l}_v \in \mathcal{L}_\infty, \ \tilde{m}_{cp} \in \mathcal{L}_\infty \Longrightarrow \hat{m}_{cp} \in \mathcal{L}_\infty \tag{5.22}$$

接着，为证明控制器(5.12)~(5.14)中的控制器 $\tau_s(t)$, $F_x(t)$, $F_l(t)$ 有界，依然需要

证明式(5.15)中的 $\hat{m}_{cs} \in \mathcal{L}_\infty$。显然地，$\dfrac{\left(\displaystyle\int_0^t e_l \mathrm{d}\rho\right)^2}{1 + \left(\displaystyle\int_0^t e_l \mathrm{d}\rho\right)^2} < 1$，则可结合式(5.22)中

的 $e_l \in \mathcal{L}_\infty$ 得

$$\hat{m}_{cs} \in \mathcal{L}_\infty \tag{5.23}$$

因此，由结论式(5.12)~式(5.14)、式(5.22)和式(5.23)，有如下有界的结论：

$$\tau_s, \ F_x, \ F_l \in \mathcal{L}_\infty \Longrightarrow \ddot{\theta}_s, \ \ddot{x}, \ \ddot{l}, \ \ddot{\theta}_1, \ \ddot{\theta}_2 \in \mathcal{L}_\infty$$

完成第一步的证明。

第二步：证明渐近稳定性。定义如下集合：

$$\mathcal{S} = \left\{ \theta_s, \ x, \ \theta_1, \ \theta_2, \ \dot{\theta}_s, \ \dot{x}, \ \dot{\theta}_1, \ \dot{\theta}_2 \mid \dot{V} = 0 \right\}$$

并定义 $\mathcal{M}$ 是 $\mathcal{S}$ 中的最大不变集，则在 $\mathcal{M}$ 中，有

$$\dot{\theta}_{sv} = 0, \ \dot{x}_v = 0, \ \dot{l}_v = 0 \Longrightarrow \ddot{\theta}_{sv} = 0, \ \ddot{x}_v = 0, \ \ddot{l}_v = 0$$

$$\Longrightarrow \theta_{sv} = \alpha_{q1}, \ x_v = \alpha_{q2}, \ l_v = \alpha_{q3} \tag{5.24}$$

其中，$\alpha_{q1}, \ \alpha_{q2}, \ \alpha_{q3} \in \mathbb{R}$ 为常数。对于引入的虚拟系统(5.7)，可推出如下等式：

$$\begin{cases} k_{v\theta_s,1}(\alpha_{q1} - \beta_{q1}) = k_{v\theta_s,2}(\theta_{sd} - \alpha_{q1}) \\ k_{vx,1}(\alpha_{q2} - \beta_{q2}) = k_{vx,2}(x_d - \alpha_{q2}) \\ k_{vl,1}(\alpha_{q3} - \beta_{q3}) = k_{vl,2}(l_d - \alpha_{q3}) \end{cases} \tag{5.25}$$

其中，定义常数 β_{q1}, β_{q2}, $\beta_{q3} \in \mathbb{R}$，且有

$$\theta_s = \beta_{q1}, \quad x = \beta_{q2}, \quad l = \beta_{q3} \tag{5.26}$$

于是，将式(5.12)~式(5.14)，式(5.24)~式(5.26) 代入式(5.1)~式(5.5)中，并经过整理，可得如下方程：

$$m_c \alpha_{q3}^2 \cos\theta_2 \sin\theta_1 \sin\theta_2 \dot{\theta}_1^2 + 2m_c \alpha_{q3}^2 \dot{\theta}_1 \dot{\theta}_2 \cos\theta_1 \sin^2\theta_2 - m_c \alpha_{q3}\alpha_{q2} \sin\theta_2 \cdot \dot{\theta}_2^2$$

$$- m_c \alpha_{q3}^2 \ddot{\theta}_1 \cos\theta_2 \cos\theta_1 \sin\theta_2 + \ddot{\theta}_2 \left(m_c \alpha_{q3}^2 \sin\theta_1 + m_c \alpha_{q3}\alpha_{q2} \cos\theta_2 \right)$$

$$= -k_{q1}(\alpha_{q1} - \theta_{sd}) \tag{5.27}$$

$$- m_c \alpha_{q3} \cos\theta_2 \sin\theta_1 \cdot \dot{\theta}_2^2 - 2m_c \alpha_{q3} \cos\theta_1 \sin\theta_2 \cdot \dot{\theta}_1 \dot{\theta}_2 - m_c \alpha_{q3} \cos\theta_2 \sin\theta_1 \cdot \dot{\theta}_1^2$$

$$- m_c \alpha_{q3} \sin\theta_1 \sin\theta_2 \cdot \ddot{\theta}_2 + m_c \alpha_{q3} \cos\theta_2 \cos\theta_1 \cdot \ddot{\theta}_1 = -k_{q2}(\alpha_{q2} - x_d) \tag{5.28}$$

$$- m_c \alpha_{q3} \cos^2\theta_1 \cdot \dot{\theta}_1^2 - m_c \alpha_{q3} \dot{\theta}_2^2 + m_c g \cos\theta_1 \cos\theta_2$$

$$= -k_{q3}(\alpha_{q3} - l_d) - y(\alpha_{q3}) + (\hat{m}_{cp} + \hat{m}_{cs})g \tag{5.29}$$

$$- 2m_c \alpha_{q3} \sin\theta_2 \cos\theta_2 \cdot \dot{\theta}_1 \dot{\theta}_2 + m_c \alpha_{q3} \cos^2\theta_2 \cdot \ddot{\theta}_1 + m_c g \cos\theta_2 \sin\theta_1 = 0 \tag{5.30}$$

$$m_c \alpha_{q3} \cos\theta_2 \sin\theta_2 \cdot \dot{\theta}_1^2 + m_c \alpha_{q3} \ddot{\theta}_2 + m_c g \cos\theta_1 \sin\theta_2 = 0 \tag{5.31}$$

其中，$k_{q1} = k_{p1}(k_{v\theta_s,1} + k_{v\theta_s,2})/k_{v\theta_s,1} + k_{v\theta_s,2}$，$k_{q2} = k_{p2}(k_{vx,1} + k_{vx,2})/k_{vx,1} + k_{vx,2}$，$k_{q3} = k_{p3}(k_{vl,1} + k_{vl,2})/k_{vl,1} + k_{vl,2}$。对式(5.27)和式(5.28)两边求积分可得

$$- m_c \alpha_{q3}^2 \cos\theta_1 \cos\theta_2 \sin\theta_2 \cdot \dot{\theta}_1 + \left(m_c \alpha_{q3}^2 \sin\theta_1 + m_c \alpha_{q3}\alpha_{q1} \cos\theta_2 \right) \dot{\theta}_2$$

$$= - k_1(\alpha_{q1} - \theta_{sd})t + \lambda_{q1} \tag{5.32}$$

$$- m_c \alpha_{q3} \sin\theta_2 \sin\theta_1 \cdot \dot{\theta}_2 + m_c \alpha_{q3} \cos\theta_2 \cos\theta_1 \cdot \dot{\theta}_1 = -k_2(\alpha_{q2} - x_d)t + \lambda_{q2} \tag{5.33}$$

其中，λ_{q1}, $\lambda_{q2} \in \mathbb{R}^+$ 为常数。如果 $\alpha_{q1} - \theta_{sd} \neq 0$ $(\alpha_{q2} - x_d \neq 0)$，则式(5.32)和式(5.33) 的等式左边在 $t \to +\infty$ 时趋于无穷，则与式(5.22) 中结论相矛盾。因此，由式(5.25) 和式(5.26) 可知

$$\alpha_{q1} - \theta_{sd} = 0, \ \alpha_{q2} - x_d = 0 \Longrightarrow \theta_s = \beta_{q1} = \alpha_{q1} = \theta_{sd}, \ x = \beta_{q2} = \alpha_{q2} = x_d \tag{5.34}$$

接下来，在式(5.28)的两边乘以 $\cos\theta_2/m_c$，并应用式(5.34) 得到如下公式：

$$\alpha_{q3} \cos^2\theta_2 \cos\theta_1 \cdot \ddot{\theta}_1 - \alpha_{q3} \sin\theta_2 \sin\theta_1 \cos\theta_2 \cdot \ddot{\theta}_2 - \alpha_{q3} \cos^2\theta_2 \sin\theta_1 \cdot \dot{\theta}_2^2$$

$$- 2\alpha_{q3} \cos\theta_1 \cos\theta_2 \sin\theta_2 \cdot \dot{\theta}_1 \dot{\theta}_2 - \alpha_{q3} \cos^2\theta_2 \sin\theta_1 \cdot \dot{\theta}_1^2 = 0 \tag{5.35}$$

同时，将式(5.30)式(5.31)的两边除以 m_c，并得到如下等式：

$$\begin{cases} \alpha_{q3} \cos^2\theta_2 \cdot \ddot{\theta}_1 = 2\alpha_{q3} \sin\theta_2 \cos\theta_2 \cdot \dot{\theta}_1 \dot{\theta}_2 - g \cos\theta_2 \sin\theta_1 \\ \alpha_{q3} \ddot{\theta}_2 = -\alpha_{q3} \cos\theta_2 \sin\theta_2 \cdot \dot{\theta}_1^2 - g \cos\theta_1 \sin\theta_2 \end{cases} \tag{5.36}$$

将式(5.36)代入式(5.35)，得

$$\sin\theta_1 \cos^2\theta_2 \left(g \cos\theta_1 \cos\theta_2 + \alpha_{q3} \dot{\theta}_1^2 \cos^2\theta_2 + \alpha_{q3} \dot{\theta}_2^2 \right) = 0 \implies \sin\theta_1 = 0 \tag{5.37}$$

利用 $\cos^2\theta_2 + \sin^2\theta_1 \equiv 1$ 与假设 5.1进一步得

$$\sin\theta_1 = 0 \implies \theta_1 = 0, \ \dot{\theta}_1 = 0, \ \ddot{\theta}_1 = 0 \tag{5.38}$$

接下来，将其代入式(5.34)和式(5.38)，并对式(5.32)两边求积分，得到

$$m_c \alpha_{q3} \alpha_{q1} \cos\theta_2 \cdot \dot{\theta}_2 = \lambda_{q1} \implies m_c \alpha_{q3} \alpha_{q1} \sin\theta_2 = \lambda_{q1} t + \lambda_{q3} \tag{5.39}$$

其中，$\lambda_{q3} \in \mathbb{R}^+$ 是个常数。若 $\lambda_{q1} \neq 0$，则从式(5.39)可得 $\lim\limits_{t \to +\infty} m_c \alpha_{q3} \alpha_{q1} \sin\theta_2 = +\infty$，这个结论与 $m_c \alpha_{q3} \alpha_{q1} \sin\theta_2 \in \mathcal{L}_\infty$ 相矛盾。于是，如下结论成立：

$$\lambda_{q1} = 0 \implies \sin\theta_2 = \lambda_{q3} \implies \dot{\theta}_2 = 0, \ \ddot{\theta}_2 = 0 \tag{5.40}$$

继续将式(5.38)和式(5.40)代入式(5.31)，得到如下结论：

$$m_c g \cos\theta_1 \sin\theta_2 = 0 \implies \theta_2 = 0 \tag{5.41}$$

此外，根据式(5.38)、式(5.40)和式(5.41) 中的结论，可将式(5.29)改写为

$$m_c g = -k_3(\alpha_{q3} - l_d) - y(\alpha_{q3}) + (\hat{m}_{cp} + \hat{m}_{cs})g \tag{5.42}$$

正如式(5.15)中的定义，如下等式成立：

$$k_{m2}(\alpha_{q3} - l_d)g \cdot \frac{(\alpha_{q3} - l_d)^2 t^2}{1 + (\alpha_{q3} - l_d)^2 t^2} = \gamma_q \tag{5.43}$$

其中，$\gamma_q \triangleq m_c g + k_3(\alpha_{q3} - l_d) + y(\alpha_{q3}) - \hat{m}_{cp} g$ 是一个常数。若 $l - l_d = \alpha_{q3} - l_d \neq 0$，则式(5.43)不成立，因为其等式左边是时变的，但右侧是一个常数。于是，便可从式(5.25)和式(5.26)推出

$$\alpha_{q3} - l_d = 0 \Longrightarrow l = \beta_{q3} = \alpha_{q3} = l_d \tag{5.44}$$

而从式(5.42)和式(5.44)，可进一步得到如下结论：

$$\hat{m}_c = \hat{m}_{cp} + \hat{m}_{cs} = m_c \tag{5.45}$$

综上，由式(5.22)、式(5.24)、式(5.34)、式(5.38)、式(5.40)、式(5.41)、式(5.44)和式(5.45) 可知，在不变集 $\mathcal{M}$ 中，有

$$e_{\theta_s} = 0, \quad e_x = 0, \quad e_l = 0, \quad \theta_1 = 0, \quad \theta_2 = 0, \quad \tilde{m}_c = 0$$

即在 $\mathcal{M}$ 中只含有闭环系统的平衡点，因而可直接应用 LaSalle 不变性原理[146] 得到如下渐近稳定的结论：

$$e_{\theta_s} \to 0, \quad e_x \to 0, \quad e_l \to 0, \quad \theta_1 \to 0, \quad \theta_2 \to 0, \quad \tilde{m}_c \to 0$$

于是完成第二步的证明。定理 5.1得证。   □

5.3　实验结果与分析

本节使用图 2.2中的塔式起重机实验平台进行实验验证。该实验台额外启用了驱动吊绳长度变化的电机 3 (100 W)，其内置编码器 5 (2500 PPR) 用于测量绳长的变化量。该平台的采样间隔为 5 ms。其余平台参数与第 2 章相同。

在后续的实验中，摩擦补偿由如下模型[147] 近似：$\tau_{sf} = f_{\tau1} \tanh(f_{\tau2}\dot{\theta}_s) + f_{\tau3}|\dot{\theta}_s|\dot{\theta}_s$，$F_{xf} = f_{x1} \tanh(f_{x2}\dot{x}) + f_{x3}|\dot{x}|\dot{x}$，$F_{lf} = f_{l1} \tanh(f_{l2}\dot{l}) + f_{l3}|\dot{l}|\dot{l}$，其中各参数通过辨识获得，分别为 $f_{\tau1} = 34.11$，$f_{\tau2} = 1$，$f_{\tau3} = 0.329$，$f_{x1} = 35.77$，$f_{x2} = 8000.11$，$f_{x3} = 90$，$f_{l1} = 38$，$f_{l2} = 2000$，$f_{l3} = 88$。基于此，进行了如下三组实验。

实验 1：定位消摆控制对比。首先，设定本组实验的实验条件。具体而言，初始条件与期望目标分别为 $\theta_s(0) = 0°$，$x(0) = 0$ m，$l(0) = 0.3$ m，$\theta_{sd} = 45°$，$x_d = 0.5$ m 及 $l_d = 0.5$ m；负载标称值为 $m_c = 1$ kg；吊绳长度的上下界设为 $l_m = 0.01$ m, $l_M = 1$ m。本组实验的实验结果如图 5.2～图 5.4 所示。

具体而言，在进行对比实验时，选用了经典的 LQR 控制方法作为对比方法。为得到 LQR 控制器，首先，利用近似关系 $\sin\theta_1 \approx \theta_1$，$\cos\theta_1 \approx 1$，$\sin\theta_2 \approx \theta_2$，$\cos\theta_2 \approx 1$，$\dot{\theta}_1^2 \approx 0$，$\dot{\theta}_2^2 \approx 0$ 对原始系统进行线性化近似，并得到三个解耦的子系统[107]，即悬臂转动运动子系统、台车平移运动子系统与吊绳长度变化子系统。为前两个子系统选取 $Q = \text{diag}\{10, 14, 150, 0\}$，$R = 0.01$，第三个子系统选取 $Q = \text{diag}\{10, 14\}$，$R = 0.01$，便可通过 MATLAB 控制系统工具箱

得到如下 LQR 控制器的控制增益: $\tau_s = -k_1 e_{\theta_s} - k_2 \dot{\theta}_s - k_3 \theta_2 - k_4 \dot{\theta}_2$, $F_x = -k_5 e_x - k_6 \dot{x} - k_7 \theta_1 - k_8 \dot{\theta}_1$, $F_l = -k_9 e_l - k_{10} \dot{l} - m_c g$, $k_1 = 31.6$, $k_2 = 51.8$, $k_3 = -109.9$, $k_4 = -8.8$, $k_5 = 31.6$, $k_6 = 50.5$, $k_7 = -112.1$, $k_8 = -4.8$, $k_9 = -31.6$, $k_{10} = -38.3$。而经过调参，所提控制器的控制增益及参数选取为 $k_{p1} = 35$, $k_{p2} = 86$, $k_{p3} = 220$, $k_{m1} = 0.4$, $k_{m2} = 0.15$, $k_l = 0.01$。同时，引入的虚拟系统的参数为 $m_{v,\theta_s} = m_{v,x} = m_{v,l} = 1$, $\varphi_{\theta_s} = \varphi_x = \varphi_l = 0.1$, $k_{v\theta_s,1} = 12$, $k_{vx,1} = 1.6$, $k_{vl,1} = 2$, $k_{v\theta_s,2} = 5$, $k_{vx,2} = 0.5$, $k_{vl,3} = 0.5$, $i = 1, 2, 3$。

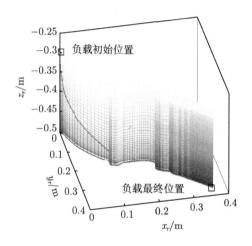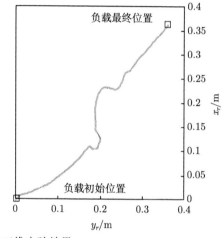

图 5.2　所提方法的三维实验结果

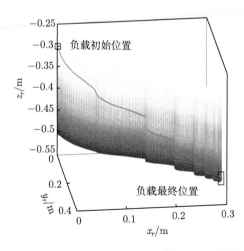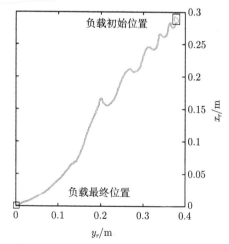

图 5.3　对比方法的三维实验结果

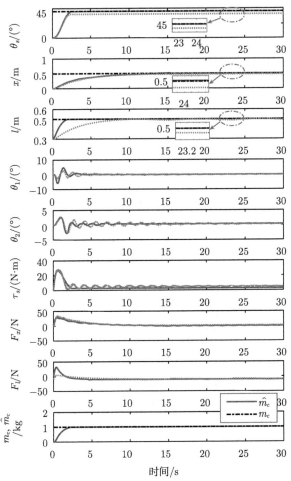

图 5.4　定位消摆对比实验结果 (实线：所提方法；虚线：对比方法；点划线：目标位置)

图 5.2 和图 5.3 是本组实验的三维实验结果，可直观地观测两种方法的消摆效果，其中，负载的运行轨迹由实线绘制，通过对比三维实验结果，能够明显地看出所提方法相较于对比方法具有良好的消摆性能。对应地，图 5.4 是实验曲线。可以看出，LQR 控制器本身对参数较为敏感，未能有效地消除定位误差，而所提方法实现了精准的定位。对于同一目标，所提方法绳长定位的响应时间 2 s 远小于对比方法 8 s。并且，对比方法在 30 s 后依然存在残余摆动，而所提控制器在5 s 内便有效地抑制了负载摆动，几乎无残余摆动。此外，所提方法通过自适应律准确地辨识出了负载的标称值。

实验 2：改变负载质量。为进一步验证所提方法能够辨识未知负载质量这一结论，本组实验在实验 1 的实验条件的基础上更换了负载，并在未重新调参的情况下进行了实验。新负载质量的标称值为 $m_c = 1.5$ kg。本组实验的实验结果如图 5.5 所示。

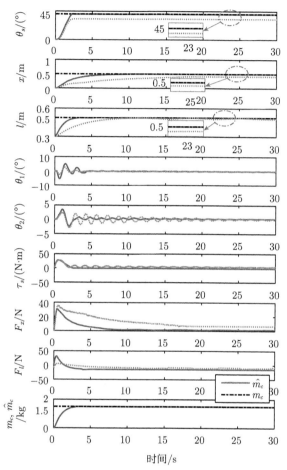

图 5.5　改变负载质量的实验结果 (实线：所提方法；虚线：对比方法；点划线：目标位置)

可以看出，由于 LQR 控制器对参数较为敏感，在更换了负载质量后，其结果呈现出了更剧烈的负载摆动与更明显的定位误差，而所提方法则可通过设计的自适应律，在控制的过程中实现对未知的负载质量进行估计与补偿。从结果上来看，所提方法依然能够准确地辨识出新的质量标称值，并且具有良好的定位与消摆性能。

实验 3：施加扰动。在本组实验中，分别给负载摆动施加非零的初始扰动与控制过程中的外部扰动。初始扰动如图 5.6 所示，即 $\theta_1(0) = 13.78°$，$\theta_2(0) = -16.99°$；外部扰动如图 5.7 所示，负载在 8 s 左右被人为推动，产生较大的摆幅。

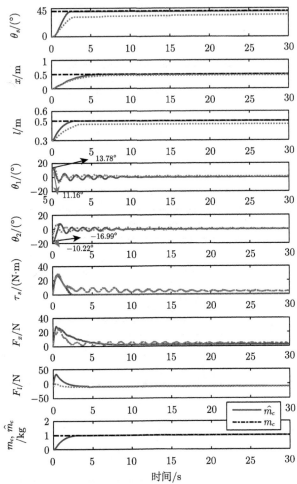

图 5.6　施加非零初始扰动的实验结果 (实线: 所提方法; 虚线: 对比方法; 点划线: 目标位置)

　　从实验结果中可以看出, 所提方法能够快速地消除初始扰动与外部扰动带来的影响, 不仅有效地抑制了残余摆动, 还实现了准确的定位, 并且在存在干扰的情况下依然能够准确地辨识出未知的负载质量。而对于对比方法而言, 施加的扰动极大地影响了其在定位与消摆方面的控制性能, 残余摆动更加明显。

　　综合三组实验结果, 验证了所提方法在定位精度、消摆效果、对扰动的鲁棒性以及对未知质量的辨识能力等方面具有良好的控制性能。

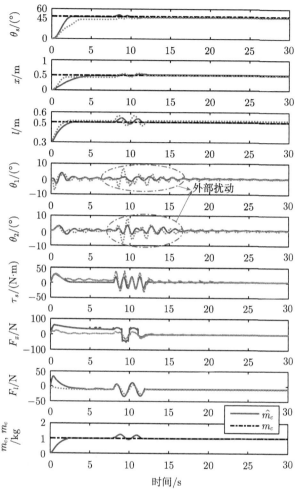

图 5.7　施加外部扰动的实验结果 (实线：所提方法；虚线：对比方法；点划线：目标位置)

5.4　本章小结

本章进一步考虑了三维空间塔式起重机器人负载升降的情况，即提出了一种未知参数自适应饱和输出反馈控制方法。具体而言，首先在固定绳长模型的基础上，给出了变绳长的塔式起重机器人完整的非线性动力学方程，并同样将其等效改写为紧凑的易于分析的形式。接下来，为可驱动变量引入了虚拟弹簧滑块系统，该系统可通过动态生成对应的虚拟信号，所生成的虚拟信号在控制器中替代了原始速度信号，这样一来便无须进行测速或差分操作。此外，针对未知的质量等参数，设计了一个自适应更新律与一个辅助估计项，实现了对未知重力补偿项的准确估计。同时，通过反证法证明了所提的约束项将吊绳长度限制在了给定的范围内。该方法最终也实现了闭环系统的渐近稳定。在实验中，通过对比实验与干扰实验，验证了所提方法在定位精度、消摆性能、鲁棒性等方面都优于对比方法，且成功地将绳长约束在了给定的安全范围内。

第 6 章 五自由度塔式起重机多目标最优轨迹规划

本章提出了一种考虑状态约束的五自由度塔式起重机多目标最优轨迹规划方法，首次实现了运输时间和系统能耗的 Pareto 最优，并可从理论上保证状态变量及其对应速度满足物理约束。

6.1 问 题 描 述

基于五自由度塔式起重机模型可知，当负载摆动较小时，利用 $\sin\theta \approx \theta$ 与 $\cos\theta \approx 1$ 处理系统动力学模型，可将系统可驱动部分的动力学方程表示为

$$
\begin{aligned}
&\left((m_c + m_t)\, x^2 + m_c l^2 \left(\theta_1^2 + \theta_2^2\right) + 2 m_c x l \theta_1 + J\right) \ddot{\theta}_s \\
&- m_c l \ddot{x} \theta_2 + m_c x \ddot{l} \theta_2 - m_c l^2 \theta_2 \ddot{\theta}_1 \\
&+ m_c l \left(x + l\theta_1\right) \ddot{\theta}_2 + 2 \left(m_c + m_t\right) x \dot{x} \dot{\theta}_s + 2 m_c l x \dot{\theta}_s \dot{\theta}_1 + (2 m_c l \theta_2^2 \\
&+ 2 m_c l \theta_1^2 + 2 m_c x \theta_1) \dot{l} \dot{\theta}_s \\
&+ (2 m_c x l + 2 m_c l^2 \theta_1) \dot{\theta}_s \dot{\theta}_1 - 2 m_c l \dot{l} \dot{\theta}_1 \theta_2 + (2 m_c l^2 \theta_2 - 2 m_c x l \theta_1 \theta_2) \dot{\theta}_s \dot{\theta}_2 \\
&+ (2 m_c l \theta_1 + 2 m_c x) \dot{l} \dot{\theta}_2 \\
&+ m_c l^2 \dot{\theta}_1^2 \theta_1 \theta_2 + 2 m_c l^2 \dot{\theta}_1 \dot{\theta}_2 \theta_2^2 - m_c l x \dot{\theta}_2^2 \theta_2 = \tau_s
\end{aligned}
\tag{6.1}
$$

$$
\begin{aligned}
&- m_c l \ddot{\theta}_s \theta_2 + (m_c + m_t) \ddot{x} + m_c l \ddot{\theta}_1 + m_c l \ddot{\theta}_1 - m_c l \theta_1 \theta_2 \ddot{\theta}_2 \\
&- (m_c l \theta_1 + (m_c + m_t) x) \dot{\theta}_s^2 \\
&- 2 m_c l \dot{\theta}_s \theta_2 - 2 m_c l \dot{\theta}_s \dot{\theta}_2 + 2 m_c l \dot{\theta}_1 - 2 m_c l \dot{\theta}_2 \theta_1 \theta_2 - 2 m_c l \dot{\theta}_1 \dot{\theta}_2 \theta_2 \\
&- m_c l \dot{\theta}_1^2 \theta_2 - m_c l \dot{\theta}_2^2 \theta_1 = F_x
\end{aligned}
\tag{6.2}
$$

$$
\begin{aligned}
&m_c x \ddot{\theta}_s \theta_2 + m_c \ddot{x} \theta_1 + m_c \ddot{l} - \left(m_c x \theta_1 + m_c l^2 \theta_1^2 + m_c l \theta_2^2\right) \dot{\theta}_s^2 + 2 m_c \dot{\theta}_s \dot{x} \theta_2 \\
&+ 2 m_c l \dot{\theta}_s \dot{\theta}_1 \theta_2 - 2 m_c l \dot{\theta}_s \dot{\theta}_2 \theta_1 - m_c l \dot{\theta}_2^2 - m_c l \dot{\theta}_1^2 + m_c g = F_l
\end{aligned}
\tag{6.3}
$$

式 (6.1)~式 (6.3) 分别用于描述悬臂旋转、台车平移以及绳长变化的动力学特性。此外，系统欠驱动部分的动力学方程可表示如下：

$$- m_c l^2 \theta_2 \ddot{\theta}_s + m_c l \ddot{x} + m_c l^2 \ddot{\theta}_1 - m_c l \left(x + l\theta_1 \right) \dot{\theta}_s^2 - 2m_c l i \dot{\theta}_s \theta_2$$

$$- 2m_c l^2 \dot{\theta}_s \theta_2 - 2m_c l^2 \dot{\theta}_1 \theta_2 \dot{\theta}_2 + 2m_c l i \dot{\theta}_1 + m_c g l \theta_1 = 0 \tag{6.4}$$

$$m_c l \left(x + l\theta_1 \right) \ddot{\theta}_s - m_c l \theta_1 \theta_2 \ddot{x} + m_c l^2 \ddot{\theta}_2 + 2m_c l \dot{x} \dot{\theta}_s + 2m_c l i \dot{\theta}_s \theta_1$$

$$+ m_c l \left(x\theta_1\theta_2 - l\theta_2 \right) \dot{\theta}_s^2 + 2m_c l^2 \dot{\theta}_s \theta_1 + 2m_c l i \dot{\theta}_2 + m_c l^2 \dot{\theta}_1^2 \theta_2 + m_c g l \theta_2 = 0 \tag{6.5}$$

式 (6.4) 和式 (6.5) 分别用于描述负载径向和切向的摆动。

五自由度塔式起重机的基本控制目标是实现悬臂、台车和绳长的精准定位，并同时有效消除负载摆动。在此基础上，需充分考虑状态变量的物理约束，以保证系统良好的暂态性能；此外，还需兼顾工作效率和系统能耗，实现综合最优。以上控制目标可总结为如下数学表达式。

(1) 为实现精准定位与有效消摆，需充分考虑状态变量及其速度的始末位置约束，即

$$\begin{cases} \theta_s(0) = \theta_{s0}, \ \dot{\theta}_s(0) = 0, \ \ddot{\theta}_s(0) = 0, \ x(0) = x_0, \ \dot{x}(0) = 0, \ \ddot{x}(0) = 0 \\ l(0) = l_0, \ \dot{l}(0) = 0, \ \ddot{l}(0) = 0, \ \theta_1(0) = \theta_2(0) = 0, \ \dot{\theta}_1(0) = \dot{\theta}_2(0) = 0 \\ \theta_s(T) = \theta_{sd}, \ \dot{\theta}_s(T) = 0, \ \ddot{\theta}_s(T) = 0, \ x(T) = x_d, \ \dot{x}(T) = 0, \ \ddot{x}(T) = 0 \\ l(T) = l_d, \ \dot{l}(T) = 0, \ \ddot{l}(T) = 0, \ \theta_1(T) = \theta_2(T) = 0, \ \dot{\theta}_1(T) = \dot{\theta}_2(T) = 0 \end{cases}$$
$$\tag{6.6}$$

其中，θ_{s0}, x_0, l_0 和 θ_{sd}, x_d, l_d 分别为悬臂、台车和绳长的初始位置和目标位置。

(2) 在运输过程中，考虑到控制输入的硬件限制，也需要对可驱动状态变量的速度和加速度进行合理约束，即

$$\begin{cases} |\dot{\theta}_s| \leqslant v_{\theta_s \max}, \ |\dot{x}| \leqslant v_{1\max}, \ |\dot{l}| \leqslant v_{2\max} \\ |\ddot{\theta}_s| \leqslant a_{\theta_s \max}, \ |\ddot{x}| \leqslant a_{1\max}, \ |\ddot{l}| \leqslant a_{2\max} \end{cases} \tag{6.7}$$

其中，$v_{\theta_s \max}$, $v_{1\max}$ 和 $v_{2\max}$ 分别为悬臂、台车和绳长的速度约束值；$a_{\theta_s \max}$, $a_{1\max}$ 和 $a_{2\max}$ 分别为悬臂、台车和绳长的加速度约束值。

(3) 实际应用中，考虑到过大的负载摆动会导致潜在危险，还需对摆动相关状态进行合理限制，即

$$|\theta_1| \leqslant \theta_{1\max}, \ |\theta_2| \leqslant \theta_{2\max}, \ |\dot{\theta}_1| \leqslant v_{\theta_1\max}, \ |\dot{\theta}_2| \leqslant v_{\theta_2\max} \tag{6.8}$$

其中，$\theta_{1\max}$ 和 $\theta_{2\max}$ 分别表示负载摆角的最大允许值；$v_{\theta_1\max}$ 和 $v_{\theta_2\max}$ 分别表示最大允许的负载摆动速度。

(4) 为了提高工作效率并降低能耗，运输时间 T 和系统能耗 $E = |\tau_s\dot\theta_s| + |F_x\dot x| + |F_l\dot l|$ 均需尽可能地小。

因此，可以将控制目标 (6.6)~(6.8) 总结为如下多目标优化问题：

$$\begin{cases} \min\ T\ \text{和}\ E \\ \text{s.t. 式(6.6)} \sim \text{式(6.8)} \end{cases} \tag{6.9}$$

通过求解该多目标优化问题，可在满足系统物理约束的基础上，实现运输时间和能耗的综合最优，后续将进行详细的讨论。

6.2　考虑状态约束的多目标最优轨迹规划

为利用动力学耦合关系设计系统的微分平坦输出，可用如下信号表示负载位置：

$$a = x\cos\theta_s + l\theta_1\cos\theta_s - l\theta_2\sin\theta_s \tag{6.10}$$

$$b = x\sin\theta_s + l\theta_1\sin\theta_s + l\theta_2\cos\theta_s \tag{6.11}$$

其中，a 和 b 分别为负载在 X 轴和 Y 轴方向的近似坐标位置 (图 6.1)。联立式 (6.10) 和式 (6.11)，可将 θ_1 和 θ_2 表示为

$$\theta_1 = \frac{1}{l}\left(a\cos\theta_s + b\sin\theta_s - x\right), \quad \theta_2 = \frac{1}{l}\left(b\cos\theta_s - a\sin\theta_s\right) \tag{6.12}$$

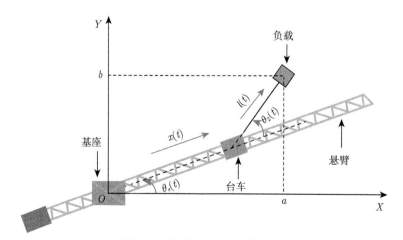

图 6.1　塔式起重机模型俯视图

进一步地，可算得 a 和 b 的二阶导数如下：

$$\ddot{a} = \ddot{x}\cos\theta_s - 2\dot{x}\dot{\theta}_s\sin\theta_s - x\dot{\theta}_s^2\cos\theta_s - x\ddot{\theta}_s\sin\theta_s$$
$$+ \ddot{l}\theta_1\cos\theta_s + 2\dot{l}\dot{\theta}_1\cos\theta_s - 2\dot{l}\theta_1\sin\theta_s\dot{\theta}_s$$
$$+ l\ddot{\theta}_1\cos\theta_s - l\ddot{\theta}_2\sin\theta_s - 2l\dot{\theta}_1\dot{\theta}_s\sin\theta_s - \ddot{l}\theta_2\sin\theta_s - 2\dot{l}\dot{\theta}_2\sin\theta_s - 2l\dot{\theta}_2\dot{\theta}_s\cos\theta_s$$
$$- l\theta_1\ddot{\theta}_s\sin\theta_s - l\theta_1\dot{\theta}_s^2\cos\theta_s - 2\dot{l}\theta_2\cos\theta_s\dot{\theta}_s - l\theta_2\ddot{\theta}_s\cos\theta_s + l\theta_2\dot{\theta}_s^2\sin\theta_s \quad (6.13)$$

$$\ddot{b} = \ddot{x}\sin\theta_s + 2\dot{x}\dot{\theta}_s\cos\theta_s - x\dot{\theta}_s^2\sin\theta_s + s\ddot{\theta}_s\cos\theta_s$$
$$+ \ddot{l}\theta_1\sin\theta_s + 2\dot{l}\dot{\theta}_1\sin\theta_s + 2\dot{l}\theta_1\cos\theta_s\dot{\theta}_s$$
$$+ l\ddot{\theta}_1\sin\theta_s + l\ddot{\theta}_2\cos\theta_s + 2l\dot{\theta}_1\dot{\theta}_s\cos\theta_s + \ddot{l}\theta_2\cos\theta_s + 2\dot{l}\dot{\theta}_2\cos\theta_s - 2\dot{l}\theta_2\sin\theta_s\dot{\theta}_s$$
$$- 2l\dot{\theta}_2\dot{\theta}_s\sin\theta_s + l\theta_1\ddot{\theta}_s\cos\theta_s - l\theta_1\dot{\theta}_s^2\sin\theta_s - l\theta_2\ddot{\theta}_s\sin\theta_s - l\theta_2\dot{\theta}_s^2\cos\theta_s \quad (6.14)$$

将式 (6.13) 和式 (6.14) 分别与 $\cos\theta_s$ 和 $\sin\theta_s$ 相乘后再相加，可得

$$\ddot{a}\cos\theta_s + \ddot{b}\sin\theta_s = \ddot{x} - x\dot{\theta}_s^2 + \ddot{l}\theta_1 + l\ddot{\theta}_1 + 2\dot{l}\dot{\theta}_1 - 2\dot{l}\theta_2\dot{\theta}_s - 2l\dot{\theta}_2\dot{\theta}_s - l\theta_1\dot{\theta}_s^2 - l\theta_2\ddot{\theta}_s$$
$$(6.15)$$

同理，将式 (6.13) 和式 (6.14) 分别与 $\sin\theta_s$ 和 $\cos\theta_s$ 相乘后再相减，可得

$$\ddot{a}\sin\theta_s - \ddot{b}\cos\theta_s = -2\dot{x}\dot{\theta}_s - x\ddot{\theta}_s - l\ddot{\theta}_2 - \ddot{l}\theta_2 - 2\dot{l}\theta_1\dot{\theta}_s$$
$$- 2\dot{l}\dot{\theta}_1 - 2l\dot{\theta}_1\dot{\theta}_s - l\theta_1\ddot{\theta}_s + l\theta_2\dot{\theta}_s^2 \quad (6.16)$$

结合式 (6.3)、式 (6.4)、式 (6.15) 和式 (6.16)，经进一步计算，可消掉部分项得到如下数学关系式：

$$\ddot{a}\cos\theta_s + \ddot{b}\sin\theta_s = \left(\ddot{l} - g\right)\theta_1 \quad (6.17)$$

$$\ddot{a}\sin\theta_s - \ddot{b}\cos\theta_s = \left(g - \ddot{l}\right)\theta_2 \quad (6.18)$$

接下来，通过将式 (6.17) 和式 (6.18) 分别乘以 $\cos\theta_s$ 和 $\sin\theta_s$ 并结合式 (6.12)，可得 θ_s 的数学表达式如下：

$$\ddot{a}\cos\theta_s^2 + \ddot{a}\sin\theta_s^2 = (g - \ddot{l})(-\theta_1\cos\theta_s + \theta_2\sin\theta_s) \Longrightarrow \theta_s = \arccos\frac{\dfrac{l}{g - \ddot{l}}\ddot{a} + a}{x}$$
$$(6.19)$$

进而将式 (6.19) 代入式 (6.12) 得到如下关系式：

$$
\begin{cases}
\theta_1 = \dfrac{1}{l}\left(\dfrac{a\left(\dfrac{l}{g-l}\ddot{a}+a \right)}{x} + b\sin\left(\arccos \dfrac{\dfrac{l}{g-l}\ddot{a}+a}{x} \right) - x \right) \\[6mm]
\theta_2 = \dfrac{1}{l}\left(\dfrac{b\left(\dfrac{l}{g-l}\ddot{a}+a \right)}{x} - b\sin\left(\arccos \dfrac{\dfrac{l}{g-l}\ddot{a}+a}{x} \right) \right)
\end{cases}
\tag{6.20}
$$

至此，系统所有状态变量都可由微分平坦输出信号 a、b、x、l 和其导数表示，从而将简化后续优化过程。

根据式 (6.6)、式 (6.19) 和式 (6.20)，可将原始状态变量约束转化为相应的微分平坦输出约束，即

$$
\begin{cases}
x(0)=x_0,\ x^{(p)}(0)=0,\ l(0)=l_0,\ l^{(p)}(0)=0 \\[2mm]
a(0)=a_0,\ a^{(k)}(0)=0,\ b(0)=b_0,\ b^{(k)}(0)=0 \\[2mm]
x(T)=x_d,\ x^{(p)}(T)=0,\ l(T)=l_d,\ l^{(p)}(T)=0 \\[2mm]
a(T)=a_d,\ a^{(k)}(T)=0,\ b(T)=b_d,\ b^{(k)}(T)=0
\end{cases}
\tag{6.21}
$$

其中，$p=1,2,3$，$k=1,2,3,4$；$a_0=x_0\cos\theta_{s0}$，$b_0=x_0\sin\theta_{s0}$，$a_d=x_d\cos\theta_{sd}$ 和 $b_d=x_d\sin\theta_{sd}$ 分别表示负载的初始和目标位置。

此外，为确保平稳运送，还需对台车、吊绳及负载的速度和加速度进行合理限制，即

$$
\begin{cases}
|\dot{a}|,\ |\dot{b}| \leqslant v_{i\max},\ |\ddot{a}|,\ |\ddot{b}| \leqslant a_{i\max},\quad i=3,4 \\[2mm]
|x^{(3)}|,\ |l^{(3)}|,\ |a^{(3)}|,\ |b^{(3)}| \leqslant j_{i\max},\quad i=1,2,3
\end{cases}
\tag{6.22}
$$

其中，$v_{i\max}$、$a_{i\max}$ 和 $j_{i\max}$ 分别表示微分平坦输出速度、加速度及加加速度的上界值。

对于需要通过指定目标点序列的系统 (如机械臂等) 进行轨迹规划时，其通过各个目标点的时间间隔可直接作为优化变量来优化轨迹 [149–152]。然而，塔式起重机只有初始和目标位置是固定的，且其总运输时间作为优化目标之一，不能直接

作为优化变量，因此需要为塔式起重机器人合理构造足够多的优化变量，从而满足多目标同时优化的需求。

由于在优化过程中需兼顾运输时间和系统能耗，目标轨迹的形式需足够灵活，以便有较大的设计空间和足够多的优化变量。此外，为了保证系统运动的同步性，本节分别将微分平坦输出信号等分成 n 部分，并将每部分的持续时间 t_i ($i = 1, 2, \cdots, n$) 作为优化变量。以上处理可表示成如下数学表达式：

$$
\begin{cases}
a\left(\displaystyle\sum_{j=0}^{i} t_i\right) = \dfrac{(n-i)a_0 + i a_d}{n}, \quad b\left(\displaystyle\sum_{j=0}^{i} t_i\right) = \dfrac{(n-i)b_0 + i b_d}{n} \\[4mm]
x\left(\displaystyle\sum_{j=0}^{i} t_i\right) = \dfrac{(n-i)x_0 + i x_d}{n}, \quad l\left(\displaystyle\sum_{j=0}^{i} t_i\right) = \dfrac{(n-i)l_0 + i l_d}{n}
\end{cases}
\tag{6.23}
$$

其中，$t_0 = 0$。为了满足微分平坦输出的速度约束 (6.7) 和 (6.22)，可计算出优化变量 t_i 的下界值 $t_{\min}$ 为

$$
t_i \geqslant t_{\min} = \max\left\{\frac{x_d - x_0}{n v_{1\max}}, \frac{l_d - l_0}{n v_{1\max}}, \frac{a_d - a_0}{n v_{3\max}}, \frac{b_d - b_0}{n v_{4\max}}\right\}, \quad i = 1, 2, \cdots, n
\tag{6.24}
$$

考虑到 B 样条曲线具有诸多优点，如高度灵活性、良好的平滑性以及凸包性等[153]，为微分平坦输出 a, b, x 和 l 分别设计了如下 k_i ($i = 1, 2, 3, 4$) 阶 B 样条曲线：

$$
\begin{cases}
a^*(t) = \displaystyle\sum_{j=0}^{n+k_1-1} c_j B_{j,k_1}(t), \quad b^*(t) = \displaystyle\sum_{j=0}^{n+k_2-1} d_j B_{j,k_2}(t) \\[4mm]
x^*(t) = \displaystyle\sum_{j=0}^{n+k_3-1} e_j B_{j,k_3}(t), \quad l^*(t) = \displaystyle\sum_{j=0}^{n+k_4-1} f_j B_{j,k_4}(t)
\end{cases}
\tag{6.25}
$$

其中，$B_{j,k}(t)$ 是 B 样条曲线的基函数，其定义为[153]

$$
B_{j,k}(t) = \frac{t - u_j}{u_{j+k} - u_j} B_{j,k-1}(t) + \frac{u_{j+k+1} - t}{u_{j+k+1} - u_{j+1}} B_{j+1,k-1}(t)
$$

$$
B_{j,0}(t) = \begin{cases} 1, & u_j \leqslant t \leqslant u_{j+1} \\ 0, & \text{其他} \end{cases}, \quad j = 1, 2, \cdots, n + 2k - 1
$$

$\boldsymbol{u} = [u_0, u_1, \cdots, u_{n+2k}]$ 是待设计的节点向量，$\boldsymbol{c} = [c_1, c_2, \cdots, c_{n+k_1-1}]$，$\boldsymbol{d} = [d_1, d_2, \cdots, d_{n+k_2-1}]$，$\boldsymbol{e} = [e_1, e_2, \cdots, e_{n+k_3-1}]$ 和 $\boldsymbol{f} = [f_1, f_2, \cdots, f_{n+k_4-1}]$ 为待求解的控制点向量。

进一步地，根据式 (6.21) 中的约束条件可将节点向量设计如下：

$$\begin{cases} u_0 = u_1 = \cdots = u_{k_i} = 0 \\ u_{k_i+p} = \sum_{j=1}^{p} t_j \qquad\qquad , i = 1, 2, 3, 4;\ p = 1, 2, \cdots, n-1 \\ u_{n+k_i} = u_{n+k_i+1} = \cdots = u_{n+2k_i} = T \end{cases} \quad (6.26)$$

为使控制点向量有且仅有唯一解，通过分析微分平坦输出需满足的约束 (6.21) 和 (6.23)，a^*、b^*、x^* 和 l^* 的 B 样条曲线阶数分别选取为 $k_1 = k_2 = 9$, $k_3 = k_4 = 7$。

接下来，为求解 $\boldsymbol{c}$、$\boldsymbol{d}$、$\boldsymbol{e}$ 和 $\boldsymbol{f}$，需分别为每个控制点向量构建 $n + k_i$ ($i = 1, 2, 3, 4$) 个方程。具体而言，以求解 $\boldsymbol{c}$ 为例，由式 (6.23)、式 (6.25) 和式 (6.26) 可得如下 $n+1$ 个方程：

$$a^*(u_{i+k}) = \sum_{j=i}^{i+k} B_{j,k}(u_{i+k})c_j = \frac{(n-i)a_0 + ia_d}{n}, \quad i = 0, 1, 2, \cdots, n \quad (6.27)$$

此外，根据式 (6.21) 中 $\dot{a}^*$、$\ddot{a}^*$、$a^{*(3)}$ 和 $a^{*(4)}$ 的边界条件，可得另外 $k_1 - 1$ 个方程。由于 B 样条曲线的第 r 阶导数可以表示如下[153]：

$$p^r(t) = \sum_{j=i-k+r}^{i} c_j^r B_{j,k-r}(t), \quad i = 0, 1, 2, \cdots, n$$

$$c_j^r = \begin{cases} c_j, & r = 0 \\ (k+1-r)\dfrac{c_j^{r-1} - c_{j-1}^{r-1}}{u_{j+k-r+1} - u_j}, & r > 0 \\ j = i-k+r, \cdots, i \end{cases} \quad (6.28)$$

故由式 (6.21) 可知

$$
\left\{
\begin{array}{l}
\dot{a}^*(0) = \displaystyle\sum_{j=k_1-k_1+1}^{k_1} c_j^1 B_{j,k_1-1}(u_{k_1}) = c_1^1 = 0 \\[3mm]
\dot{a}^*(T) = \displaystyle\sum_{j=n+k_1-1-k_1+1}^{n+k_1-1} c_j^1 B_{j,k_1-1}(u_{n+k_1}) = c_{n+k_1-1}^1 = 0 \\[3mm]
\ddot{a}^*(0) = \displaystyle\sum_{j=k_1-k_1+2}^{k_1} c_j^2 B_{j,k_1-2}(u_{k_1}) = c_2^2 = 0 \\[3mm]
\ddot{a}^*(T) = \displaystyle\sum_{j=n+k_1-1-k_1+2}^{n+k_1-1} c_j^2 B_{j,k_1-2}(u_{n+k_1}) = c_{n+k_1-1}^2 = 0 \\[3mm]
a^{*(3)}(0) = \displaystyle\sum_{j=k_1-k_1+3}^{k_1} c_j^3 B_{j,k_1-3}(u_{k_1}) = c_3^3 = 0 \\[3mm]
a^{*(3)}(T) = \displaystyle\sum_{j=n+k_1-1-k_1+3}^{n+k_1-1} c_j^3 B_{j,k_1-3}(u_{n+k_1}) = c_{n+k_1-1}^3 = 0 \\[3mm]
a^{*(4)}(0) = \displaystyle\sum_{j=k_1-k_1+4}^{k_1} c_j^4 B_{j,k_1-4}(u_{k_1}) = c_4^4 = 0 \\[3mm]
a^{*(4)}(T) = \displaystyle\sum_{j=n+k_1-1-k_1+4}^{n+k_1-1} c_j^4 B_{j,k_1-4}(u_{n+k_1}) = c_{n+k_1-1}^4 = 0
\end{array}
\right.
\tag{6.29}
$$

经计算，可由式 (6.28) 和式 (6.29) 解得

$$
c_0 = c_1 = \cdots = c_{n-1}, \quad c_{k_1} = c_{k_1+1} = \cdots = c_{n+k_1-1}
\tag{6.30}
$$

进一步地，将式 (6.23) 和式 (6.30) 写成矩阵形式，即

$$
C_N \boldsymbol{c} = \boldsymbol{P}
\tag{6.31}
$$

其中，$\boldsymbol{P} = [a_0, \ a_1, \ a_2, \ \cdots, \ a_n, \ 0, \ 0, \ \cdots, \ 0] \in \mathbb{R}^{n+k_1}$；$C_N \in \mathbb{R}^{(n+k_1)\times(n+k_1)}$ 的具体形式为

$$
C_N = \begin{bmatrix} \boldsymbol{C}_{N_1}, & \cdots, & \boldsymbol{C}_{N_p}, & \cdots, & \boldsymbol{C}_{N_{n+1}}, & \cdots, & \boldsymbol{C}_{N_q}, & \cdots, & \boldsymbol{C}_{N_r} \end{bmatrix}^{\mathrm{T}}
$$

$$
\boldsymbol{C}_{N_1} = [1, \ 0, \ 0, \ \cdots, \ 0]^{\mathrm{T}}
$$

$$\boldsymbol{C}_{N_p} = \begin{bmatrix} \boldsymbol{0}_{(p-1)} \\ B_{p-1,k_1}(u_{k_1+p-1}) \\ B_{p,k_1}(u_{k_1+p-1}) \\ \vdots \\ B_{p+k_1-2,k_1}(u_{k_1+p-1}) \\ \boldsymbol{0}_{(n-p+1)} \end{bmatrix}, \quad \boldsymbol{C}_{N_{n+1}} = \begin{bmatrix} 0 \\ 0 \\ \vdots \\ 0 \\ 1 \end{bmatrix}$$

$$\boldsymbol{C}_{N_q} = \begin{bmatrix} 1 \\ \boldsymbol{0}_{(q_0)} \\ -1 \\ 0 \\ \vdots \\ 0 \end{bmatrix}, \quad \boldsymbol{C}_{N_r} = \begin{bmatrix} 0 \\ \vdots \\ 0 \\ -1 \\ \boldsymbol{0}_{(r_0)} \\ 1 \end{bmatrix}$$

$$p,q,r,q_0,r_0 \in N, \quad q_0 = q - n - 2, \quad r_0 = r - n - \frac{k_1 + 3}{2}, \quad p \in [2,n]$$

$$q \in \left[n+2, n + \frac{(k_1+1)}{2}\right], \quad r \in \left[n + \frac{k_1+3}{2}, n + k_1\right]$$

因此，根据式 (6.25)~ 式 (6.27) 和式 (6.31)，可通过如下方程求得控制点向量 $\boldsymbol{c}$：

$$\boldsymbol{c} = C_N^{-1} \boldsymbol{P} \tag{6.32}$$

其中，控制点向量 $\boldsymbol{c}$ 中包含待求解的优化变量 $t_1, t_2, \cdots, t_n$，将用于后续的多目标优化过程。此外, $\boldsymbol{d}$、$\boldsymbol{e}$ 和 $\boldsymbol{f}$ 也可用类似方式求得。则结合式 (6.19)、式 (6.20) 和式 (6.25)，可得剩余状态变量轨迹：

$$\begin{cases} \theta_s{}^* = \arccos \dfrac{\dfrac{l^*}{g - \ddot{l}^*}\ddot{a}^* + a^*}{x^*} \\[4mm] \theta_1^* = \dfrac{1}{l^*}\left(\dfrac{a^*\left(\dfrac{l^*}{g - \ddot{l}^*}\ddot{a}^* + a^*\right)}{x^*} - x^* + b^* \sin\left(\arccos \dfrac{\dfrac{l^*}{g - \ddot{l}^*}\ddot{a}^* + a^*}{x^*}\right)\right) \\[4mm] \theta_2^* = \dfrac{1}{l^*}\left(\dfrac{b^*\left(\dfrac{l^*}{g - \ddot{l}^*}\ddot{a}^* + a^*\right)}{x^*} - b^* \sin\left(\arccos \dfrac{\dfrac{l^*}{g - \ddot{l}^*}\ddot{a}^* + a^*}{x^*}\right)\right) \end{cases}$$

$$\tag{6.33}$$

至此，可将优化问题 (6.9) 重新建立如下：

$$\begin{cases} \min T = \sum_{i=1}^{n} t_i, \ E = \left|\tau_s^* \dot\theta_s^*\right| + \left|F_x^* \dot x^*\right| + \left|F_l^* \dot l^*\right| \\ \text{s.t. 式}(6.7)、\text{式}(6.8)、\text{式}(6.21)\text{和式}(6.22) \end{cases} \tag{6.34}$$

其中，τ_s^*、F_x^* 和 F_l^* 分别由将式 (6.1)~式 (6.3) 中的 a、b、x、l、τ_s、θ_1 和 θ_2 替换为规划轨迹 (6.25) 和 (6.33) 得到。为解决多目标优化问题 (6.34)，本节将改进文献 [154] 中的 NNI-A 以处理状态约束。相关定义及具体算法流程分别见表 6.1 及算法 6.1。

表 6.1   算法 6.1 中的参数定义

参数	物理意义
k	当前迭代次数
I_0	初始种群
n_0	抗体种群的初始大小
D_k	优势种群
n_d	优势种群的最大规模
L_k	活跃种群
n_l	活跃种群的最大规模
C_k	克隆种群
n_c	克隆种群的规模
R_k	重组和突变的群体
$K_{\max}$	最大代数
$D_{K_{\max}+1}$	最终近似 Pareto 最优集

接下来，将采用文献 [151] 中的模糊综合评判标准，通过模糊隶属度函数描述目标函数适应度因子，以评估解集 $D_{K_{\max}+1}$ 在运输时间和系统能耗方面的适应度。评判标准 f_{syn} 及模糊隶属度函数 $f_i(j)$ 定义如下：

$$f_{\text{syn}}(j) = \frac{f_1(j) + f_2(j)}{\max\{f_1(j) + f_2(j)\}}, \quad f_i(j) = \frac{S_{i\,\max} - S_i(j)}{S_{i\,\max} - S_{i\,\min}} \tag{6.35}$$

其中，$i = 1, 2$，$j = 1, 2, \cdots, n_d$；$S_i(j)$ 为 $D_{K_{\max}+1}$ 中第 j 个解的第 i 个目标函数值；$S_{i\,\max}$ 和 $S_{i\,\min}$ 分别为 S_i 的最大值与最小值。因此，根据算法 6.1 和评估标准 (6.35) 可以筛选出 Pareto 最优解集 $D_{K_{\max}+1}$ 中潜在的最优解，其具体取值将在 6.3 节中阐述。

算法 6.1 改进后的 NNI-A

输入：　$n, n_0, n_d, n_l, n_c, K_{\max}$

输出：　$D_{K_{\max}+1}$

1. 初始化：产生一个大小为 $n_0 \times n$ 的抗体种群 I_0，且其抗体满足约束条件 (6.7)、(6.8)、(6.21)、(6.22) 和 (6.24)。初始化 $D_0 = \varnothing$，$L_0 = \varnothing$，$C_0 = \varnothing$，$R_0 = \varnothing$ 以及 $k = 0$。

2. 更新优势种群：在 I_k 中根据优势抗体的定义识别出优势抗体，复制所有的优势抗体形成临时优势抗体种群（表示为 P_{k+1}）。如果 P_{k+1} 规模不大于 n_d，令 $D_{k+1} = P_{k+1}$。否则，计算 P_{k+1} 中所有个体的拥挤距离值，选择拥挤距离值较大的前 n_d 个个体组成 D_{k+1}。

3. 终止判断：如果 $k \geqslant K_{\max}$，输出 $D_{K_{\max}+1}$ 作为算法的输出结果并令更新 n_d 的值，算法结束；否则令 $k = k + 1$。

4. 非支配近邻选择：如果 D_k 规模不大于 n_l，令 $L_k = D_k$。否则，计算 D_k 中所有个体的拥挤距离值，选择拥挤距离较大的前 n_l 个个体组成 L_k。

5. 比例克隆：对 L_k 实施比例克隆得到克隆种群 C_k。

6. 重组和超变异：对 C_k 实施重组和超变异操作，产生 R_k。

7. 约束检验：如果 R_k 中存在个体不满足约束式 (6.7)、式 (6.8)、式 (6.21) 或式 (6.22)，则将其删掉。

8. 抗体种群整合：合并 R_k 和 D_k 组成抗体种群 I_k，转到第 2 步。

6.3　实验结果与分析

为验证所提方法的有效性和在不同工作条件下的适用性，本节将进行几组硬件实验。这里仍采用如图 2.2 所示的塔式起重机平台完成实验。在后续实验中，系统采样时间设置为 5 ms，负载质量设置为 $m_c = 1$ kg。

1. 对比实验结果

为了验证所提方法在消摆、暂态性能及能耗方面的优势，本节将所提方法分别与 LQR 方法及文献 [155] 中的轨迹规划方法进行对比。各状态始末位置与约束值设置如下：$\theta_{s0} = 30°$，$\theta_{sd} = 70°$，$x_0 = 0.2$ m，$x_d = 0.6$ m，$l_0 = 0.3$ m，$l_d = 0.5$ m，$v_{\theta_s \max} = 18°/s$，$a_{\theta_s \max} = 30°/s^2$，$\theta_{k \max} = 3°$，$v_{\theta_k \max} = 9°/s$，$v_{i \max} = 0.3$ m/s，$a_{i \max} = 0.3$ m/s² 以及 $j_{i \max} = 0.3$ m/s³，其中 $k = 1, 2$，$i = 1, 2, 3$。

对于所提方法，将利用 MATLAB 2015b 来运行优化算法。为了使优化过程中出现足够多的优势个体，保证 Pareto 最优解集 $D_{G_{\max}+1}$ 中个体的多样性，从而确保算法的效果及效率。经过调整优化，算法输入参数选取为 $n = 5$、$n_0 = 300$、$n_d = 30$、$n_l = 20$、$n_c = 100$ 及 $K_{\max} = 50$。变异操作采用了非一致性变异算子，突变概率值设定为 $p_m = 0.2$，其具体函数可表示为[156]

$$t_i^{k+1} = \begin{cases} t_i^k + \left(t_{i\max} - t_i^k\right) \cdot \left(1 - \text{rand}(\cdot)^{\left(1 - \frac{k}{K_{\max}}\right)^2}\right), & \text{rand}(\cdot) > 0.5 \\ t_i^k - \left(t_i^k - t_{i\min}\right) \cdot \left(1 - \text{rand}(\cdot)^{\left(1 - \frac{k}{K_{\max}}\right)^2}\right), & \text{rand}(\cdot) \leqslant 0.5 \end{cases}$$

$$i = 1, 2, \cdots, n, \quad k \in [0, K_{\max}), \quad k \in N$$

其中，t_i^k 为经第 k 次迭代后的第 i 个优化变量；$t_{i\max}$ 和 $t_{i\min}$ 分别为 t_i 的最大值和最小值。由算法 6.1 得到 Pareto 最优解集 $D_{G_{\max}+1}$ 后，根据评估标准 (6.35)，可得 $D_{G_{\max}+1}$ 中具有最高适应度的结果如下：

$$t_1 = 2.4843 \text{ s}, \ t_2 = 0.8000 \text{ s}, \ t_3 = 0.5489 \text{ s}, \ t_4 = 0.5388 \text{ s}, \ t_5 = 1.5656 \text{ s} \quad (6.36)$$

于是根据式 (6.25)、式 (6.26)、式 (6.32) 和式 (6.33)，可分别得到可驱动状态变量 θ_s、x 及 l 的规划轨迹 θ_s^*、x^* 和 l^*。

实验 1：与 LQR 方法对比。对于 LQR 方法，对塔式起重机动力学方程进行线性化处理后，可以得到三个线性子系统[157]，分别对应台车平移、悬臂旋转以及绳长变化。经过 MATLAB 计算，可得如下 LQR 控制器：

$$\tau_s = 31.6228(\theta_{sd} - \theta_s) - 52.1091\dot{\theta}_s + 107.8692\theta_2 + 10.7143\dot{\theta}_2$$

$$F_x = 31.6228(x_d - x) - 50.9192\dot{x} + 110.4327\theta_1 + 7.6269\dot{\theta}_1$$

$$F_l = 31.6228(l_d - l) - 36.9222\dot{l} + m_c g$$

其中，Q 分别选取为 $\text{diag}\{10, 14.5, 160, 0\}$, $\text{diag}\{10, 14.5, 155, 0\}$ 与 $\text{diag}\{10, 13\}$，三个子系统的 R 均选取为 0.01。

实验结果分别如图 6.2 和图 6.3 所示，其中实线为实验结果，虚线为规划轨迹 (图 6.2) 或目标位置 (图 6.3)，点划线为状态约束值。可以看出两种方法均在 5 s 左右准确到达目标位置，而所提方法的控制性能明显优于 LQR 方法。

具体而言，在所提方法的控制下，负载运行非常平稳，几乎没有残余摆动，且所有状态变量及其对应速度都被限制在给定约束值内，从而保证了系统安全和良好的暂态性能。然而，LQR 方法的控制效果不太理想。负载摆角 θ_1 和 θ_2 以及负载摆角速度 $\dot{\theta}_1$ 和 $\dot{\theta}_2$ 都超出了约束值；此外，可看出负载存在明显的残余摆动，尤其是 θ_1。在实际应用中，这些结果将可能导致控制输入超出硬件限制，并造成安全隐患。此外，从图 6.2 和图 6.3 的功率曲线 P 中可以看出，所提方法在减少系统能耗上也存在明显优势。通过计算可得，所提方法总能耗为 3.1953 J，相比 LQR 方法的 5.1964 J 减少了约 39%，从而证明了所提方法在优化过程中兼顾系统能耗的有效性与必要性。

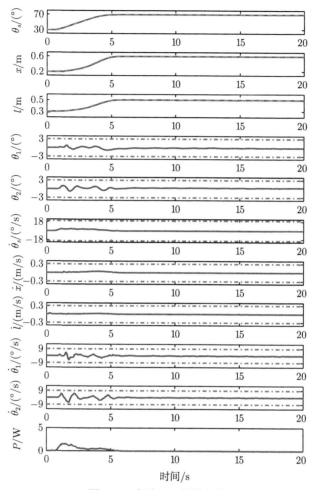

图 6.2　实验 1：所提方法

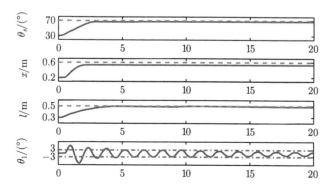

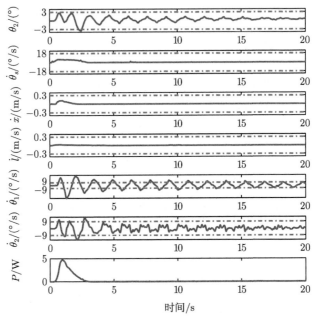

图 6.3　实验 1：LQR 方法

实验 2：与其他轨迹规划方法对比。因为尚无针对五自由度塔式起重机的轨迹规划方法，在此将所提方法应用至绳长固定的情形，与文献 [155] 中时间最优的轨迹规划方法作对比。各状态始末位置及约束值均与实验 1 中相同，所提规划轨迹将继续采用实验 1 中的优化结果 (只保留 θ_s^* 和 x^*)。

两种方法的实验结果分别如图 6.4 和图 6.5 所示，二者分别于 5.9377 s 与 6.1209 s 到达目标位置。可以看出两种方法在定位消摆和暂态性能方面均表现良好，而所提方法在到达时间更短的情况下，其能耗也明显少于文献 [155] 中的方法。经计算可得，所提方法总耗能为 3.0715 J，相比文献 [155] 中方法的 3.6798 J 减少了约 17%，验证了所提方法在节能方面的优越性。同时，该结果也表明所提方法同样适用于绳长固定的场景，且控制性能良好。

2. 不同工作条件下的实验结果

实验 3：参数变化。在实际应用中，可能存在负载质量难以测量或估计不准的情况。由式 (6.25) 和式 (6.33) 可知，所规划的轨迹中不涉及负载质量 m_c。因此，从理论层面来说，负载质量变化应对实验结果影响不大，即所提方法对于负载质量具有一定的鲁棒性。为了验证这一点，将负载质量从 1 kg 调整为 1.5 kg。控制器及其他系统参数与实验 1 相同。实验结果如图 6.6 所示，所有曲线走势都与图 6.2 相似，在负载质量增加的情况下，依旧实现了较低的能耗 (其数值为 3.5557 J)，验证了所提方法的控制性能基本不受负载质量变化的影响。

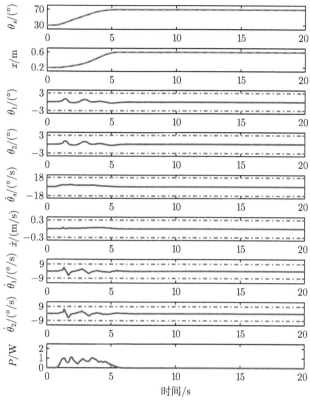

图 6.4　实验 2：所提方法

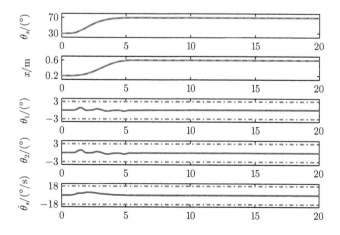

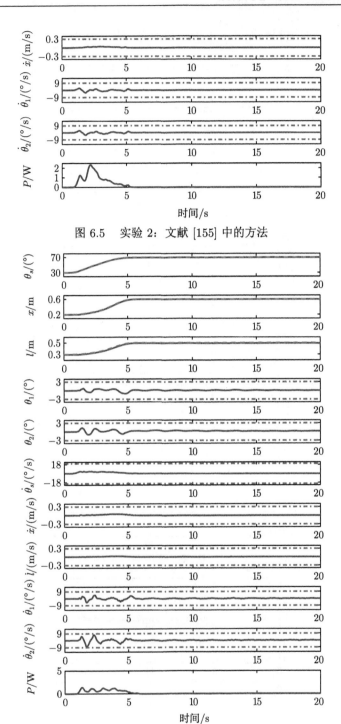

图 6.5　实验 2：文献 [155] 中的方法

图 6.6　实验 3：改变负载质量

实验 4：负载升吊。为了测试所提方法在不同工作条件下的工作性能，将考虑负载升吊的情形。台车、悬臂和绳长的初始及目标位置分别调整为 $x_0 = 0.1$ m，$x_d = 0.55$ m，$\theta_{s0} = 22.5°$，$\theta_{sd} = 67.5°$，$l_0 = 0.55$ m 及 $l_d = 0.4$ m。与之对应，悬臂速度约束 $v_{\theta_s \max}$ 调整为 $20°/s$，重新计算可得优化结果 $t_1 = 2.8000$ s，$t_2 = 0.5928$ s，$t_3 = 0.4564$ s，$t_4 = 0.4920$ s 及 $t_5 = 1.5511$ s。控制器、其他系统参数及约束值与实验 1 保持一致。实验结果如图 6.7 所示，在调整台车、悬臂和绳长的初始及目标位置后，所提方法仍可实现准确定位与有效消摆，所有状态变量及其速度都满足物理约束，且能量消耗较低 (其数值为 4.9319 J，与实验 1 相比，能耗由于台车、悬臂的目标变化量增大而略有增长)，验证了所提方法适用于不同工作要求。

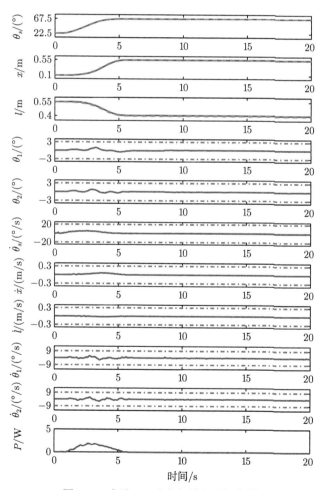

图 6.7　实验 4：改变初始和目标位置

6.4　本 章 小 结

　　本章为五自由度塔式起重机器人设计了一种多目标 Pareto 最优的轨迹规划方法。在巧妙构造出系统的微分平坦输出后，对原始 NNI-A 进行改进解决了多目标优化问题，从而可以在满足系统所有物理约束的基础上，同时减少运输时间与系统能耗，实现综合最优。最后，几组实际实验结果验证了所提方法的有效性。实验 1 进行了两组对比实验，通过分别与 LQR 及其他轨迹规划方法对比，验证了所提方法在消除负载摆动、暂态性能及能耗上的优势。实验 2 通过改变负载质量与始末位置，验证了所提方法可适用于不同工作要求。在未来的研究工作中，将继续尝试提高算法效率并优化方法，进一步提升控制系统的鲁棒性。

第三部分

桅杆式起重机器人智能控制

　　桅杆式起重机器人在路面维修、货物搬运、设备装配等领域均扮演着重要角色，并在实际工作过程中，展现出诸多令人满意的动态特性，包括高度的灵活性、良好的机动性、高效的吊运能力和较强的可操作性等。作为一种典型的非线性欠驱动系统，桅杆式起重机器人可以在三维空间内进行多自由度运动，包括吊臂的俯仰运动、旋转运动及缺少独立驱动的负载摆动，从而表现出复杂的动态特性。近年来，已有文献针对桅杆式起重机的控制问题进行了相关研究，其中不少方法选择将非线性模型线性化，却并不能保证状态变量偏离平衡点时，控制器仍然有效。一旦系统受到未知干扰，简化后的模型可能无法准确地反映其真实动态，降低控制性能。本书的研究目标是设计新型轨迹规划与非线性运动控制方法，使欠驱动桅杆式起重机在三维空间中稳定运行，并获得令人满意的控制效果。接下来将分别对本书第 7～9 章的研究内容进行详细描述。

　　就现有研究来看，大多方法主要关注的是吊臂定位精度与负载最终消摆效果。然而，着眼于实际应用需求，为进一步提升安全性和暂态性能，吊臂最大俯仰/旋转角、缺少独立控制输入的负载径向/切向摆角、对应的角速度和角加速度均应保持在指定范围内，以满足有限空间约束与驱动器饱和约束，确保稳定运输。例如，当欠驱动起重机工作于复杂环境中，一旦负载摆动过大，将极易与周围障碍物发生碰撞，带来安全隐患。因此，确保整个系统的暂态响应至关重要。遗憾的是，现有开环/闭环控制器难以在整个控制过程中完全满足状态变量 (特别是不可驱动变量) 的物理约束，并提供理论保证。

　　为了解决上述问题，第 7 章提出了一种新型最优时间轨迹规划器，它可以确保吊臂准确跟踪期望轨迹时，抑制负载摆动幅度，满足指定物理约束并有效吊运负载到达目标点。此外，一系列硬件实验也验证了所提轨迹规划方法的有效性。该方法的主要贡献如下：① 根据吊臂俯仰/旋转运动和负载摆动之间的非线性耦合关系，精心构造一组末端辅助信号，通过深入分析，可以利用末端辅助信号表示所有状态变量，从而将可驱动吊臂的轨迹规划问题成功转化为关于末端辅助信号的轨迹规划问题，基于此，便可面向此类末端辅助信号设计一组非线性最优参考轨迹，并间接计算出可驱动状态变量的参考轨迹，即使在某些特定的工作场景下 (如状态变量远离平衡点)，本书规划出的参考轨迹仍然适用；② 基于所提轨迹规划方案，除了完成准确的吊臂定位/抑制负载摆动，还可保证负载在三维空间中的物理约束条件 (包括位移速度、加速度、加加速度等)，以及所有待控变量的暂态性能 (包括吊臂俯仰/旋转角的幅度和角速度、负载最大摆角和角速度等)。

　　通常来讲，开环控制方法对外部干扰较为敏感，为实现有效的轨迹跟踪，还需进一步提高系统鲁棒性与抗干扰能力，将实时测量的反馈信息用于计算控制命令。然而，现有适用于桅杆式起重机器人的闭环控制方法中仍存在一些应用难题，亟待有效解决方案。例如，现有的闭环控制方法通过小角定理假设所有的状态变量都在平衡点附近，从而线性化桅杆式起重机器人的非线性动力学模型。并且，大多运动约束方法主要用于全驱动系统，使可驱动误差收敛到某一范围内，却很难直接应用于欠驱动系统以处理运动超调问题，要在控制过程中同时实现可驱动/非驱动变量的准确定位更是难上加难。特别是当选取不适合的控制增益时，严重的超调会使吊臂在目标位置附近来回摆动，增加碰撞风险及额外能耗。除此之外，当无法准确测量系统参数或参数随时间发生变化时 (如负载质量和摩擦系数)，控制器将难以对外界干扰作出及时反应，特别是不准确的重力补偿 (包括吊臂质量、基座配重质量、负载质量等) 很可能导致吊臂定位不准确，甚至在整个运输过程中引发危险碰撞。

基于上述问题，第 8 章通过对系统能量函数进行分析，在控制器中加入精心构造的耦合项以提高控制性能，且能够有效限制旋转超调。另外，此种控制方法不需要将起重机动力学模型线性化或者忽略特殊的非线性项，其闭环稳定性可通过 Lyapunov 方法和 LaSalle 不变性原理得到严格的理论证明。此外，基于硬件平台的实验结果也验证了此控制方法的可行性和有效性。特别地，为验证控制器鲁棒性，在实验中加入初始干扰和外界未知扰动，结果表明在上述两种环境下，控制器都可以实现吊杆的准确定位和负载的快速消摆。与现有研究相比，本书提出的方法具有以下优点/贡献：① 无需线性化初始的非线性动力学模型即可解决三维桅杆式起重机器人的定位消摆问题，并对闭环稳定性进行了严格的理论证明，即使在状态变量远离平衡点时，所提控制器仍能获得令人满意的吊运性能；② 精心设计了一组基于障碍函数的非线性约束项，从理论上保证整个过程中吊臂俯仰角和旋转角的超调量不会超过预设值；③ 利用自主搭建的桅杆式起重机实验平台进行了一系列实验测试，通过对比实验可知，所提方法具有更好的定位精度、消摆性能与鲁棒性。

随后，第 9 章提出了一种自适应消摆控制方法，在线估计摩擦系数和重力补偿等未知参数，实际作业过程中不断调整上述估计值，直到完全消除定位误差，保证桅杆式起重机器人达到预期的控制效果。利用 Lyapunov 方法和 LaSalle 不变性原理可以对闭环系统在平衡点附近的稳定性进行严格的理论证明。最后，通过多组实验验证说明了本书控制策略的有效性和鲁棒性。与现有研究相比，该方法具有以下优点/贡献：① 所提自适应消摆控制器在控制过程中不需要精确的模型知识，为了完全消除吊臂的稳态定位误差，设计了一种基于误差信号的可微饱和函数并引入参数更新律，在线辨识重力补偿项，处理摩擦不确定性，即使在系统参数发生变化时也能确保准确定位；② 基于桅杆式起重机初始动力学模型，所提方法未进行任何线性化操作或近似处理非线性耦合项，即使状态变量远离平衡位置，也能够确保闭环系统的渐近稳定性；③ 本书所提稳定性分析方法可在非线性系统参数未知的情况下严格证明不可驱动摆角的收敛性，为其他类似欠驱动机器人控制的理论分析提供一定的参考。

  本书第三部分的主要内容组织如下：第 7 章面向欠驱动桅杆式起重机器人提出了一种新的轨迹规划器，确保吊臂与负载的角度、速度与加速度均满足指定的物理约束；第 8 章考虑了三维桅杆式起重机的运动约束问题，并基于非线性模型分析定位误差的渐近稳定性；第 9 章针对未知摩擦系数与重力补偿设计了一种自适应控制方法，并利用理论与实验说明控制器的有效性。

第 7 章　三维桅杆式起重机最优轨迹规划与运动控制

本章提出了一种新型非线性时间最优轨迹规划方法，利用桅杆式起重机原始非线性动力学模型，为待控变量与负载三维坐标等末端信号规划合适的轨迹，从而使吊臂准确到达目标位置，有效抑制负载摆动。此外，状态变量 (角度、速度等) 也可被限制在指定范围内。

7.1　问 题 描 述

桅杆式起重机器人在惯性坐标系中的动力学模型如图 7.1 所示，对应的动力学方程表示如下[6]：

$$
\begin{aligned}
& ml^2(1+\theta_1^2)\ddot{\theta}_1 + ml^2\theta_1\theta_2\ddot{\theta}_2 + mlL(-\theta_1\sin\phi_1 + \cos\phi_1)\ddot{\phi}_1 \\
& - ml^2\theta_2\ddot{\phi}_2 + ml^2\theta_1\left(\dot{\theta}_1^2+\dot{\theta}_2^2\right) - mlL(\sin\phi_1+\theta_1\cos\phi_1)\dot{\phi}_1^2 \\
& - ml(l\theta_1 + L\sin\phi_1)\dot{\phi}_2^2 - 2ml^2\dot{\theta}_2\dot{\phi}_2 + mgl\theta_1 = 0 \quad\quad (7.1)
\end{aligned}
$$

$$
\begin{aligned}
& ml^2\theta_1\theta_2\ddot{\theta}_1 + ml^2(1+\theta_2^2)\ddot{\theta}_2 - mlL\theta_2\sin\phi_1\ddot{\phi}_1 + (ml^2\theta_1 + mlL\sin\phi_1)\ddot{\phi}_2 \\
& + ml^2\theta_2\left(\dot{\theta}_1^2+\dot{\theta}_2^2\right) - mlL\theta_2\cos\phi_1\dot{\phi}_1^2 - ml^2\theta_2\dot{\phi}_2^2 \\
& + 2ml^2\dot{\theta}_1\dot{\phi}_2 + 2mlL\dot{\phi}_1\dot{\phi}_2\cos\phi_1 + mgl\theta_2 = 0 \quad\quad (7.2)
\end{aligned}
$$

$$
\begin{aligned}
& mlL(\cos\phi_1 - \theta_1\sin\phi_1)\ddot{\theta}_1 - mlL\theta_2\sin\phi_1\ddot{\theta}_2 + (mL^2+I_y)\ddot{\phi}_1 - mlL\theta_2\cos\phi_1\ddot{\phi}_2 \\
& - mlL\sin\phi_1\left(\dot{\theta}_1^2+\dot{\theta}_2^2\right) - \left(\frac{1}{2}(I_x-I_z)\sin 2\phi_1 + mlL\theta_1\cos\phi_1 + \frac{1}{2}mL^2\sin 2\phi_1\right)\dot{\phi}_2^2 \\
& - 2mlL\dot{\theta}_2\dot{\phi}_2\cos\phi_1 - g\left(\frac{1}{2}ML + mL - \frac{1}{2}M_BL_B\right)\sin\phi_1 = u_1 \quad\quad (7.3)
\end{aligned}
$$

$$
\begin{aligned}
& - ml^2\theta_2\ddot{\theta}_1 + (ml^2\theta_1 + mlL\sin\phi_1)\ddot{\theta}_2 - mlL\theta_2\cos\phi_1\ddot{\phi}_1 \\
& + (mL^2(\sin\phi_1)^2 + ml^2\left(\theta_1^2+\theta_2^2\right) + 2mlL\theta_1\sin\phi_1 + I_x(\sin\phi_1)^2 + I_z(\cos\phi_1)^2 + I_b)\ddot{\phi}_2 \\
& + \left(mL^2\dot{\phi}_1\sin 2\phi_1 + 2ml^2\left(\theta_1\dot{\theta}_1 + \theta_2\dot{\theta}_2\right) + 2mlL\left(\dot{\theta}_1\sin\phi_1 + \theta_1\dot{\phi}_1\cos\phi_1\right)\right)
\end{aligned}
$$

$$+(I_x - I_z)\dot{\phi}_1 \sin 2\phi_1\Big)\dot{\phi}_2 + mlL\theta_2\dot{\phi}_1^2 \sin \phi_1 = u_2 \tag{7.4}$$

其中，$\phi_1(t)$, $\phi_2(t)$ 分别代表吊臂的俯仰、偏转角；$\theta_1(t)$, $\theta_2(t)$ 分别代表负载径向、切向摆角；L, l, L_B 分别代表吊臂、吊绳和配重的长度；M, m, M_B 分别代表吊臂、负载和配重的质量；I_b 代表配重的转动惯量；I_x, I_y, I_z 分别代表吊臂在三维坐标系中的转动惯量；$u_1(t)$, $u_2(t)$ 分别代表吊臂俯仰、偏转方向上的驱动力矩/力。对应地，吊臂末端的三维坐标可表示为

$$x_0 = L \sin \phi_1 \cos \phi_2, \quad y_0 = L \sin \phi_1 \sin \phi_2, \quad z_0 = L \cos \phi_1 \tag{7.5}$$

进一步地，负载三维坐标位置可表示为如下形式：

$$x = L \sin \phi_1 \cos \phi_2 + l\theta_1 \cos \phi_2 - l\theta_2 \sin \phi_2 \tag{7.6}$$

$$y = L \sin \phi_1 \sin \phi_2 + l\theta_1 \sin \phi_2 + l\theta_2 \cos \phi_2 \tag{7.7}$$

$$z = L \cos \phi_1 - l \cos \left(\sqrt{\theta_1^2 + \theta_2^2}\right) \tag{7.8}$$

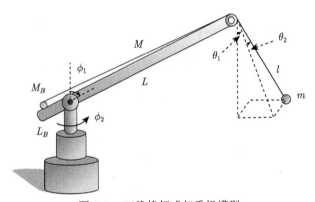

图 7.1　三维桅杆式起重机模型

经过一系列深入分析，不难得出一组末端信号，由负载的三维位置坐标 x, y, z 以及吊臂末端的纵坐标 y_0 组成，这组信号可有效表示吊臂俯仰角、偏转角和负载摆角。接下来，求解式 (7.6)~式 (7.8) 关于时间的二阶导数，可以得到 $\ddot{x}$, $\ddot{y}$, $\ddot{z}$ 的显式表达式如下[①]：

$$\ddot{x} = L\ddot{\phi}_1 C_1 C_2 - L\ddot{\phi}_2 S_1 S_2 - L\dot{\phi}_1^2 S_1 C_2 - L\dot{\phi}_2^2 S_1 C_2$$

$$- 2L\dot{\phi}_1\dot{\phi}_2 C_1 S_2 + l\ddot{\theta}_1 C_2 - l\ddot{\theta}_2 S_2 - 2l\dot{\theta}_1\dot{\phi}_2 S_2$$

---

① 为了简化运算，我们定义 $S_1 = \sin \phi_1$, $C_1 = \cos \phi_1$, $S_2 = \sin \phi_2$, $C_2 = \cos \phi_2$。

$$- 2l\dot{\theta}_2\dot{\phi}_2C_2 - l\theta_1\ddot{\phi}_2S_2 - l\theta_1\dot{\phi}_2^2C_2 - l\theta_2\ddot{\phi}_2C_2 + l\theta_2\dot{\phi}_2^2S_2 \tag{7.9}$$

$$\ddot{y} = L\ddot{\phi}_1C_1S_2 + L\ddot{\phi}_2S_1C_2 - L\dot{\phi}_1^2S_1S_2 - L\dot{\phi}_2^2S_1S_2$$

$$+ 2L\dot{\phi}_1\dot{\phi}_2C_1C_2 + l\ddot{\theta}_1S_2 + l\ddot{\theta}_2C_2 + 2l\dot{\theta}_1\dot{\phi}_2C_2$$

$$- 2l\dot{\theta}_2\dot{\phi}_2S_2 + l\theta_1\ddot{\phi}_2C_2 - l\theta_1\dot{\phi}_2^2S_2 - l\theta_2\ddot{\phi}_2S_2 - l\theta_2\dot{\phi}_2^2C_2 \tag{7.10}$$

$$\ddot{z} = - L\ddot{\phi}_1S_1 - L\dot{\phi}_1^2C_1 + l\dot{\theta}_1^2 + l\theta_1\ddot{\theta}_1 + l\dot{\theta}_2^2 + l\theta_2\ddot{\theta}_2 \tag{7.11}$$

对比式 (7.9) 和式 (7.10)，不难推导出如下等式：

$$\begin{cases} \ddot{x}C_2 + \ddot{y}S_2 = L\ddot{\phi}_1C_1 - L\dot{\phi}_1^2S_1 - L\dot{\phi}_2^2S_1 + l\ddot{\theta}_1 - 2l\dot{\theta}_2\dot{\phi}_2 - l\theta_1\dot{\phi}_2^2 - l\theta_2\ddot{\phi}_2 \\ \ddot{x}S_2 - \ddot{y}C_2 = -L\ddot{\phi}_2S_1 - l\ddot{\theta}_2 - 2l\dot{\theta}_1\dot{\phi}_2 - l\theta_1\ddot{\phi}_2 + l\theta_2\dot{\phi}_2^2 - 2L\dot{\phi}_1\dot{\phi}_2C_1 \end{cases}$$
$$\tag{7.12}$$

接下来，分别将 $\theta_1(t)$，$\theta_2(t)$ 与式 (7.11) 相乘，得到

$$\begin{cases} \theta_1\ddot{z} = -L\theta_1\ddot{\phi}_1S_1 - L\theta_1\dot{\phi}_1^2C_1 + l\theta_1\dot{\theta}_1^2 + l\theta_1^2\ddot{\theta}_1 + l\theta_1\dot{\theta}_2^2 + l\theta_1\theta_2\ddot{\theta}_2 \\ \theta_2\ddot{z} = -L\theta_2\ddot{\phi}_1S_1 - L\theta_2\dot{\phi}_1^2C_1 + l\theta_2\dot{\theta}_1^2 + l\theta_1\theta_2\ddot{\theta}_1 + l\theta_2\dot{\theta}_2^2 + l\theta_2^2\ddot{\theta}_2 \end{cases} \tag{7.13}$$

同时，将式 (7.13) 代入式 (7.1) 和式 (7.2)，可以得到下列等式：

$$l\ddot{\theta}_1 - l\theta_2\ddot{\phi}_2 + L\ddot{\phi}_1C_1 - L\dot{\phi}_1^2S_1 - l\theta_1\dot{\phi}_2^2 - L\dot{\phi}_2^2S_1 - 2l\dot{\theta}_2\dot{\phi}_2 + \theta_1\ddot{z} + g\theta_1 = 0 \tag{7.14}$$

$$l\ddot{\theta}_2 + l\theta_1\ddot{\phi}_2 + L\ddot{\phi}_2S_1 - l\theta_2\dot{\phi}_2^2 + 2l\dot{\theta}_1\dot{\phi}_2 + 2L\dot{\phi}_1\dot{\phi}_2C_1 + \theta_2\ddot{z} + g\theta_2 = 0 \tag{7.15}$$

基于上述分析，将式 (7.12)、式 (7.14) 和式 (7.15) 合并如下：

$$\ddot{x}C_2 + \ddot{y}S_2 = - \theta_1\ddot{z} - g\theta_1 \tag{7.16}$$

$$\ddot{x}S_2 - \ddot{y}C_2 = \theta_2\ddot{z} + g\theta_2 \tag{7.17}$$

基于式 (7.6) 和式 (7.7)，可以推导出如下等式：

$$\begin{cases} \theta_1 = \dfrac{1}{l}(yS_2 + xC_2 - LS_1) \\[2mm] \theta_2 = \dfrac{1}{l}(yC_2 - xS_2) \end{cases} \tag{7.18}$$

因此，将式 (7.16) 与 $\cos\phi_2(t)$ 相乘，式 (7.17) 与 $\sin\phi_2(t)$ 相乘，并将式 (7.18) 代入它们的和，可得

$$\ddot{x}S_2^2 + \ddot{x}C_2^2 = -\frac{\ddot{z}+g}{l}(xS_2^2 + xC_2^2) + \frac{\ddot{z}+g}{l}LS_1C_2$$

$$\implies \frac{\ddot{z}+g}{l}x + \ddot{x} = \frac{\ddot{z}+g}{l}LS_1C_2$$

$$\implies \left(\frac{\ddot{z}+g}{l}x + \ddot{x}\right)\tan\phi_2 = \frac{\ddot{z}+g}{l}L\sin\phi_1\sin\phi_2$$

$$\implies \left(\frac{\ddot{z}+g}{l}x + \ddot{x}\right)\tan\phi_2 = \frac{\ddot{z}+g}{l}y_0$$

$$\implies \phi_2 = \arctan\vartheta \tag{7.19}$$

其中

$$\vartheta = \frac{y_0}{x + \dfrac{l}{\ddot{z}+g}\ddot{x}}$$

随后，结合式 (7.5)、式 (7.18) 和式 (7.19)，不难得出

$$\theta_1 = \frac{1}{l}\left(y\sin\left(\arctan\vartheta\right) + x\cos\left(\arctan\vartheta\right) - \frac{y_0}{\sin\left(\arctan\vartheta\right)}\right) \tag{7.20}$$

$$\theta_2 = \frac{1}{l}\left(y\cos\left(\arctan\vartheta\right) - x\sin\left(\arctan\vartheta\right)\right) \tag{7.21}$$

$$\phi_1 = \arcsin\left(\frac{y_0}{\sin\left(\arctan\vartheta\right)}\right) \tag{7.22}$$

至此，桅杆式起重机器人的状态变量可用一组末端信号 x, y, z, y_0 表示，有效简化包含完整状态约束的轨迹规划问题。

7.2　基于非线性动态的最优轨迹规划

我们首先为所提末端信号设计时间最优轨迹，然后通过式 (7.19)～式 (7.22) 将规划出的轨迹转换成吊臂的期望轨迹。当吊臂沿着这些轨迹运动时，可在给定时间 $t_f = T$ 准确到达目标位置，并消除负载摆动。对应的末端信号约束如下[①]：

$$\begin{cases} x(0) = x_{d0}, \ x^{(p)}(0) = 0, \ y(0) = y_{d0}, \ y^{(p)}(0) = 0 \\ z(0) = z_{d0}, \ z^{(p)}(0) = 0, \ y_0(0) = y_{0d0}, \ y_0^{(k)}(0) = 0 \\ x(T) = x_d, \ x^{(p)}(T) = 0, \ y(T) = y_d, \ y^{(p)}(T) = 0 \\ z(T) = z_d, \ z^{(p)}(T) = 0, \ y_0(T) = y_{0d}, \ y_0^{(k)}(T) = 0 \end{cases} \tag{7.23}$$

---

① 为了约束与 x, z 四阶导数有关的吊臂俯仰、旋转方向上的加速度 $\ddot{\phi}_1$ 和 $\ddot{\phi}_2$，有必要在运输过程的初始和最终时刻将 x, y 和 z 的导数限制到四阶。

$$p = 1, 2, 3, 4, \quad k = 1, 2, 3 \tag{7.24}$$

其中，T 表示负载运输时间；x_{d0}，y_{d0}，z_{d0} 和 y_{0d0} 表示负载的初始三维位置和吊臂末端的初始纵坐标位置；x_d，y_d，z_d，y_{0d} 表示它们的目标位置。

实际上，这里构造的末端信号描述了三维笛卡儿空间中的吊臂末端和负载位移。相应地，它们的导数分别反映了吊臂末端和负载的线速度与加速度。因此，不等式组 (7.25) 所提供的状态约束对保证桅杆式起重机器人的稳定运输至关重要。此外，考虑到实际应用中的安全问题，三维关节空间中的输出信号与速度信号 (即吊臂俯仰/旋转角速度、负载摆角等) 也需要被限制在如式 (7.26) 所示的合理范围内，即

$$\begin{cases} |\dot{x}|,\ |\dot{y}|,\ |\dot{z}|,\ |\dot{y}_0| \leqslant v_{i\max},\ i = 1, 2, 3, 4 \\ |\ddot{x}|,\ |\ddot{y}|,\ |\ddot{z}|,\ |\ddot{y}_0| \leqslant a_{i\max},\ i = 1, 2, 3, 4 \\ |x^{(3)}|,\ |y^{(3)}|,\ |z^{(3)}|,\ |y_0^{(3)}| \leqslant j_{i\max},\ i = 1, 2, 3, 4 \end{cases} \tag{7.25}$$

$$\begin{cases} \theta_1,\ \theta_2 \leqslant \theta_{i\max},\ i = 1, 2 \\ |\dot{\theta}_1|,\ |\dot{\theta}_2| \leqslant \dot{\theta}_{i\max},\ i = 1, 2 \\ |\dot{\phi}_1|,\ |\dot{\phi}_2| \leqslant \dot{\phi}_{i\max},\ i = 1, 2 \\ |\ddot{\phi}_1|,\ |\ddot{\phi}_2| \leqslant \ddot{\phi}_{i\max},\ i = 1, 2 \end{cases} \tag{7.26}$$

其中，$v_{i\max}$，$a_{i\max}$，$j_{i\max}$ 分别表示所提末端信号的速度、加速度、加加速度约束；$\theta_{i\max}$ 和 $\dot{\theta}_{i\max}$ 分别表示负载径向/切向摆角及角速度的最大允许幅值；$\dot{\phi}_{i\max}$ 和 $\ddot{\phi}_{i\max}$ 分别表示吊臂俯仰/旋转角的角速度及角加速度的最大允许幅值。基于式 (7.23) 和式 (7.24) 中的状态约束以及 x，y，z 的几何约束，我们选择如下九阶多项式曲线来参数化负载的三维位置：

$$\begin{cases} x^*(t) = x_{d0} + (x_d - x_{d0}) \displaystyle\sum_{i=1}^{9} \alpha_i \tau^i \\ y^*(t) = y_{d0} + (y_d - y_{d0}) \left(\dfrac{x^*(t) - x_{d0}}{x_d - x_{d0}} \right) \\ z^*(t) = z_{d0} + (z_d - z_{d0}) \left(\dfrac{x^*(t) - x_{d0}}{x_d - x_{d0}} \right) \end{cases} \tag{7.27}$$

其中，$0 \leqslant t \leqslant T$ 和 $\tau = t/T$ 是关于时间的归一化参数。类似地，对 y_0 采用如下的七阶多项式曲线进行参数化表示：

$$y_0^*(t) = y_{0d0} + (y_{0d} - y_{0d0}) \sum_{i=1}^{7} \beta_i \tau^i \tag{7.28}$$

其中，α_i 和 β_i 是待确定的多项式系数。

紧接着，将式 (7.23) 代入式 (7.27) 和式 (7.28)，可计算出部分多项式系数，如下：

$$\alpha_1 = \alpha_2 = \alpha_3 = \alpha_4 = 0, \quad \beta_1 = \beta_2 = \beta_3 = 0 \tag{7.29}$$

因此，$x^*(t)$，$y^*(t)$，$z^*(t)$ 的四阶导数与 $y_0^*(t)$ 的三阶导数可重新表示为如下形式：

$$\begin{cases} x^{*(r)}(t) = (x_d - x_{d0}) \displaystyle\sum_{i=5}^{9} \alpha_i \frac{i!}{(i-r)!} \left(\frac{1}{T}\right)^r \tau^{i-r} \\[3mm] y^{*(r)}(t) = (y_d - y_{d0}) \dfrac{x^{*(r)}(t)}{x_d - x_{d0}} \\[3mm] z^{*(r)}(t) = (z_d - z_{d0}) \dfrac{x^{*(r)}(t)}{x_d - x_{d0}} \\[3mm] y_0^{*(r)}(t) = (y_{0d} - y_{0d0}) \displaystyle\sum_{i=4}^{7} \beta_i \frac{i!}{(i-r)!} \left(\frac{1}{T}\right)^r \tau^{i-r} \end{cases} \tag{7.30}$$

其中，$r = 1, 2, 3, 4$。进一步地，将式 (7.24) 代入式 (7.30)，可以得到关于 $x^{*(r)}(t)$ 和 $y_0^{*(r)}(t)$ 的两组线性方程，解方程可得

$$\begin{cases} \alpha_5 = 126, \ \alpha_6 = -420, \ \alpha_7 = 540, \ \alpha_8 = -315, \ \alpha_9 = 70 \\ \beta_4 = 35, \ \beta_5 = -84, \ \beta_6 = 70, \ \beta_7 = -20 \end{cases} \tag{7.31}$$

此外，为了保证式 (7.25) 中末端信号的瞬态性能约束，我们首先将其导数改写为如下形式：

$$\dot{x}^*(t) = \frac{1}{T} \frac{\mathrm{d}x^*(\tau)}{\mathrm{d}\tau}, \ \ddot{x}^*(t) = \frac{1}{T^2} \frac{\mathrm{d}^2 x^*(\tau)}{\mathrm{d}\tau^2}, \ x^{*(3)}(t) = \frac{1}{T^3} \frac{\mathrm{d}^3 x^*(\tau)}{\mathrm{d}\tau^3}$$

$$\Longrightarrow \max_{t \in [0,T]} \left| x^{*(k)}(t) \right| = \frac{1}{T^k} \max_{\tau \in [0,1]} \left| \frac{\mathrm{d}^k x^*(\tau)}{\mathrm{d}\tau^k} \right|, \ \forall k = 1, 2, 3 \tag{7.32}$$

其次，考虑约束条件：

$$|\dot{x}^*| \leqslant v_{1\max}, \ |\ddot{x}^*| \leqslant a_{1\max}, \ |x^{*(3)}| \leqslant j_{1\max} \tag{7.33}$$

则待优化参数 T 必须满足下述不等式：

$$T \geqslant \max \left\{ \frac{1}{v_{1\max}} \max \left| \frac{\mathrm{d}x^*(\tau)}{\mathrm{d}\tau} \right|, \ \left(\frac{1}{a_{1\max}} \max \left| \frac{\mathrm{d}^2 x^*(\tau)}{\mathrm{d}\tau^2} \right| \right)^{\frac{1}{2}}, \right.$$

$$\left(\frac{1}{j_{1\max}} \max \left| \frac{\mathrm{d}^3 x^*(\tau)}{\mathrm{d}\tau^3} \right| \right)^{\frac{1}{3}} \right\} \tag{7.34}$$

由此可见，可以用类似于式 (7.32)~式 (7.34) 的方法来分析 y^*，z^*，y_0^*。因此，不难推导出 $T_l(T$ 的下界) 为

$$T_l = \max \left\{ \frac{1}{v_{1\max}} \max \left| \frac{\mathrm{d}x^*(\tau)}{\mathrm{d}\tau} \right|, \ \left(\frac{1}{a_{1\max}} \max \left| \frac{\mathrm{d}^2 x^*(\tau)}{\mathrm{d}\tau^2} \right| \right)^{\frac{1}{2}} \right.$$

$$\left(\frac{1}{j_{1\max}} \max \left| \frac{\mathrm{d}^3 x^*(\tau)}{\mathrm{d}\tau^3} \right| \right)^{\frac{1}{3}}, \ \frac{1}{v_{2\max}} \max \left| \frac{\mathrm{d}y^*(\tau)}{\mathrm{d}\tau} \right|$$

$$\left(\frac{1}{a_{2\max}} \max \left| \frac{\mathrm{d}^2 y^*(\tau)}{\mathrm{d}\tau^2} \right| \right)^{\frac{1}{2}}, \ \left(\frac{1}{j_{2\max}} \max \left| \frac{\mathrm{d}^3 y^*(\tau)}{\mathrm{d}\tau^3} \right| \right)^{\frac{1}{3}}$$

$$\frac{1}{v_{3\max}} \max \left| \frac{\mathrm{d}z^*(\tau)}{\mathrm{d}\tau} \right|, \ \left(\frac{1}{a_{3\max}} \max \left| \frac{\mathrm{d}^2 z^*(\tau)}{\mathrm{d}\tau^2} \right| \right)^{\frac{1}{2}}$$

$$\left(\frac{1}{j_{3\max}} \max \left| \frac{\mathrm{d}^3 z^*(\tau)}{\mathrm{d}\tau^3} \right| \right)^{\frac{1}{3}}, \ \frac{1}{v_{4\max}} \max \left| \frac{\mathrm{d}y_0^*(\tau)}{\mathrm{d}\tau} \right|$$

$$\left(\frac{1}{a_{4\max}} \max \left| \frac{\mathrm{d}^2 y_0^*(\tau)}{\mathrm{d}\tau^2} \right| \right)^{\frac{1}{2}}, \ \left(\frac{1}{j_{4\max}} \max \left| \frac{\mathrm{d}^3 y_0^*(\tau)}{\mathrm{d}\tau^3} \right| \right)^{\frac{1}{3}} \right\} \tag{7.35}$$

此外，还需要考虑的是，为了提高桅杆式起重机的工作效率，我们需要选择尽可能小的工作时间 T。基于式 (7.26)，考虑如下优化问题：

$$\begin{cases} \min T \\ \text{s.t.式 (7.26)} \end{cases} \tag{7.36}$$

本书引入了一种二分法来解决式 (7.36) 提出的优化问题，具体的解决方法在算法 7.1 中给出。其中，T_l，$T_m \in \mathbb{R}^+$ 表示待优化参数 T 的下界和上界，ϵ 为允许误差，用于判断优化过程是否完成。

最终，基于 $\alpha_1, \alpha_2, \cdots, \alpha_9, \beta_1, \beta_2, \cdots, \beta_7$ (见式 (7.29) 和式 (7.31)) 的计算值和最优时间 T^*，可以得到 x，y，z 和 y_0 的参考轨迹如下：

$$x^*(t) = \begin{cases} x_{d0} + (x_d - x_{d0}) \\ \cdot (126\tau^5 - 420\tau^6 + 540\tau^7 - 315\tau^8 + 70\tau^9), \ t \in [0, T^*] \\ x_d, \ t > T^* \end{cases} \tag{7.37}$$

$$
y^*(t) = \begin{cases} y_{d0} + (y_d - y_{d0}) \\ \quad \cdot (126\tau^5 - 420\tau^6 + 540\tau^7 - 315\tau^8 + 70\tau^9), \quad t \in [0, T^*] \\ y_d, \quad t > T^* \end{cases} \tag{7.38}
$$

$$
z^*(t) = \begin{cases} z_{d0} + (z_d - z_{d0}) \\ \quad \cdot (126\tau^5 - 420\tau^6 + 540\tau^7 - 315\tau^8 + 70\tau^9), \quad t \in [0, T^*] \\ z_d, \quad t > T^* \end{cases} \tag{7.39}
$$

$$
y_0^*(t) = \begin{cases} y_{0d0} + (y_{0d} - y_{0d0}) \\ \quad \cdot (35\tau^4 - 84\tau^5 + 70\tau^6 - 20\tau^7), \quad t \in [0, T^*] \\ y_{0d}, \quad t > T^* \end{cases} \tag{7.40}
$$

算法 7.1 求解优化问题

输入: T_l, T_m, $\theta_{1\max}$, $\theta_{2\max}$, $\dot{\theta}_{1\max}$, $\dot{\theta}_{2\max}$

1. $\dot{\phi}_{1\max}$, $\dot{\phi}_{2\max}$, $\ddot{\phi}_{1\max}$, $\ddot{\phi}_{2\max}$

输出: T^*

2. 重复

3. 设置 $T_d = (T_l + T_m)/2$

4. 如果无法满足式 (7.26) 中的约束, 那么

5. $T_l \longleftarrow T_d$

6. 否则

7. $T_m \longleftarrow T_d$

8. 结束条件语句

9. 直到 $|T_m - T_l| \leqslant \epsilon$

10. $T^* \longleftarrow T_d$

于是, 利用式 (7.19)~式 (7.22)可以得出

$$
\begin{cases} \theta_1^* = \dfrac{1}{l} \left(y^* \sin(\arctan \vartheta^*) + x^* \cos(\arctan \vartheta^*) - \dfrac{y_0^*}{\sin(\arctan \vartheta^*)} \right) \\[3mm] \theta_2^* = \dfrac{1}{l} \left(y^* \cos(\arctan \vartheta^*) - x^* \sin(\arctan \vartheta^*) \right) \\[3mm] \phi_1^* = \arcsin \left(\dfrac{y_0^*}{\sin(\arctan \vartheta^*)} \right) \\[3mm] \phi_2^* = \arctan \vartheta^* \end{cases} \tag{7.41}
$$

其中

$$\vartheta^* = \frac{y_0^*}{x^* + \dfrac{l}{\ddot{z}^* + g}\ddot{x}^*}$$

基于上述轨迹规划过程可知, 只要吊臂有效跟踪规划出的轨迹 (即式 (7.41) 中的 ϕ_1^* 和 ϕ_2^*), 就可以实现吊臂定位和负载消摆的目标。另外, 所提非线性轨迹规划方法还可以保证整个控制过程中状态变量和负载位移的暂态性能。

7.3　实验结果与分析

为了验证所提方法的有效性和可行性, 本章在自主搭建的桅杆式起重机硬件平台 (图 7.2) 上进行了两组硬件实验。

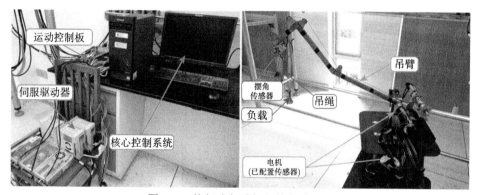

图 7.2　桅杆式起重机硬件实验平台

此平台包括一个主体机械部分、驱动装置、若干角度传感器和一个核心控制程序。主机可以通过由固高公司生产的运动控制板对桅杆式起重机器人进行有效控制, 运动控制板可以将角度和角速度信号从传感器传送到计算机上, 同时, 将控制信号输送到伺服电机上。此外, 机械部分中, 控制起重机的电机可以由驱动器 ESCON 70/10 进行驱动。具体来讲, 固定于基座上的电机 (Maxon RE50) 可以控制吊臂的俯仰运动, 另一位于吊臂转轴旁的电机 (Maxon RE40) 则用来控制其旋转运动。共有四个角度传感器用于测量吊臂和负载的相关旋转角度。其中, 吊臂的俯仰角和旋转角可由嵌入在伺服电机内的同轴编码器测量得到。负载通过一条钢丝绳悬挂在吊臂下方, 吊臂底侧的角度传感器可以测量吊绳的摆角, 进而获得负载小球的径向、切向角速度。所有在线控制算法都是基于 XP 系统中的 MATLAB/Simulink 2010b 平台完成的, 设定的采样区间为 5 ms。

首先, 为了充分验证所提最优轨迹规划方法的有效性, 实验 1 采用基于极不灵敏 (extra-insensitive, EI) 输入整形器的轨迹规划方法[158] 作为对比方法。其次,实验 2 通过改变系统参数和期望的吊臂俯仰/偏转角，来验证所提方法在不同工况下的适用性。此桅杆式起重机器人平台的参数如表 7.1 所示。

表 7.1   桅杆式起重机实验平台各参数取值

参数符号	取值	单位
M	2	kg
m	0.34	kg
M_B	4.8	kg
L	0.65	m
l	0.1	m
L_B	0.15	m
g	9.8	m/s^2

此外，选取吊臂的初始/最终位置如下：

$$\phi_1(0) = \frac{\pi}{6} \text{ rad}, \quad \phi_2(0) = \frac{\pi}{6} \text{ rad}, \quad \phi_{1d} = \frac{\pi}{4} \text{ rad}, \quad \phi_{2d} = \frac{\pi}{4} \text{ rad}$$

在实验中，设定的状态约束如下：

$$v_{i\max} = 0.5 \text{ m/s}, \ a_{i\max} = 0.5 \text{ m/s}^2, \ j_{i\max} = 0.5 \text{ m/s}^3, \quad i = 1, 2, 3, 4$$

$$\theta_{1\max} = \theta_{2\max} = 5°, \ \dot{\theta}_{1\max} = \dot{\theta}_{2\max} = 20°/\text{s}$$

$$\dot{\phi}_{1\max} = \dot{\phi}_{2\max} = 5°/\text{s}, \ \ddot{\phi}_{1\max} = \ddot{\phi}_{2\max} = 40°/\text{s}^2 \tag{7.42}$$

实验 1：经计算，可根据式 (7.35)、式 (7.41) 和算法 7.1 推导出状态变量的非线性最优期望轨迹，求得 $T^* = 6.8102$ s，并保证了吊臂俯仰/偏转角和负载位移的约束。基于 Windows 8 操作系统 (Intel i5-6400 处理器，8GB 内存)，在 MATLAB 2013a 中计算参考轨迹所用的时间约为 14.451 s。其中，ϕ_1 和 ϕ_2 的值由伺服电机上的两个角编码器测量。然后，这些角度信号通过运动控制板传送到主机。这里采用了 PD 控制器驱动吊臂跟踪期望轨迹，得到的控制输入如下：

$$u_1 = k_{p1}(\phi_1^* - \phi_1) + k_{d1}\left(\dot{\phi}_1^* - \dot{\phi}_1\right) - 5.0078\sin\phi_1$$

$$u_2 = k_{p2}(\phi_2^* - \phi_2) + k_{d2}\left(\dot{\phi}_2^* - \dot{\phi}_2\right)$$

其中，ϕ_1^*，ϕ_2^* 可以通过 x^*，y^*，z^*，y_0^* 计算得到 (式 (7.41))，并且 u_1 中的最后一项作为重力补偿项被引入。同时，控制信号也由上述运动控制板传送给相应的驱动器与伺服电机。实验中，选取控制增益如下：$k_{p1} = 71$，$k_{d1} = 9$，$k_{p2} = 28$，$k_{d2} = 3$。进一步地，利用基于 EI 输入整形的轨迹规划方法[158] 建立两个参考轨迹 ϕ_1^*，ϕ_2^*，以满足式 (7.42) 中悬臂俯仰/旋转运动的速度/加速度约束，并同样采用 PD 控制器跟踪参考轨迹。经过一系列参数调节，选择以下控制增益：$k_{p1} = 95$，$k_{d1} = 3$，$k_{p2} = 65$，$k_{d2} = 2.5$。

实验结果如图 7.3 所示，该结果表明吊臂在俯仰/旋转方向上可以准确跟踪期望轨迹，同时负载摆动可以在最优时间 T^* 内被抑制。并且，虚线表示相同参数设置下的仿真规划结果，不难看出实验结果和仿真结果呈现出非常相似的暂态响应。除此之外，状态变量和相应的速度信号可以被限制在特定的约束范围式 (7.42) 内，如图 7.3 中的点划线所示。同时，吊臂的角速度 ($\dot{\phi}_1$, $\dot{\phi}_2$) 和角加速

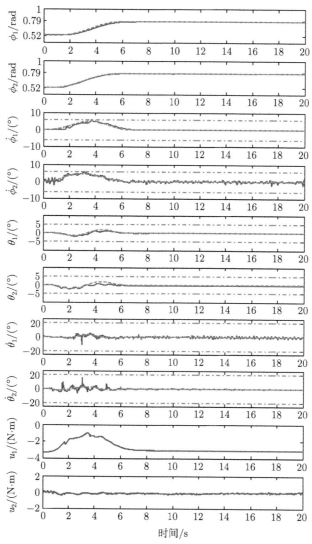

图 7.3　实验 1：所提的轨迹规划方法 (点划线：性能约束; 虚线：期望轨迹; 实线: 实验结果)

度 $(\ddot{\phi}_1, \ddot{\phi}_2)$ 可以被有效地限制。因此，控制输入幅值不会过大，避免对电机造成损害。特别地，负载摆角 (θ_1, θ_2) 及角速度 $(\dot\theta_1, \dot\theta_2)$ 也能满足给定的物理约束，有效控制系统欠驱动变量的运动范围。由于此硬件实验平台上没有安装加速度传感器，吊臂俯仰/旋转角加速度的相应实验结果未在图 7.3 中给出。

利用 EI 输入整形轨迹规划方法得到的实验结果如图 7.4 所示。可以看出，此时负载摆角不能被限制在特定的范围内，如图 7.4 中点划线所示，并且负载最大径向和切向摆幅分别达到 8° 和 9.5°；同时状态变量的角速度也明显超过了状

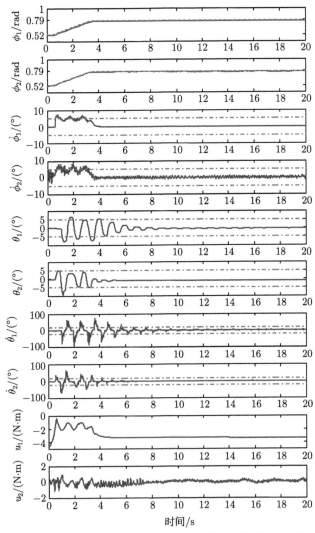

图 7.4   实验 1：EI 整形轨迹规划方法 (点划线: 性能约束; 虚线: 期望角度; 实线: 实验结果)

态约束, 负载径向和切向摆动角速度幅值分别为约束的 470% 和 340%。此种情况下, 即使吊臂能跟踪理想轨迹, 也很容易降低暂态性能。此外, 当吊臂停止俯仰/旋转运动时, 对比方法存在明显的负载残余摆动。

实验 2: 为了进一步验证所提轨迹规划方法的有效性和可靠性, 本章考虑以下两种情形。

情形 1: 不同绳长。将 0.1 m 的绳子换成 0.15 m 的绳子。初始/最终条件和状态约束等其他条件与实验 1 相同。

情形 2: 不同目标位置。吊臂的目标位置调整为: $\phi_{1d} = 7\pi/18$ rad (即 70°) 与 $\phi_{2d} = 7\pi/18$ rad (即 70°)。由于吊臂移动范围大幅增加, 为缩短整体运输时间, 我们将吊臂移动角速度约束设为: $\dot{\phi}_{1max} = \dot{\phi}_{2max} = 12°/s$。系统参数与实验 1 相同。

基于 MATLAB 程序, 分别计算两种情况下的 T^* 值为 6.8037 s 和 8.0817 s, 对应的计算时间与实验 1 中类似。实验结果如图 7.5 和图 7.6 所示 (图中为简洁起见, 没有绘制速度信号)。图 7.5 表明即使绳索长度发生变化, 吊臂也能准确有效地跟踪新的期望轨迹; 并且整个控制任务可在 6.8037 s 内完成, 负载残余摆动

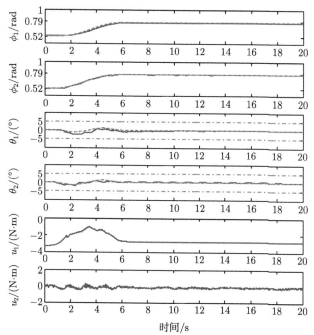

图 7.5　实验 2-情形 1: 变绳长情况下所提的轨迹规划方法 (点划线: 性能约束; 虚线: 期望轨迹; 实线: 实验结果)

几乎为零，所有状态变量均满足式 (7.42) 中的约束条件。在情形 2 中，虽然吊臂的目标位置增大，本书提出的非线性时间最优轨迹规划方法仍可以实现快速准确的吊臂定位，有效消除负载摆动并满足物理约束等控制目标，如图 7.6 所示。

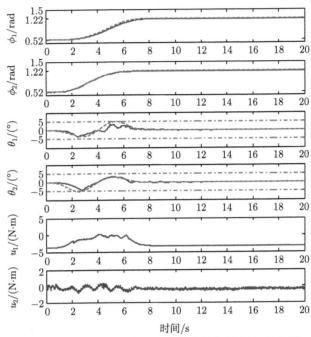

图 7.6   实验 2-情形 2：不同目标位置情况下所提的轨迹规划方法 (点划线: 性能约束; 虚线: 期望轨迹; 实线: 实验结果)

7.4   本章小结

针对桅杆式起重机器人，本章提出了一种新型非线性时间最优轨迹规划方法。该方法既能同时实现吊臂准确定位和负载摆动抑制，又能保证状态变量 (角度、速度、加速度等) 满足实际物理约束。具体来说，通过对桅杆式起重机非线性动力学模型深入分析，可构建一组末端信号 (及其高阶导数) 表示桅杆式起重机器人的所有待控状态变量，并推导出末端信号与状态变量之间的非线性关系，在此过程中不需要任何线性化操作。因此，仅通过设计末端信号的参考轨迹即可满足负载的多种的物理约束和可驱动状态变量的速度、加速度等。最后，一系列硬件实验也验证了所提轨迹规划方法的有效性。

第 8 章 考虑运动约束的三维桅杆式起重机非线性运动控制

为了同时实现桅杆式起重机吊臂的准确定位及负载的快速消摆，本章将利用起重机器人可驱动变量和不可驱动变量之间的耦合关系，设计出一种有效的控制方法，在实现上述目标的同时限制吊臂的摆动超调量，快速消除残余摆动。

8.1 问 题 描 述

基于式 (7.1)～式 (7.4)，将桅杆式起重机器人的非线性动力学方程表示为如下矩阵–向量形式：

$$M(\boldsymbol{q})\ddot{\boldsymbol{q}} = S(\boldsymbol{q}, \dot{\boldsymbol{q}}) + \boldsymbol{u} \tag{8.1}$$

其中，$\boldsymbol{q} = [\theta_1, \theta_2, \phi_1, \phi_2]^{\mathrm{T}} \in \mathbb{R}^4$ 为系统的状态向量；$M(\boldsymbol{q}) \in \mathbb{R}^{4 \times 4}$ 为惯性矩阵；$S(\boldsymbol{q}, \dot{\boldsymbol{q}}) \in \mathbb{R}^{4 \times 1}$，$\boldsymbol{u} = [0, 0, u_1, u_2]^{\mathrm{T}}$ 为系统的控制输入向量。各矩阵/向量的具体表达式如下所示：

$$M(\boldsymbol{q}) = \begin{bmatrix} m_{11} & m_{12} & m_{13} & m_{14} \\ m_{21} & m_{22} & m_{23} & m_{24} \\ m_{31} & m_{32} & m_{33} & m_{34} \\ m_{41} & m_{42} & m_{43} & m_{44} \end{bmatrix} \tag{8.2}$$

其中

$m_{11} = ml^2(1 + \theta_1^2)$, $m_{22} = ml^2(1 + \theta_2^2)$, $m_{33} = mL^2 + I_y$

$m_{44} = mL^2(\sin\phi_1)^2 + ml^2(\theta_1^2 + \theta_2^2) + 2mlL\theta_1\sin\phi_1 + I_x(\sin\phi_1)^2 + I_z(\cos\phi_1)^2 + I_b$

$m_{12} = m_{21} = ml^2\theta_1\theta_2$, $m_{13} = m_{31} = mlL(-\theta_1\sin\phi_1 + \cos\phi_1)$

$m_{14} = m_{41} = -ml^2\theta_2$, $m_{23} = m_{32} = -mlL\theta_2\sin\phi_1$

$m_{24} = m_{42} = ml^2\theta_1 + mlL\sin\phi_1$, $m_{34} = m_{43} = -mlL\theta_2\cos\phi_1$

$$S(\boldsymbol{q}, \dot{\boldsymbol{q}}) = [s_1, \ s_2, \ s_3, \ s_4]^{\mathrm{T}} \tag{8.3}$$

其中

$$
\begin{aligned}
s_1 = & -\Big(ml^2\theta_1\left(\dot{\theta}_1^2 + \dot{\theta}_2^2\right) - mlL(\sin\phi_1 + \theta_1\cos\phi_1)\dot{\phi}_1^2 - ml(l\theta_1 + L\sin\phi_1)\dot{\phi}_2^2 \\
& -2ml^2\dot{\theta}_2\dot{\phi}_2 + mgl\theta_1 \Big)
\end{aligned}
$$

$$
\begin{aligned}
s_2 = & -\Big(ml^2\theta_2\left(\dot{\theta}_1^2 + \dot{\theta}_2^2\right) - mlL\theta_2\cos\phi_1\dot{\phi}_1^2 - ml^2\theta_2\dot{\phi}_2^2 + 2mlL\dot{\phi}_1\dot{\phi}_2\cos\phi_1 \\
& +2ml^2\dot{\theta}_1\dot{\phi}_2 + mgl\theta_2 \Big)
\end{aligned}
$$

$$
\begin{aligned}
s_3 = & -\Big(-mlL\sin\phi_1\left(\dot{\theta}_1^2 + \dot{\theta}_2^2\right) - \Big(\frac{1}{2}(I_x - I_z)\sin 2\phi_1 + mlL\theta_1\cos\phi_1 \\
& +\frac{1}{2}mL^2\sin 2\phi_1 \Big)\dot{\phi}_2^2 - 2mlL\dot{\theta}_2\dot{\phi}_2\cos\phi_1 - g\Big(\frac{1}{2}ML + mL + \frac{1}{2}M_B L_B \Big)\sin\phi_1 \Big)
\end{aligned}
$$

$$
\begin{aligned}
s_4 = & -\Big(mL^2\dot{\phi}_1\sin 2\phi_1 + 2ml^2\left(\theta_1\dot{\theta}_1 + \theta_2\dot{\theta}_2\right) + 2mlL\left(\dot{\theta}_1\sin\phi_1 + \theta_1\dot{\phi}_1\cos\phi_1\right) \\
& +(I_x - I_z)\dot{\phi}_1\sin 2\phi_1 \Big)\dot{\phi}_2 - mlL\theta_2\dot{\phi}_1^2\sin\phi_1
\end{aligned}
$$

正定对称矩阵 $M(\boldsymbol{q})$ 具有如下性质。

性质 8.1 若 $M(\boldsymbol{q})$ 为正定对称矩阵,则对于任意向量 $\boldsymbol{b} \in \mathbb{R}^4$,都存在两个大于零的常数 λ_m 和 λ_M,使得如下不等式成立:

$$
\lambda_m \|\boldsymbol{b}\|^2 \leqslant \boldsymbol{b}^{\mathrm{T}} M(\boldsymbol{q})\boldsymbol{b} \leqslant \lambda_M \|\boldsymbol{b}\|^2 \tag{8.4}
$$

此外,由实际应用中桅杆式起重机的工作原理可知,在吊臂运行过程中,负载始终位于吊臂下方。于是,可作出如下假设。

假设 8.1 实际运行过程中,负载的径向摆角 $\theta_1(t)$、切向摆角 $\theta_2(t)$、吊臂的俯仰角 $\phi_1(t)$ 及旋转角 $\phi_2(t)$ 的变化范围都在 $-\pi/2\ \mathrm{rad} \sim \pi/2\ \mathrm{rad}$。

本章的控制目标是同时实现桅杆式起重机吊臂的准确定位及负载的快速消摆。即使存在外界干扰,系统的状态变量也可以尽快回到稳定状态,并保持下去。其相应的数学表达式如下所示:

$$
\begin{cases}
\lim\limits_{t\to\infty}\theta_1(t) = 0, & \lim\limits_{t\to\infty}\theta_2(t) = 0 \\
\lim\limits_{t\to\infty}\phi_1(t) = \phi_{1d}, & \lim\limits_{t\to\infty}\phi_2(t) = \phi_{2d}
\end{cases} \tag{8.5}
$$

其中,ϕ_{1d},ϕ_{2d} 分别表示吊臂的俯仰角和旋转角的目标值。

8.2　控制器设计及稳定性分析

为了方便后面内容进行推导过程的分析，首先在此定义俯仰误差 e_1 和旋转误差 e_2，其具体表达形式如下：

$$e_1 = \phi_1 - \phi_{1d}, \; e_2 = \phi_2 - \phi_{2d}$$
$$\Longrightarrow \dot{e}_1 = \dot{\phi}_1, \; \dot{e}_2 = \dot{\phi}_2 \tag{8.6}$$

为系统定义如下能量函数：

$$E = \frac{1}{2}\dot{\boldsymbol{q}}^{\mathrm{T}} M(\boldsymbol{q})\dot{\boldsymbol{q}} + mgl\left(1 - \cos\sqrt{\theta_1^2 + \theta_2^2}\right) \tag{8.7}$$

其中，$\boldsymbol{q} = [\theta_1, \theta_2, \phi_1, \phi_2]^{\mathrm{T}}$。然后，对式 (8.7) 关于时间求导并将式 (7.1)~式 (7.4) 代入，经过严格的数学推理可以得到

$$\dot{E} = \dot{\boldsymbol{q}}^{\mathrm{T}} M(\boldsymbol{q})\ddot{\boldsymbol{q}} + \frac{1}{2}\dot{\boldsymbol{q}}^{\mathrm{T}} \dot{M}(\boldsymbol{q})\dot{\boldsymbol{q}} + mgl\left(\theta_1\dot{\theta}_1 + \theta_2\dot{\theta}_2\right)$$
$$= \left(g\left(\frac{1}{2}ML + mL + \frac{1}{2}M_B L_B\right)\sin\phi_1 + u_1\right)\dot{\phi}_1 + u_2\dot{\phi}_2 \tag{8.8}$$

由此可知，将 u_1，u_2 作为控制输入，ϕ_1，ϕ_2 作为控制输出的桅杆式起重机器人是无源的。

基于上述能量函数的表达形式，可设计 Lyapunov 函数 $W(t)$ 如下：

$$W = \frac{1}{2}\dot{\boldsymbol{q}}^{\mathrm{T}} M(\boldsymbol{q})\dot{\boldsymbol{q}} + mgl\left(1 - \cos\sqrt{\theta_1^2 + \theta_2^2}\right)$$
$$+ \frac{1}{2}k_{p1}e_1^2 + \frac{1}{2}k_{p2}e_2^2 \tag{8.9}$$

于是对 $W(t)$ 关于时间求导，可以得到

$$\dot{W} = \left(g\left(\frac{1}{2}ML + mL + \frac{1}{2}M_B L_B\right)\sin\phi_1 + u_1 + k_{p1}e_1\right)\dot{\phi}_1$$
$$+ (u_2 + k_{p2}e_2)\dot{\phi}_2 \tag{8.10}$$

为了消去式中的交叉项并保证 $\dot{W}(t)$ 是非正定的，本章设计如下控制方法：

$$u_1 = -k_{d1}\dot{\phi}_1 - k_{p1}e_1 - g\left(\frac{1}{2}ML + mL + \frac{1}{2}M_B L_B\right)\sin\phi_1$$

$$u_2 = -k_{d2}\dot{\phi}_2 - k_{p2}e_2 \tag{8.11}$$

其中, k_{p1}, k_{p2}, k_{d1}, $k_{d2} \in \mathbb{R}^+$ 为正的控制增益。将式 (8.11) 代入式 (8.10), 可以得到

$$\dot{W} = -k_{d1}\dot{\phi}_1^2 - k_{d2}\dot{\phi}_2^2 \leqslant 0 \tag{8.12}$$

式 (8.12) 充分说明由于欠驱动系统的特性, 式 (8.9) 仅与可驱动变量 $\dot{\phi}_1$ 和 $\dot{\phi}_2$ 有关。尽管利用控制器 (8.11) 已证明闭环系统在平衡点周围是渐近稳定的, 然而系统的欠驱动状态变量, 即负载摆角, 所提供的反馈信息并没有被充分利用。通常来讲, 对于一个普通系统, 越多的状态变量作为反馈信息被利用, 控制器的控制效果越好。除此之外, 一般闭环反馈控制方法 (如式 (8.11)) 的普遍问题就是无法在理论上限制超调。例如, 当吊臂接近目标位置时, 可能会出现来回摆动, 甚至超越目标位置的情况。

为避免上述问题, 本章提出如下的新型非线性控制器:

$$u_1 = -\beta_1 \frac{(\phi_{1d} + \zeta_1)^2 - \phi_1^2 + e_1\phi_1}{((\phi_{1d} + \zeta_1)^2 - \phi_1^2)^2} e_1 - k_{d1}\dot{\phi}_1 - k_{p1}e_1 - k_{h1}\left(\dot{\theta}_1^2 + \dot{\theta}_2^2\right)\dot{\phi}_1$$

$$\quad - g\left(\frac{1}{2}ML + mL + \frac{1}{2}M_BL_B\right)\sin\phi_1$$

$$u_2 = -\beta_2 \frac{(\phi_{2d} + \zeta_2)^2 - \phi_2^2 + e_2\phi_2}{((\phi_{2d} + \zeta_2)^2 - \phi_2^2)^2} e_2 - k_{d2}\dot{\phi}_2 - k_{p2}e_2 - k_{h2}\left(\dot{\theta}_1^2 + \dot{\theta}_2^2\right)\dot{\phi}_2 \tag{8.13}$$

其中, β_1, β_2, k_{h1}, $k_{h2} \in \mathbb{R}^+$ 为正的控制增益; ζ_1, $\zeta_2 \in \mathbb{R}^+$ 为正的常数, 分别用来限制 ϕ_1, ϕ_2 的最大超调幅度。新的非线性控制器增加了两个额外项。两式中的第一项用来确保最大超调误差始终保持在某一确定集合中且快速收敛于零。而两式中另一非线性耦合部分 $k_{h1}(\dot{\theta}_1^2 + \dot{\theta}_2^2)\dot{\phi}_1$ 和 $k_{h2}(\dot{\theta}_1^2 + \dot{\theta}_2^2)\dot{\phi}_2$, 则将不可驱动变量融入到控制器中, 以提高控制效果。

接下来, 将利用 Lyapunov 方法和 LaSalle 不变性原理, 对闭环反馈系统进行严格的稳定性分析, 验证控制器 (8.13) 的有效性。

定理 8.1 上述控制器 (8.13) 可以保证可驱动变量 (吊臂俯仰角 ϕ_1 和旋转角 ϕ_2) 到达指定位置, 同时消除负载摆动 (径向摆角 θ_1 和切向摆角 θ_2)。除此之外, ϕ_1 和 ϕ_2 的超调量不会超过 ζ_1 和 ζ_2。利用数学公式表示如下:

$$\lim_{t\to\infty}\left[\theta_1, \theta_2, \phi_1, \phi_2, \dot{\theta}_1, \dot{\theta}_2, \dot{\phi}_1, \dot{\phi}_2\right]^{\mathrm{T}} = [0, 0, \phi_{1d}, \phi_{2d}, 0, 0, 0, 0]^{\mathrm{T}}$$

$$\phi_1 < \phi_{1d} + \zeta_1, \quad \phi_2 < \phi_{2d} + \zeta_2$$

证明　首先选取如下标量函数 $V(t)$ 作为 Lyapunov 候选函数:

$$V = \frac{1}{2}\dot{\boldsymbol{q}}^{\mathrm{T}}M(\boldsymbol{q})\dot{\boldsymbol{q}} + mgl\left(1 - \cos\sqrt{\theta_1^2 + \theta_2^2}\right) + \frac{1}{2}k_{p1}e_1^2 + \frac{1}{2}k_{p2}e_2^2$$

$$+ \frac{\beta_1 e_1^2}{2((\phi_{1d} + \zeta_1)^2 - \phi_1^2)} + \frac{\beta_2 e_2^2}{2((\phi_{2d} + \zeta_2)^2 - \phi_2^2)} \tag{8.14}$$

对 $V(t)$ 关于时间求导并利用式 (8.8) 可以得到

$$\dot{V} = \left(g\left(\frac{1}{2}ML + mL + \frac{1}{2}M_B L_B\right)\sin\phi_1 + u_1\right)\dot{\phi}_1 + u_2\dot{\phi}_2 + k_{p1}e_1\dot{\phi}_1 + k_{p2}e_2\dot{\phi}_2$$

$$+ \beta_1\frac{(\phi_{1d} + \zeta_1)^2 - \phi_1^2 + e_1\phi_1}{((\phi_{1d} + \zeta_1)^2 - \phi_1^2)^2}e_1\dot{\phi}_1 + \beta_2\frac{(\phi_{2d} + \zeta_2)^2 - \phi_2^2 + e_2\phi_2}{((\phi_{2d} + \zeta_2)^2 - \phi_2^2)^2}e_2\dot{\phi}_2 \tag{8.15}$$

于是将控制器 (8.13) 代入式 (8.15),经过计算整理可知

$$\dot{V} = -k_{d1}\dot{\phi}_1^2 - k_{d2}\dot{\phi}_2^2 - k_{h1}(\dot{\theta}_1^2 + \dot{\theta}_2^2)\dot{\phi}_1 - k_{h2}(\dot{\theta}_1^2 + \dot{\theta}_2^2)\dot{\phi}_2 \leqslant 0 \tag{8.16}$$

从而发现

$$V(t) \leqslant V(0) \ll +\infty \tag{8.17}$$

根据 $V(t)$ 的具体形式可知, $V(t)$ 始终是非负定的, 即 $V(t) \geqslant 0$。另外, 由于 $V(0)$ 是有界的, 很容易得到如下结论:

$$V(t) \in L_\infty \Longrightarrow e_1,\ e_2,\ \dot{\theta}_1,\ \dot{\theta}_2,\ \dot{\phi}_1,\ \dot{\phi}_2,\ \phi_1,\ \phi_2 \in L_\infty \tag{8.18}$$

不失一般性地, 本章将吊臂俯仰角和旋转角的初始值选定为 0, 即 $\phi_1(0) = 0$, $\phi_2(0) = 0$。于是, 可以发现 $|\phi_1(0)| < \phi_{1d} + \zeta_1$, $|\phi_2(0)| < \phi_{2d} + \zeta_2$。假设 ϕ_1 或 ϕ_2 逐渐增长至 $\phi_{1d} + \zeta_1$ 或 $\phi_{2d} + \zeta_2$, 这也就意味着 $V(t) \to \infty$ (式 (8.15)), 此结论与式 (8.17) 相矛盾。因此, 超调幅度将会被限制在指定范围内, 其数学表达式如下:

$$|\phi_1| \leqslant \phi_{1d} + \zeta_1, \quad |\phi_2| \leqslant \phi_{2d} + \zeta_2 \tag{8.19}$$

基于上述结论, 可以推论出

$$\frac{e_1^2}{(\phi_{1d} + \zeta_1)^2 - \phi_1^2},\ \frac{e_2^2}{(\phi_{2d} + \zeta_2)^2 - \phi_2^2} \in L_\infty$$

$$\frac{1}{(\phi_{1d} + \zeta_1)^2 - \phi_1^2},\ \frac{1}{(\phi_{2d} + \zeta_2)^2 - \phi_2^2} \in L_\infty$$

$$u_1,\ u_2 \in L_\infty$$

接下来将利用 LaSalle 不变性原理完成证明。为此，定义集合 Φ：

$$\Phi = \left\{ (\boldsymbol{q}, \dot{\boldsymbol{q}}) | \dot{V} = 0 \right\}$$

同时，定义 Γ 为 Φ 中的最大不变子集，根据式 (8.16) 可知在 Γ 中：

$$\dot{\phi}_1 = 0,\ \dot{\phi}_2 = 0 \Rightarrow \ddot{\phi}_1 = 0,\ \ddot{\phi}_2 = 0,\ \dot{e}_1 = 0,\ \dot{e}_2 = 0 \tag{8.20}$$

$$\Longrightarrow e_1 = \lambda_1,\ e_2 = \lambda_2 \Rightarrow \phi_1 = \lambda_1 + \phi_{1d},\ \phi_2 = \lambda_2 + \phi_{2d}$$

其中，λ_1, λ_2 为待确定的常数。于是，在集合 Γ 中，可以得到

$$
\begin{aligned}
u_1 = &- \beta_1 \frac{(\phi_{1d} + \zeta_1)^2 - (\lambda_1 + \phi_{1d})^2 + \lambda_1(\lambda_1 + \phi_{1d})}{((\phi_{1d} + \zeta_1)^2 - (\lambda_1 + \phi_{1d})^2)^2} \lambda_1 - k_{p1}\lambda_1 \\
&- g\left(\frac{1}{2}ML + mL + \frac{1}{2}M_B L_B\right)\sin(\lambda_1 + \phi_{1d})
\end{aligned}
\tag{8.21}
$$

$$u_2 = - \beta_2 \frac{(\phi_{2d} + \zeta_2)^2 - (\lambda_2 + \phi_{2d})^2 + \lambda_2(\lambda_2 + \phi_{2d})}{((\phi_{2d} + \zeta_2)^2 - (\lambda_2 + \phi_{2d})^2)^2} \lambda_2 - k_{p2}\lambda_2 \tag{8.22}$$

将式 (8.20) 代入式 (7.3)，可以求得如下等式：

$$
\begin{aligned}
&mlL(\cos\phi_1 - \theta_1\sin\phi_1)\ddot{\theta}_1 - mlL\theta_2\sin\phi_1\ddot{\theta}_2 - mlL\sin\phi_1\left(\dot{\theta}_1^2 + \dot{\theta}_2^2\right) \\
&- g\left(\frac{1}{2}ML + mL + \frac{1}{2}M_B L_B\right)\sin\phi_1 = u_1
\end{aligned}
\tag{8.23}
$$

为进行后续分析，将式 (8.23) 等号左右两侧重新改写为

$$
\begin{aligned}
&\frac{\mathrm{d}}{\mathrm{d}t}\left(\cos(\lambda_1 + \phi_{1d})\dot{\theta}_1 - \sin(\lambda_1 + \phi_{1d})\left(\theta_1\dot{\theta}_1 + \theta_2\dot{\theta}_2\right)\right) \\
&= \frac{u_1 + g\left(\dfrac{1}{2}ML + mL + \dfrac{1}{2}M_B L_B\right)\sin(\lambda_1 + \phi_{1d})}{mlL}
\end{aligned}
\tag{8.24}
$$

最后对式 (8.24) 关于时间进行积分：

$$\cos(\lambda_1 + \phi_{1d})\dot{\theta}_1 - \sin(\lambda_1 + \phi_{1d})(\theta_1\dot{\theta}_1 + \theta_2\dot{\theta}_2)$$

$$= \frac{K_3 u_1 + g\left(\frac{1}{2}ML + mL + \frac{1}{2}M_B L_B\right)\sin\left(\lambda_1 + \phi_{1d}\right)}{mlL} t + \lambda_3 \qquad (8.25)$$

其中，λ_3 为待确定的常数。如果常数 $u_1 + g\left(\frac{1}{2}ML + mL + \frac{1}{2}M_B L_B\right)\sin(\lambda_1 + \phi_{1d}) \neq 0$，则当 $t \to \infty$ 时，易知

$$\left|\cos\left(\lambda_1 + \phi_{1d}\right)\dot{\theta}_1 - \sin\left(\lambda_1 + \phi_{1d}\right)\left(\theta_1\dot{\theta}_1 + \theta_2\dot{\theta}_2\right)\right| \to +\infty$$

此结论与式 (8.18) 中的 $\theta_1, \theta_2, \dot{\theta}_1, \dot{\theta}_2 \in L_\infty$ 和 $\cos\left(\varphi_1 + \theta_{3d}\right), \sin\left(\varphi_1 + \theta_{3d}\right) \in L_\infty$ 等结论相矛盾。于是，通过反证法可以求得

$$u_1 + g\left(\frac{1}{2}ML + mL + \frac{1}{2}M_B L_B\right)\sin\left(\lambda_1 + \phi_{1d}\right) = 0 \qquad (8.26)$$

$$\left|\cos\left(\lambda_1 + \phi_{1d}\right)\dot{\theta}_1 - \sin\left(\lambda_1 + \phi_{1d}\right)\left(\theta_1\dot{\theta}_1 + \theta_2\dot{\theta}_2\right)\right| = \lambda_3$$

利用式 (8.26)，可以将式 (8.21) 改写为

$$\left(-\beta_1 \frac{(\phi_{1d} + \zeta_1)^2 - (\lambda_1 + \phi_{1d})^2 + \lambda_1(\lambda_1 + \phi_{1d})}{((\phi_{1d} + \zeta_1)^2 - (\lambda_1 + \phi_{1d})^2)^2} - k_{p1}\right)\lambda_1 = 0 \qquad (8.27)$$

注意到吊臂俯仰角和旋转角的超调量始终小于 ζ_1 和 ζ_2（式 (8.19) 所得到的结论：$|\lambda_1 + \phi_{1d}| < \zeta_1 + \phi_{1d}$ 和 $|\lambda_2 + \phi_{2d}| < \zeta_2 + \phi_{2d}$），由此可以推论出式 (8.27) 中的第一项不会为零。于是，最终得到如下结论：

$$\lambda_1 = 0 \implies e_1 = 0 \implies \phi_1 = \phi_{1d} \qquad (8.28)$$

与式 (8.23) 的计算方法相同，将式 (8.20) 代入式 (7.4) 并加以整理，可得到

$$-ml^2\theta_2\ddot{\theta}_1 + \left(ml^2\theta_1 + mlL\sin\left(\lambda_1 + \phi_{1d}\right)\right)\ddot{\theta}_2 = u_2$$

$$\frac{\mathrm{d}}{\mathrm{d}t}\left(mlL\sin\left(\lambda_1 + \phi_{1d}\right)\dot{\theta}_2 + ml^2\left(\theta_1\dot{\theta}_2 - \theta_2\dot{\theta}_2\right)\right) = u_2$$

$$mlL\sin\left(\lambda_1 + \phi_{1d}\right)\dot{\theta}_2 + ml^2\left(\theta_1\dot{\theta}_2 - \theta_2\dot{\theta}_2\right) = u_2 t + \lambda_4 \qquad (8.29)$$

其中，λ_4 为待确定常数。通过对式 (8.29) 进行与前面内容类似的推导 (式 (8.23) ～式 (8.28))，可以得到如下结论：

$$\left|mlL\sin\left(\lambda_1 + \phi_{1d}\right)\dot{\theta}_2 + ml^2\left(\theta_1\dot{\theta}_2 - \theta_2\dot{\theta}_2\right)\right| = \lambda_4$$

$$\left(-\beta_2 \frac{(\phi_{2d} + \zeta_2)^2 - (\lambda_2 + \phi_{2d})^2 + \lambda_2(\lambda_2 + \phi_{2d})}{((\phi_{2d} + \zeta_2)^2 - (\lambda_2 + \phi_{2d})^2)^2} - k_{p2} \right) \lambda_2 = 0$$

$$\Longrightarrow \lambda_2 = 0 \Longrightarrow e_2 = 0 \Longrightarrow \phi_2 = \phi_{2d} \tag{8.30}$$

将不变集 Γ 中的结论: $\phi_1 = \phi_{1d}$, $\phi_2 = \phi_{2d}$, $\dot{\phi}_1 = 0$, $\dot{\phi}_2 = 0$, $\ddot{\phi}_1 = 0$, $\ddot{\phi}_2 = 0$ 代入式 (7.1) 和式 (7.2), 可以得到如下方程组:

$$l(1 + \theta_1^2)\ddot{\theta}_1 + l\theta_1\theta_2\ddot{\theta}_2 + l\theta_1 \left(\dot{\theta}_1^2 + \dot{\theta}_2^2 \right) + g\theta_1 = 0 \tag{8.31}$$

$$l(1 + \theta_2^2)\ddot{\theta}_2 + l\theta_1\theta_2\ddot{\theta}_1 + l\theta_2 \left(\dot{\theta}_1^2 + \dot{\theta}_2^2 \right) + g\theta_2 = 0 \tag{8.32}$$

联立式 (8.31) 和式 (8.32) 可推知

$$\ddot{\theta}_1 = \frac{l\theta_1 \left(\dot{\theta}_1^2 + \dot{\theta}_2^2 \right) + g\theta_1}{l(1 + \theta_1^2 + \theta_2^2)} \tag{8.33}$$

$$\ddot{\theta}_2 = \frac{l\theta_2 \left(\dot{\theta}_1^2 + \dot{\theta}_2^2 \right) + g\theta_2}{l(1 + \theta_1^2 + \theta_2^2)} \tag{8.34}$$

接下来, 将式 (8.34) 代入式 (8.23), 很容易得到如下等式:

$$\cos\phi_1\ddot{\theta}_1 - \sin\phi_1\theta_1\ddot{\theta}_1 - \sin\phi_1\dot{\theta}_1^2 = 0 \tag{8.35}$$

然后, 对式 (8.35) 关于时间积分两次可以得到

$$\begin{cases} \cos\phi_1\dot{\theta}_1 - \sin\phi_1\dot{\theta}_1\theta_1 = \lambda_5 \\ \cos\phi_1\theta_1 - \dfrac{1}{2}\sin\phi_1\theta_1^2 = \lambda_5 t + \lambda_6 \end{cases} \tag{8.36}$$

其中, λ_5 和 λ_6 是待确定的常数。假设 $\lambda_5 \neq 0$, 则当 $t \to \infty$ 时, 有

$$\left| \cos\phi_1\theta_1 - \frac{1}{2}\sin\phi_1\theta_1^2 \right| \to \infty$$

上式与结论 $\sin\phi_1$, $\cos\phi_1$, $\theta_1 \in L_\infty$ (式 (8.18)) 相矛盾, 因此 $\lambda_5 = 0$。于是, 进一步化简式 (8.36), 可以计算出

$$\cos\phi_1\theta_1 - \frac{1}{2}\sin\phi_1\theta_1^2 = \lambda_6$$

$$\sin\phi_1\theta_1^2 - 2\cos\phi_1\theta_1 + 2\lambda_6 = 0$$

这是一个以 θ_1 为变量的一元二次方程，由于 $\phi_1 = \phi_{1d}$ (式 (8.28)) 为定值，可以推出 θ_1 必为一常数。由此可知

$$\dot{\theta}_1 = 0, \quad \ddot{\theta}_1 = 0 \tag{8.37}$$

进一步地，通过将结论 (8.28)、(8.30) 和 (8.37) 代入式 (7.2)，并消去多余项，可得

$$\theta_2\left(l\dot{\theta}_2^2 + g\right) = 0$$

由于 $l\dot{\theta}_2^2 + g > 0$，进而得到如下结论：

$$\theta_2 = 0 \Longrightarrow \dot{\theta}_2 = 0 \Longrightarrow \ddot{\theta}_2 = 0 \tag{8.38}$$

最后，将结论 (8.37)、(8.38) 代入式 (8.33)，可计算求得

$$g\theta_1 = 0 \Longrightarrow \theta_1 = 0$$

$\square$

8.3　实验结果与分析

本章继续在如图 7.2 所示的桅杆式起重机器人实验平台上验证所提控制器的有效性。本章设置吊绳长度为 $l = 0.175$ m，其余物理参数如表 7.1 所示。

实验 1 中，将本章所提控制方法与 LQR 最优控制方法[122] 进行对比，比较吊臂定位和负载消摆效果；实验 2 中，对实验平台施加外部干扰，验证控制器的鲁棒性。

在本章所有实验中，吊臂俯仰角和旋转角的初始状态都设置为 0 rad，即 $\phi_1(0) = 0$ rad, $\phi_2(0) = 0$ rad，目标位置选取为 $\phi_{1d} = 0.6$ rad, $\phi_{2d} = 0.6$ rad。此外，为避免吊臂突然启动引起负载摆角过大，本实验此处加入软启动，具体表达形式如下：

$$\begin{cases} \phi_{1d} = 0.6\tanh(1.3t) \ [\text{rad}] \\ \phi_{2d} = 0.6\tanh(1.15t) \ [\text{rad}] \end{cases} \tag{8.39}$$

实验 1：在此实验中，LQR 最优控制策略将作为对比方法证明本章所提出的控制器的有效性。首先，为本章非线性控制器 (8.13) 选取如下参数：$k_{p1} = 16$, $k_{d1} = 0.2$, $k_{h1} = 2.15$, $k_{p2} = 2.9$, $k_{d2} = 0.75$, $k_{h2} = 1.55$, $\beta_1 = \beta_2 = 0.01$,

$\zeta_1 = \zeta_2 = 0.005$。然而如果引入 LQR 最优控制方法，首先要在平衡点附近将桅杆式起重机模型线性化，接下来将线性模型解耦为两个子系统，分别由两个控制输入进行控制。定义代价函数为 $J = \int_0^\infty (X^{\mathrm{T}} Q X + R F^2)\, \mathrm{d}t$，其中 F 为控制输入，要求确定最优控制 F 使性能指标 J 最小，Q 和 R 表示权值矩阵，X 为状态变量，对于俯仰子系统而言，$X = \left[\theta_1, \dot{\theta}_1, \phi_1 - \phi_{1d}, \dot{\phi}_1\right]^{\mathrm{T}}$，而对于旋转子系统来讲，$X = \left[\theta_2, \dot{\theta}_2, \phi_2 - \phi_{2d}, \dot{\phi}_2\right]^{\mathrm{T}}$。通过大量实验，本章分别为两个子系统选取 Q, R 如下：$Q = \mathrm{diag}\{10, 0, 110, 0.1\}$，$R = 0.2$ 和 $Q = \mathrm{diag}\{10, 0, 0.25, 0.1\}$，$R = 0.2$。经过 MATLAB 工具箱的计算，得到控制输入分别为：$u_1 = 5.4555\theta_1 - 0.106\dot{\theta}_1 - 23.4521(\phi_1 - \phi_{1d}) - 6.0121\dot{\phi}_1$ 和 $u_2 = 4.4878\theta_2 + 0.4473\dot{\theta}_2 - 1.118(\phi_2 - \phi_{2d}) - 0.8556\dot{\phi}_2$。

由图 8.1 和图 8.2 的实验结果可以看出，本章所提出的控制器和 LQR 最优控制方法都可以使吊臂到达指定角度位置。然而就负载摆角的摆动幅度和收敛时间来看，本章的控制策略相较于对比方法，可以在更短的时间内取得更好的控制效果，尤其体现在更小的摆幅和残余摆动中。

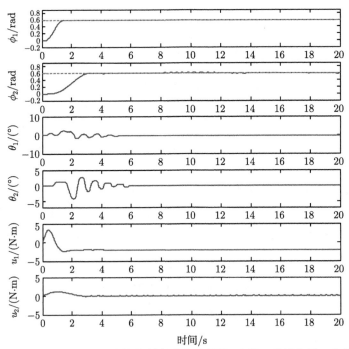

图 8.1　实验 1：本章所设计的非线性控制方法实验结果 (虚线：目标位置；实线：实际运行结果)

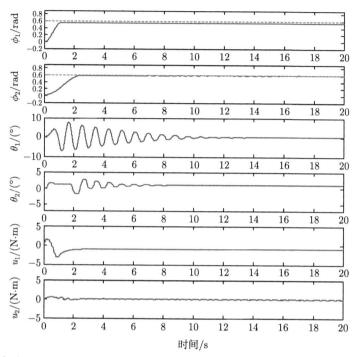

图 8.2　实验 1：LQR 最优控制方法实验结果 (虚线：目标位置；实线：实际运行结果)

实验 2：为证明控制器 (8.13) 的鲁棒性，本章考虑如下两种非理想情况进行实验分析。

情况 1：初始扰动。本章在整个控制过程开始的时候给负载一个干扰，使其初始角度变为：$\theta_1(0) \approx 2.6°$ 与 $\theta_2(0) \approx 1.5°$，如图 8.3 所示。初始扰动并不会影响吊臂的定位效果，3 s 内即可完成准确定位，此外在 7 s 左右即可保证负载消摆。

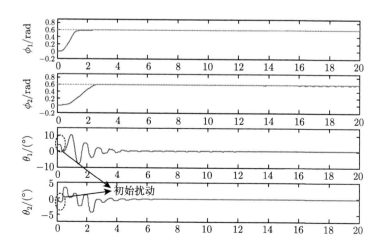

初始扰动

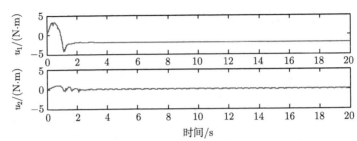

图 8.3   实验 2-情况 1：本章所设计的非线性控制方法实验结果–在运行开始时加入干扰 (虚
线：目标位置；实线：实际运行结果)

情况 2：过程扰动。起重机运动约 8.5 s 时，整个系统已经基本达到稳定，对系统加入外界干扰，使负载径向和切向的瞬时摆幅分别到达 $\theta_1 \approx -2.91°$ 与 $\theta_2 \approx 1.99°$，如图 8.4 所示。可见，外界扰动对负载摆幅的影响并不严重，6 s 之内可使摆角重新收敛于零。

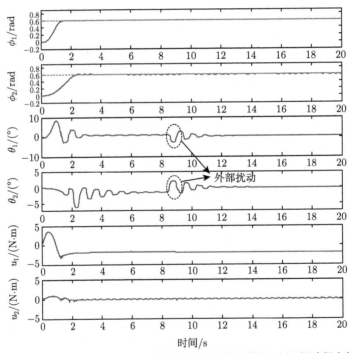

图 8.4   实验 2-情况 2：本章所设计的非线性控制方法实验结果–在运行过程中加入干扰 (虚
线：目标位置；实线：实际运行结果)

在上述两个实验中，控制参数的取值与实验 1 相同。可以看出，初始扰动并不影响消摆时间，残余摆动很快就被消除了。另外，如图 8.4 所示，即使外界扰动作用于系统，负载仍可以在短时间内消摆，且控制器可以在整个运动过程中表现出令人满意的效果。

综上所述，本节充分验证了所提新型非线性控制器的有效性和鲁棒性。

8.4　本 章 小 结

本章基于桅杆式起重机动力学模型，设计出一种新型非线性控制器，并通过实验，证明了控制方法的有效性。控制器首先通过非线性限幅项将吊臂的超调误差限制在一定范围内；其次，充分利用不可驱动变量的反馈信息，引入了非线性耦合项以得到更好的控制效果；最后，本章选取 LQR 最优控制方法与其对比，并在初始时刻和运行过程中加入外部干扰，共同验证控制器的优越性和鲁棒性。

第 9 章　四自由度桅杆式起重机自适应动态估计与消摆控制

本章将继续研究桅杆式起重机的定位和消摆问题。由于实际应用中，任何机械装置都存在摩擦，接下来的分析将把空气阻力和机械结构连接处的摩擦力引入系统的动力学模型中，且在设计控制器时充分考虑到这一因素的影响，从理论分析与实验验证两方面说明了所提方法的有效性。

9.1　问 题 描 述

本章以式(8.1)给出的欠驱动系统动力学模型为基础，进一步考虑未知摩擦和空气阻力，可将式(8.1)改写如下：

$$M(q)\ddot{q} = S(q, \dot{q}) + u - f \tag{9.1}$$

其中，摩擦向量 f 可表示为

$$f = \left[d_1\dot{\theta}_1, \ d_2\dot{\theta}_2, \ d_3\dot{\phi}_1 + f_{r1}, \ d_4\dot{\phi}_2 + f_{r2} \right]^{\mathrm{T}}$$

$$f_{r1} = f_{r03}\tanh\left(\frac{\dot{\phi}_1}{\xi}\right) - k_{r3}\left|\dot{\phi}_1\right|\dot{\phi}_1, \ f_{r2} = f_{r04}\tanh\left(\frac{\dot{\phi}_2}{\xi}\right) - k_{r4}\left|\dot{\phi}_2\right|\dot{\phi}_2$$

且 f_{r03}, f_{r04}, ξ, k_{r3}, k_{r4} 为相关摩擦系数。

自适应控制方法要求在模型结构已知的条件下，对不确定参数进行有效的在线辨识，从而保证控制器更好地对系统进行控制调节。一般来讲，参数估计项的初始值设置为 0，从 0 时刻开始根据系统的运行状态进行更新，并逐渐趋近于真实值。也就是说，当我们无法对系统控制参数进行准确测量时，此种控制方法仍然有效，不依赖于模型参数已知的严格条件。因此，本章的控制目标，首先是令吊臂准确地移动到理想位置，同时消除负载的残余摆动，其次应保证估计变量及时跟踪上真实值，从而使系统整体趋于稳定。相应的数学表达式如下所示：

$$\begin{cases} \lim_{t \to \infty} \theta_1(t) = 0, \quad \lim_{t \to \infty} \theta_2(t) = 0 \\[2mm] \lim_{t \to \infty} \phi_1(t) = \phi_{1d}, \quad \lim_{t \to \infty} \phi_2(t) = \phi_{2d} \\[2mm] \lim_{t \to \infty} \widehat{G}(t) = g\left(\frac{1}{2}ML + mL + \frac{1}{2}M_BL_B\right) \end{cases} \tag{9.2}$$

其中，$G = g\left(\frac{1}{2}ML + mL + \frac{1}{2}M_BL_B\right)$，$\widehat{G}(t)$ 表示重力补偿 $g\left(\frac{1}{2}ML + mL + \frac{1}{2}M_BL_B\right)$ 的在线估计值。

9.2　控制器设计及稳定性分析

定义桅杆式起重机的能量函数为

$$E = \frac{1}{2}\dot{\boldsymbol{q}}^{\mathrm{T}}M(\boldsymbol{q})\dot{\boldsymbol{q}} + mgl\left(1 - \cos\sqrt{\theta_1^2 + \theta_2^2}\right) \tag{9.3}$$

其中，$\boldsymbol{q} = [\theta_1, \theta_2, \phi_1, \phi_2]^{\mathrm{T}}$。对式 (9.3) 两边关于时间求导，并代入式 (9.1)，可得

$$\begin{aligned} \dot{E} &= \dot{\boldsymbol{q}}^{\mathrm{T}}M(\boldsymbol{q})\ddot{\boldsymbol{q}} + \frac{1}{2}\dot{\boldsymbol{q}}^{\mathrm{T}}\dot{M}(\boldsymbol{q})\dot{\boldsymbol{q}} + mgl\left(\theta_1\dot{\theta}_1 + \theta_2\dot{\theta}_2\right) \\[2mm] &= \left(g\left(\frac{1}{2}ML + mL + \frac{1}{2}M_BL_B\right)\sin\phi_1 + u_1 - d_3\dot{\phi}_1 - f_{r1}\right)\dot{\phi}_1 \\[2mm] &\quad + \left(u_2 - d_4\dot{\phi}_2 - f_{r2}\right)\dot{\phi}_2 - d_1\dot{\theta}_1^2 - d_2\dot{\theta}_2^2 \\[2mm] &= \left(u_1 - \eta_1^{\mathrm{T}}\omega_1\right)\dot{\phi}_1 + \left(u_2 - \eta_2^{\mathrm{T}}\omega_2\right)\dot{\phi}_2 - d_1\dot{\theta}_1^2 - d_2\dot{\theta}_2^2 \end{aligned} \tag{9.4}$$

其中回归向量 η_1 和 η_2 定义为

$$\eta_1 = \left(\dot{\phi}_1, \tanh\left(\frac{\dot{\phi}_1}{\xi}\right), \dot{\phi}_1\left|\dot{\phi}_1\right|, \sin\phi_1\right)^{\mathrm{T}}, \quad \eta_2 = \left(\dot{\phi}_2, \tanh\left(\frac{\dot{\phi}_2}{\xi}\right), \dot{\phi}_2\left|\dot{\phi}_2\right|\right)^{\mathrm{T}}$$

相应地，ω_1 和 ω_2 可以表示为如下形式：

$$\omega_1 = [d_3, f_{r03}, k_{r3}, -G]^{\mathrm{T}}, \quad \omega_2 = [d_4, f_{r04}, k_{r4}]^{\mathrm{T}}$$

考虑到桅杆式起重机器人是无源的 (式 (9.4))，本章可以设计如下控制方法：

$$\begin{cases} u_1 = \eta_1^{\mathrm{T}}\widehat{\omega}_1 - k_{d1}\dot{\phi}_1 - k_{p1}e_1 \\[2mm] u_2 = \eta_2^{\mathrm{T}}\widehat{\omega}_2 - k_{d2}\dot{\phi}_2 - k_{p2}e_2 \end{cases} \tag{9.5}$$

其中，k_{d1}，k_{p1}，k_{d2}，$k_{p2} \in \mathbb{R}^+$ 为正的控制增益；$\widehat{\omega}_1$，$\widehat{\omega}_2$ 分别为 ω_1，ω_2 的在线估计值，可以表示为

$$\widehat{\omega}_1 = \left[\widehat{d}_3, \widehat{f}_{r03}, \widehat{k}_{r3}, -\widehat{G}\right]^{\mathrm{T}}, \quad \widehat{\omega}_2 = \left[\widehat{d}_4, \widehat{f}_{r04}, \widehat{k}_{r4}\right]^{\mathrm{T}}$$

于是将控制器 (9.5) 代入式 (9.4)，有如下结果：

$$\dot{E} = -k_{d1}\dot{\phi}_1^2 - k_{p1}e_1\dot{\phi}_1 - \eta_1^{\mathrm{T}}\widetilde{\omega}_1\dot{\phi}_1 - k_{d2}\dot{\phi}_2^2 - k_{p2}e_2\dot{\phi}_2 - \eta_2^{\mathrm{T}}\widetilde{\omega}_2\dot{\phi}_2 - d_1\dot{\theta}_1^2 - d_2\dot{\theta}_2^2 \tag{9.6}$$

其中，$\widetilde{\omega}_1 = \omega_1 - \widehat{\omega}_1$，$\widetilde{\omega}_2 = \omega_2 - \widehat{\omega}_2$ 为在线估计误差，同时可以发现

$$\dot{\widehat{\omega}}_1 = -\dot{\widetilde{\omega}}_1, \quad \dot{\widehat{\omega}}_2 = -\dot{\widetilde{\omega}}_2 \tag{9.7}$$

为避免出现静态位置误差 $e_1(t)$ 及 $e_2(t)$，本章设计如下更新律：

$$\begin{cases} \dot{\widehat{\omega}}_1 = -\tau_1\eta_1\left(\alpha\dot{\phi}_1 + \gamma\left(\dfrac{e_1}{2}\right)\right) \\[3mm] \dot{\widehat{\omega}}_2 = -\tau_2\eta_2\left(\alpha\dot{\phi}_2 + \gamma\left(\dfrac{e_2}{2}\right)\right) \end{cases} \tag{9.8}$$

其中，$\tau_1 = \mathrm{diag}\{\tau_{11}, \tau_{12}, \tau_{13}, \tau_{14}\} > 0$，$\tau_2 = \mathrm{diag}\{\tau_{21}, \tau_{22}, \tau_{23}\} > 0$ 为更新增益矩阵；$\alpha \in \mathbb{R}^+$ 为待定正参数；$\gamma(*)$ 为可微饱和函数，定义如下：

$$\gamma(*) \triangleq \begin{cases} 1, & * > \pi/2 \\ \sin(*), & |*| \leqslant \pi/2 \Rightarrow |\gamma(*)| \leqslant 1, \ \forall* \\ -1, & * < -\pi/2 \end{cases}$$

在此基础上，可进一步推知

$$\gamma_*(*) \triangleq \frac{\partial\gamma(*)}{\partial*} = \begin{cases} 0, & |*| > \pi/2 \\ \cos(*), & |*| \leqslant \pi/2 \end{cases}$$

$$\Longrightarrow |\gamma_*(*)| \leqslant 1, \ \forall* \tag{9.9}$$

自适应控制器 (9.5) 和更新律 (9.8) 中包含的控制增益和待定参数的范围选取如下：

$$k_{p1} > \max\left\{\frac{1}{4}, \underline{mgl}\right\}, \ k_{p2} > \max\left\{\frac{1}{4}, \underline{mgl}\right\}$$

$$\alpha = \max\left\{\frac{2\lambda_M + (4+\pi)\overline{ml}\,\overline{L} + (3\pi)\overline{ml}^2 + 2d_1}{4d_1}\right.$$

$$\frac{2\lambda_M + (2+\pi)\overline{m}\overline{l}^2 + (2+\pi)\overline{m}\overline{l}\overline{L}}{4d_2}, \frac{\lambda_M}{2\sqrt{\lambda_m \underline{m}g\underline{l}}} \Bigg\}$$

$$\alpha k_{d1} - \frac{k_{d1}^2}{2} > \frac{1}{2}\lambda_M + \frac{4+3\pi}{4}\overline{m}\overline{l}\overline{L}$$

$$\alpha k_{d2} - \frac{k_{d2}^2}{2} > \frac{1}{2}\lambda_M + \frac{1}{2}(\overline{m}\overline{L}^2 + \overline{I}_x - \overline{I}_z) + \frac{1+\pi}{2}\overline{m}\overline{l}^2 + \frac{6+3\pi}{4}\overline{m}\overline{l}\overline{L} \qquad (9.10)$$

定义 $\overline{m} \triangleq m + \delta_1$, $\underline{m} \triangleq m - \delta_1$, $\overline{l} \triangleq l + \delta_2$, $\underline{l} \triangleq l - \delta_2$, $\overline{L} \triangleq L + \delta_3$, $\overline{M} \triangleq M + \delta_4$, $\overline{M}_B \triangleq M_B + \delta_5$, $\overline{L}_B \triangleq L_B + \delta_6$, $\overline{I}_x = 1/3\overline{M}\overline{L}^2 + 1/3\overline{M}_B\overline{L}_B^2$, $\overline{I}_z \ll \overline{I}_x$, 而 $\delta_1 \sim \delta_6$ 分别表示负载质量、绳长、吊臂长度、吊臂质量、基座质量、基座长度的最大测量误差。

定理 9.1　本章提出的自适应消摆控制器 (9.5) 及更新规律 (9.8)，可以保证桅杆式起重机的定位误差和负载摆角快速收敛于零，并使重力补偿项的估计值及时跟踪上其真实值。具体表达形式如下：

$$\lim_{t\to\infty} \boldsymbol{e}(t) = \lim_{t\to\infty} [\theta_1(t), \ \theta_2(t), \ e_1(t), \ e_2(t)]^{\mathrm{T}} = [0, \ 0, \ 0, \ 0]^{\mathrm{T}}$$

$$\lim_{t\to\infty} \dot{\boldsymbol{q}}(t) = \lim_{t\to\infty} \left[\dot{\theta}_1(t), \ \dot{\theta}_2(t), \ \dot{\phi}_1(t), \ \dot{\phi}_2(t)\right]^{\mathrm{T}} = [0, \ 0, \ 0, \ 0]^{\mathrm{T}}$$

$$\lim_{t\to\infty} \widehat{G}(t) = g\left(\frac{1}{2}ML + mL + \frac{1}{2}M_BL_B\right)$$

证明　首先定义如下 Lyapunov 候选函数：

$$V = \frac{\alpha}{2}\dot{\boldsymbol{q}}^{\mathrm{T}}M(\boldsymbol{q})\dot{\boldsymbol{q}} + \alpha mgl\left(1 - \cos\sqrt{\theta_1^2 + \theta_2^2}\right) + \frac{\alpha}{2}k_{p1}e_1^2 + \frac{\alpha}{2}k_{p2}e_2^2$$

$$+ \frac{1}{2}\widetilde{\omega}_1^{\mathrm{T}}\tau_1^{-1}\widetilde{\omega}_1 + \frac{1}{2}\widetilde{\omega}_2^{\mathrm{T}}\tau_2^{-1}\widetilde{\omega}_2 + \boldsymbol{\gamma}_v^{\mathrm{T}}\left(\frac{\boldsymbol{e}}{2}\right)M(\boldsymbol{q})\dot{\boldsymbol{q}} \qquad (9.11)$$

这里定义 $\boldsymbol{\gamma}_v\left(\dfrac{\boldsymbol{e}}{2}\right)$ 如下：

$$\boldsymbol{\gamma}_v\left(\frac{\boldsymbol{e}}{2}\right) = \left[\gamma\left(\frac{\vartheta}{2}\right), 0, \gamma\left(\frac{e_1}{2}\right), \gamma\left(\frac{e_2}{2}\right)\right]^{\mathrm{T}}$$

其中，$\vartheta \triangleq \sqrt{\theta_1^2 + \theta_2^2}$。对式 (9.11) 关于时间进行微分，且将式 (9.6)~式 (9.8) 代入可以得到

$$\dot{V} = \alpha\left(-k_{d1}\dot{\phi}_1^2 - k_{d2}\dot{\phi}_2^2 - d_1\dot{\theta}_1^2 - d_1\dot{\theta}_1^2\right) - \alpha\left(\widetilde{\omega}_1^{\mathrm{T}}\eta_1\dot{\phi}_1 + \widetilde{\omega}_2^{\mathrm{T}}\eta_2\dot{\phi}_2\right)$$

$$- \widetilde{\omega}_1^{\mathrm{T}}\tau_1^{-1}\dot{\widehat{\omega}}_1 - \widetilde{\omega}_2^{\mathrm{T}}\tau_2^{-1}\dot{\widehat{\omega}}_2 + \left(\boldsymbol{\gamma}_v^{\mathrm{T}}\left(\frac{\boldsymbol{e}}{2}\right)M(\boldsymbol{q})\dot{\boldsymbol{q}}\right)'$$

$$=\alpha \left(-k_{d1}\dot{\phi}_1^2 - k_{d2}\dot{\phi}_2^2 - d_1\dot{\theta}_1^2 - d_1\dot{\theta}_1^2\right) + \eta_1^{\mathrm{T}}\widetilde{\omega}_1\gamma\left(\frac{e_1}{2}\right) + \eta_2^{\mathrm{T}}\widetilde{\omega}_2\gamma\left(\frac{e_2}{2}\right)$$

$$+ \gamma_v^{\mathrm{T}}\left(\frac{e}{2}\right)M(q)\ddot{q} + \dot{\gamma}_v^{\mathrm{T}}\left(\frac{e}{2}\right)M(q)\dot{q} + \gamma_v^{\mathrm{T}}\left(\frac{e}{2}\right)\dot{M}(q)\dot{q} \tag{9.12}$$

为方便后续计算，本章在此定义向量 R 为

$$R = [r_1, \ r_2, \ r_3, \ r_4]^{\mathrm{T}}$$

$$r_1 = s_1 - d_1\dot{\theta}_1, \ r_2 = s_2 - d_2\dot{\theta}_2, \ r_4 = s_4$$

$$r_3 = s_3 - g\left(\frac{1}{2}ML + mL + \frac{1}{2}M_BL_B\right)\sin\phi_1$$

于是根据式 (8.2)，可以对 $\gamma_v^{\mathrm{T}}\left(\frac{e}{2}\right)M(q)\ddot{q}$ 进行如下拆分：

$$\gamma_v^{\mathrm{T}}\left(\frac{e}{2}\right)M(q)\ddot{q} = \gamma_v^{\mathrm{T}}\left(\frac{e}{2}\right)R - k_{d1}\dot{\phi}_1\gamma\left(\frac{e_1}{2}\right) - k_{d2}\dot{\phi}_2\gamma\left(\frac{e_2}{2}\right) - k_{p1}e_1\gamma\left(\frac{e_1}{2}\right)$$

$$- k_{p2}e_2\gamma\left(\frac{e_2}{2}\right) - \eta_1^{\mathrm{T}}\widetilde{\omega}_1\gamma\left(\frac{e_1}{2}\right) - \eta_2^{\mathrm{T}}\widetilde{\omega}_2\gamma\left(\frac{e_2}{2}\right)$$

在此基础上，$\dot{V}$ 可以被重新表示为

$$\dot{V} = \alpha\left(-k_{d1}\dot{\phi}_1^2 - k_{d2}\dot{\phi}_2^2 - d_1\dot{\theta}_1^2 - d_1\dot{\theta}_1^2\right) - k_{p1}e_1\gamma\left(\frac{e_1}{2}\right) - k_{p2}e_2\gamma\left(\frac{e_2}{2}\right)$$

$$+ f_1(\cdot) + f_2(\cdot) + f_3(\cdot)$$

$$f_1(\cdot) = -k_{d1}\dot{\phi}_1\gamma\left(\frac{e_1}{2}\right) - k_{d2}\dot{\phi}_2\gamma\left(\frac{e_2}{2}\right)$$

$$f_2(\cdot) = \gamma_v^{\mathrm{T}}\left(\frac{e}{2}\right)R + \gamma_v^{\mathrm{T}}\left(\frac{e}{2}\right)\dot{M}(q)\dot{q}$$

$$f_3(\cdot) = \dot{\gamma}_v^{\mathrm{T}}\left(\frac{e}{2}\right)M(q)\dot{q}$$

接下来，本章将对 $\dot{V}$ 中的部分项进行分析计算。首先可以根据加权算术-几何平均值不等式，对 $f_1(\cdot)$，$f_2(\cdot)$ 进行放缩并整理为如下形式：

$$f_1(\cdot) = -k_{d1}\dot{\phi}_1\gamma\left(\frac{e_1}{2}\right) - k_{d2}\dot{\phi}_2\gamma\left(\frac{e_2}{2}\right)$$

$$\leqslant \frac{k_{d1}^2}{2}\dot{\phi}_1^2 + \frac{1}{2}\gamma^2\left(\frac{e_1}{2}\right) + \frac{k_{d2}^2}{2}\dot{\phi}_2^2 + \frac{1}{2}\gamma^2\left(\frac{e_2}{2}\right) \tag{9.13}$$

$$f_2(\cdot) = \gamma_v^{\mathrm{T}}\left(\frac{e}{2}\right)R + \gamma_v^{\mathrm{T}}\left(\frac{e}{2}\right)\dot{M}(q)\dot{q}$$

$$= ml(L\sin\phi_1 + l\theta_1)\dot{\phi}_2^2\gamma\left(\frac{\vartheta}{2}\right) + ml^2\dot{\theta}_2\dot{\phi}_2\gamma\left(\frac{\vartheta}{2}\right)$$

$$-mgl\theta_1\gamma\left(\frac{\vartheta}{2}\right) + ml^2\theta_1\dot{\theta}_1^2\gamma\left(\frac{\vartheta}{2}\right)$$

$$+ ml^2\theta_2\dot{\theta}_1\dot{\theta}_2\gamma\left(\frac{\vartheta}{2}\right) - mlL\sin\phi_1\dot{\theta}_1\dot{\phi}_1\gamma\left(\frac{\vartheta}{2}\right)$$

$$+\frac{1}{2}(mL^2 + I_x - I_z)\sin 2\phi_1\dot{\phi}_2^2\gamma\left(\frac{e_1}{2}\right)$$

$$+ mlL\theta_1\cos\phi_1\dot{\phi}_2^2\gamma\left(\frac{e_1}{2}\right) + mlL\cos\phi_1\dot{\theta}_2\dot{\phi}_2\gamma\left(\frac{e_1}{2}\right)$$

$$- mlL(\sin\phi_1 + \theta_1\cos\phi_1)$$

$$\cdot\dot{\theta}_1\dot{\phi}_1\gamma\left(\frac{e_1}{2}\right) - mlL\theta_2\cos\phi_1\dot{\theta}_2\dot{\phi}_1\gamma\left(\frac{e_1}{2}\right)$$

$$+ mlL\theta_2\sin\phi_1\dot{\phi}_1\dot{\phi}_2\gamma\left(\frac{e_1}{2}\right) - d_1\dot{\theta}_1\gamma\left(\frac{\vartheta}{2}\right)$$

$$\leqslant mlL\dot{\phi}_2^2 + ml^2|\theta_1|\dot{\phi}_2^2 + ml^2|\dot{\theta}_2||\dot{\phi}_2|$$

$$+ ml^2|\theta_1|\dot{\theta}_1^2 + ml^2|\theta_2||\dot{\theta}_1||\dot{\theta}_2| + mlL|\dot{\theta}_1||\dot{\phi}_1|$$

$$+\frac{1}{2}(mL^2 + I_x - I_z)\dot{\phi}_2^2 + mlL|\theta_1|\dot{\phi}_2^2$$

$$+ mlL|\dot{\theta}_2||\dot{\phi}_2| + mlL|\dot{\theta}_1||\dot{\phi}_1| + mlL|\theta_1||\dot{\theta}_1||\dot{\phi}_1|$$

$$+ mlL|\theta_2||\dot{\theta}_2||\dot{\phi}_1| + mlL|\theta_2||\dot{\phi}_1||\dot{\phi}_2| - mgl\theta_1\gamma\left(\frac{\vartheta}{2}\right) - d_1\dot{\theta}_1\gamma\left(\frac{\vartheta}{2}\right)$$

$$\leqslant mlL\dot{\phi}_2^2 + ml^2|\theta_1|\dot{\phi}_2^2 + \frac{1}{2}ml^2\dot{\theta}_2^2 + \frac{1}{2}ml^2\dot{\phi}_2^2 + ml^2|\theta_1|\dot{\theta}_1^2 + \frac{1}{2}ml^2|\theta_2|\left(\dot{\theta}_1^2 + \dot{\theta}_2^2\right)$$

$$+\frac{1}{2}mlL\left(\dot{\theta}_1^2 + \dot{\phi}_1^2\right) + \frac{1}{2}(mL^2 + I_x - I_z)\dot{\phi}_2^2 + mlL|\theta_1|\dot{\phi}_2^2 + \frac{1}{2}mlL\left(\dot{\theta}_2^2 + \dot{\phi}_2^2\right)$$

$$+\frac{1}{2}mlL\left(\dot{\theta}_1^2 + \dot{\phi}_1^2\right) + \frac{1}{2}mlL|\theta_1|\left(\dot{\theta}_1^2 + \dot{\phi}_1^2\right) + \frac{1}{2}mlL|\theta_2|\left(\dot{\theta}_2^2 + \dot{\phi}_1^2\right)$$

$$+\frac{1}{2}mlL|\theta_2|\left(\dot{\phi}_1^2 + \dot{\phi}_2^2\right) - mgl\theta_1\gamma\left(\frac{\vartheta}{2}\right) - d_1\dot{\theta}_1\gamma\left(\frac{\vartheta}{2}\right)$$

$$=\left(ml^2|\theta_1| + \frac{1}{2}ml^2|\theta_2| + mlL + \frac{1}{2}mlL|\theta_1|\right)\dot{\theta}_1^2 - d_1\dot{\theta}_1\gamma\left(\frac{\vartheta}{2}\right) - mgl\theta_1\gamma\left(\frac{\vartheta}{2}\right)$$

$$+\left(\frac{1}{2}ml^2 + \frac{1}{2}ml^2|\theta_2| + \frac{1}{2}mlL + \frac{1}{2}mlL|\theta_2|\right)\dot{\theta}_2^2$$

$$+ \left(mlL + \frac{1}{2}mlL|\theta_1| + mlL|\theta_2| \right) \dot{\phi}_1^2$$

$$+ \left(\frac{3}{2}mlL + ml^2|\theta_1| + \frac{1}{2}ml^2 + \frac{1}{2}(mL^2 + I_x - I_z) + mlL|\theta_1| + \frac{1}{2}mlL|\theta_2| \right) \dot{\phi}_2^2 \tag{9.14}$$

进一步地，考虑到前面内容中已假设 $|\theta_1| < \pi/2$, $|\theta_2| < \pi/2$，即 $|\theta_1/2| < \pi/4$, $|\theta_2/2| < \pi/4$, $|\vartheta/2| < \pi/2$, 另外由于 $\theta_1/2 > \sin(\theta_1/2)$, $\vartheta/2 > \sin(\vartheta/2)$, 可以对 $f_2(\cdot)$ 中的最后两项继续进行如下放缩：

$$-d_1\dot{\theta}_1\gamma\left(\frac{\vartheta}{2}\right) = -d_1\dot{\theta}_1\sin\frac{\vartheta}{2} \leqslant -d_1\dot{\theta}_1\sin\frac{\theta_1}{2} \leqslant \frac{d_1}{2}\left(\dot{\theta}_1^2 + \sin^2\frac{\theta_1}{2}\right) \tag{9.15}$$

$$-mgl\theta_1\gamma\left(\frac{\vartheta}{2}\right) = -mgl\theta_1\sin\frac{\vartheta}{2} \leqslant -mgl\theta_1\sin\frac{\theta_1}{2} \leqslant -2mgl\sin^2\frac{\theta_1}{2} \tag{9.16}$$

根据性质 8.1 及 $\gamma_*(*)$ 的有界性 (式 (9.9))，$f_3(\cdot)$ 可以改写如下：

$$\begin{aligned}
f_3(\cdot) &= \left[\frac{1}{2}\gamma_{\frac{\vartheta}{2}}(\frac{\vartheta}{2}), 0, \frac{1}{2}\gamma_{\frac{e_1}{2}}\left(\frac{e_1}{2}\right), \frac{1}{2}\gamma_{\frac{e_2}{2}}\left(\frac{e_2}{2}\right) \right] M(\boldsymbol{q})\dot{\boldsymbol{q}} \\
&\leqslant \frac{1}{2}\left(\max\left\{ \gamma_{\frac{\vartheta}{2}}\left(\frac{\vartheta}{2}\right), 0, \gamma_{\frac{e_1}{2}}\left(\frac{e_1}{2}\right), \gamma_{\frac{e_2}{2}}\left(\frac{e_2}{2}\right) \right\} \right) \lambda_M \|\dot{\boldsymbol{q}}\|^2 \\
&\leqslant \frac{1}{2}\lambda_M\left(\dot{\theta}_1^2 + \dot{\theta}_2^2 + \dot{\phi}_1^2 + \dot{\phi}_2^2 \right) \tag{9.17}
\end{aligned}$$

其中，λ_M 已在式 (8.4) 中被定义。

综上所述，可以得到

$$\begin{aligned}
\dot{V} \leqslant\ & -\left(-ml^2|\theta_1| - \frac{1}{2}ml^2|\theta_2| - mlL - \frac{1}{2}mlL|\theta_1| - \frac{1}{2}\lambda_M - \frac{d_1}{2} + \alpha d_1 \right) \dot{\theta}_1^2 \\
& -\left(-\frac{1}{2}ml^2 - \frac{1}{2}ml^2|\theta_2| - \frac{1}{2}mlL - \frac{1}{2}mlL|\theta_2| - \frac{1}{2}\lambda_M + \alpha d_2 \right) \dot{\theta}_2^2 \\
& -\left(-mlL - \frac{1}{2}mlL|\theta_1| - mlL|\theta_2| - \frac{1}{2}\lambda_M - \frac{k_{d1}^2}{2} + \alpha k_{d1} \right) \dot{\phi}_1^2 \\
& -\left(-\frac{3}{2}mlL - ml^2|\theta_1| - \frac{1}{2}ml^2 - \frac{1}{2}(mL^2 + I_x - I_z) - mlL|\theta_1| - \frac{1}{2}mlL|\theta_2| \right. \\
& \left. -\frac{1}{2}\lambda_M - \frac{k_{d2}^2}{2} + \alpha k_{d2} \right) \dot{\phi}_2^2 + \left(\frac{d_1}{2} - 2mgl \right) \sin^2\frac{\theta_1}{2} \\
& -\left(2k_{p1} - \frac{1}{2} \right) \gamma^2\left(\frac{e_1}{2}\right) - \left(2k_{p2} - \frac{1}{2} \right) \gamma^2\left(\frac{e_2}{2}\right) \tag{9.18}
\end{aligned}$$

由于 d_1 为空气阻力系数，实际值很小，易知 $d_1/2 - 2mgl < 0$，并根据假设 8.1 及式 (9.10) 可以推断出

$$
\dot{V} \leqslant -\left(-\frac{3\pi}{4}ml^2 - \frac{4+\pi}{4}mlL - \frac{1}{2}\lambda_M - \frac{d_1}{2} + \alpha d_1 \right) \dot{\theta}_1^2
$$

$$
-\left(-\frac{2+\pi}{4}ml^2 - \frac{2+\pi}{4}mlL - \frac{1}{2}\lambda_M + \alpha d_2 \right) \dot{\theta}_2^2
$$

$$
-\left(-\frac{4+3\pi}{4}mlL - \frac{1}{2}\lambda_M - \frac{k_{d1}^2}{2} + \alpha k_{d1} \right) \dot{\phi}_1^2
$$

$$
-\left(-\frac{6+3\pi}{4}mlL - \frac{\pi+1}{2}ml^2 - \frac{1}{2}(mL^2 + I_x - I_z) - \frac{1}{2}\lambda_M - \frac{k_{d2}^2}{2} + \alpha k_{d2} \right) \dot{\phi}_2^2
$$

$$
-\left(2k_{p1} - \frac{1}{2} \right) \gamma^2 \left(\frac{e_1}{2} \right) - \left(2k_{p2} - \frac{1}{2} \right) \gamma^2 \left(\frac{e_2}{2} \right) + \left(\frac{d_1}{2} - 2mgl \right) \sin^2 \frac{\theta_1}{2}
$$

$$
\leqslant 0 \tag{9.19}
$$

于是，通过结论 $V(t) \leqslant V(0) \ll \infty$，易知 $V(t) \in L_\infty$，进一步可以推出

$$
\dot{\theta}_1,\ \dot{\theta}_2,\ \dot{\phi}_1,\ \dot{\phi}_2,\ e_1,\ e_2,\ \widetilde{\omega}_1,\ \widetilde{\omega}_2 \in L_\infty
$$

$$
\Longrightarrow u_1,\ u_2 \in L_\infty \Longrightarrow \ddot{\theta}_1,\ \ddot{\theta}_2,\ \ddot{\phi}_1,\ \ddot{\phi}_2 \in L_\infty
$$

接下来将利用 LaSalle 不变性原理来完成证明。为此，定义集合 Ψ：

$$
\Psi = \left\{ (\boldsymbol{q}, \dot{\boldsymbol{q}}) | \dot{V} = 0 \right\}
$$

同时，定义 Λ 为 Ψ 中的最大不变子集，根据式 (9.19) 可知在 Λ 中：

$$
\begin{cases}
\gamma \left(\dfrac{e_1}{2} \right), \gamma \left(\dfrac{e_2}{2} \right) = 0 \Longrightarrow \dfrac{e_1}{2}, \dfrac{e_2}{2} = 0 \Longrightarrow \phi_1 = \phi_{1d}, \phi_2 = \phi_{2d} \\[2mm]
\dot{\theta}_1, \dot{\theta}_2, \dot{\phi}_1, \dot{\phi}_2 = 0 \Longrightarrow \ddot{\theta}_1, \ddot{\theta}_2, \ddot{\phi}_1, \ddot{\phi}_2 = 0,\ \sin \dfrac{\theta_1}{2} = 0 \Longrightarrow \theta_1 = 0
\end{cases} \tag{9.20}
$$

将式 (9.20) 代入式 (7.2)～式 (7.4) 和式 (9.5)，即可将其化简得到如下结论：

$$
\begin{cases}
\theta_2 = 0,\ u_1 = \eta_{14}\widehat{\omega}_{14},\ u_2 = 0 \\[2mm]
g \left(\dfrac{1}{2}ML + mL + \dfrac{1}{2}M_B L_B \right) \sin \phi_{1d} = -\eta_{14}\widehat{\omega}_{14} = \widehat{G} \sin \phi_{1d} \\[2mm]
\Longrightarrow \widehat{G} = g \left(\dfrac{1}{2}ML + mL + \dfrac{1}{2}M_B L_B \right)
\end{cases} \tag{9.21}
$$

$\square$

9.3　实验结果与分析

在本节中，将通过三组实验证明自适应消摆控制器 (9.5) 及更新律 (9.8) 的有效性和鲁棒性。本章所有实验都是在图 7.2 给出的实验平台上完成的，平台参数见表 7.1。

实验中，吊臂俯仰角和旋转角的初始值都被设置为零，即 $\phi_1(0) = 0$ rad，$\phi_2(0) = 0$ rad，目标位置选取为 $\phi_{1d} = 0.6$ rad，$\phi_{2d} = 0.6$ rad。所提自适应控制器的控制参数选取如下：

$$k_{p1} = 33,\ k_{d1} = 0.02,\ k_{p2} = 4.4,\ k_{d2} = 1.1,\ \alpha = 52$$

$$\tau_1 = \mathrm{diag}\{0.4,\ 0.4,\ 0.4,\ 0.4\},\ \tau_2 = \mathrm{diag}\{4,\ 4,\ 4\}$$

值得一提的是，以上参数可用于所有实验，因此说明本节所设计的控制器有较好的适应性和鲁棒性，不需要由于外界干扰而重新调整增益。

实验 1：实验结果如图 9.1 所示，可以看出，吊臂可在短时间内稳定到目标

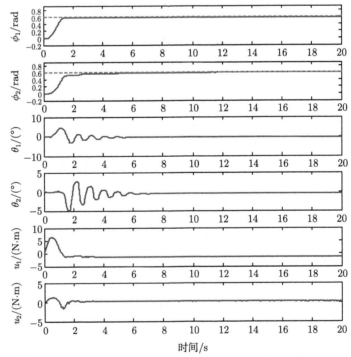

图 9.1　实验 1：本章所设计的自适应控制方法仿真结果 (虚线：目标位置；实线：仿真运行结果)

位置，且俯仰角和旋转角的稳态误差可分别在 5 s 和 6 s 内收敛于零。另外，负载在二维方向上的最大摆动角度可分别被限制在 7° 和 5° 左右。值得一提的是，重力补偿项 $g\left(\dfrac{1}{2}ML + mL + \dfrac{1}{2}M_BL_B\right)$ 的估计值可以在 2 s 内准确跟踪到真实值，估计误差可以被限制在 0.1 之内，如图 9.2 所示。

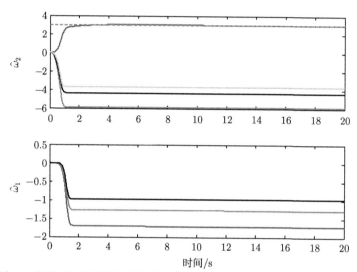

图 9.2　实验 1：桅杆式起重机器人参数在线估计值 (虚线：重力补偿项的真实值；实线：重力补偿项的估计值)

此外，LQR 最优控制策略将作为对比方法证明本章所提出的自适应控制器的有效性。本章为两个子系统选取 Q, R 如下：$Q = \mathrm{diag}\,\{10, 0, 180, 0.1\}$，$R = 0.2$ 和 $Q = \mathrm{diag}\,\{10, 0, 0.3, 0.1\}$，$R = 0.2$。借助 MATLAB 工具箱进行运算，可以得到控制输入的具体表达为 $u_1 = 5.3091\theta_1 - 0.2083\dot{\theta}_1 - 30.0000(\phi_1 - \phi_{1d}) - 6.7540\dot{\phi}_1$ 和 $u_2 = 4.5460\theta_2 + 0.4393\dot{\theta}_2 - 1.2247(\phi_2 - \phi_{2d}) - 0.8685\dot{\phi}_2$。

将两种控制方法的实验结果加以对比，如图 9.1 和图 9.3 所示，可知 LQR 最优控制器可以在 3 s 内实现吊臂定位，不过定位角度存在稳态误差。而且，此方法的消摆性能较差，负载残余摆动无法被快速消除。

实验 2：除此之外，为了检验控制器的鲁棒性，分别在桅杆式起重机器人启动时和运行基本稳定后手动加入外界干扰，具体描述如下。

情况 1：在初始情况下，向负载施加一个外界干扰，令其径向摆角 $\theta_1(0) = 4.28°$，切向摆角 $\theta_2(0) = 1.37°$。由图 9.4 和图 9.5 给出的实验结果可以看出，控制器对初始干扰具有较强的鲁棒性，负载在 8 s 内即可实现完全消摆。另外，参数估计值在 2 s 内即可准确跟踪上真实值，并保持稳定。

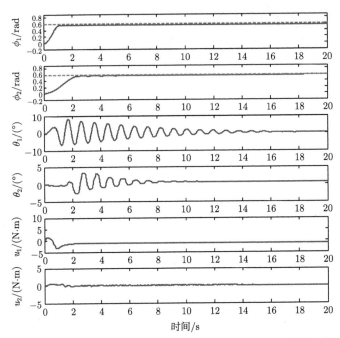

图 9.3　实验 1：LQR 最优控制方法实验结果 (虚线：目标位置；实线：实际运行结果)

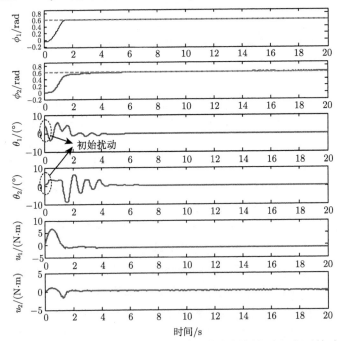

图 9.4　实验 2-情况 1：本章所设计的自适应控制方法仿真结果–在运行开始时加入初始干扰
(虚线：目标位置；实线：仿真运行结果)

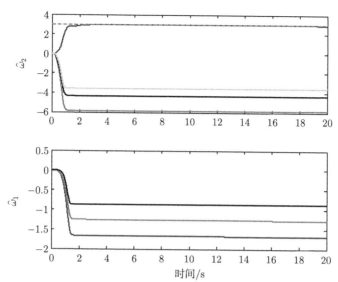

图 9.5　实验 2-情况 1：桅杆式起重机器人参数在线估计值–在运行开始时加入初始干扰 (虚线：重力补偿项的真实值；实线：重力补偿项的估计值)

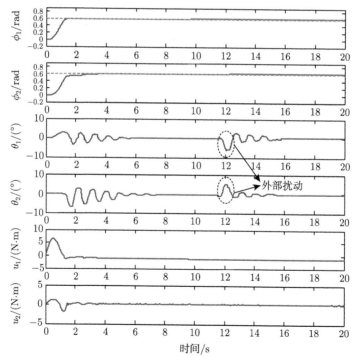

图 9.6　实验 2-情况 2：本章所设计的自适应控制方法仿真结果–在运行过程中加入未知外界干扰 (虚线：目标位置；实线：仿真运行结果)

情况 2：当系统已运行至稳定状态一段时间后，12 s 左右时向系统加入不确定扰动，使负载的瞬时最大摆幅分别达到 −5.45° 和 5.79°，实验结果如图 9.6 和图 9.7 所示。可见，外界扰动并未对吊臂定位和参数估计效果产生影响，负载可以在 6 s 内重新回到平衡位置，且各状态变量始终是有界的。

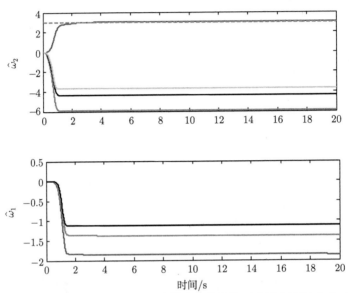

图 9.7　实验 2-情况 2：桅杆式起重机器人参数在线估计值–在运行过程中加入未知外界干扰
(虚线：重力补偿项的真实值；实线：重力补偿项的估计值)

综上所述，在桅杆式起重机的整个运行过程中，自适应控制器的有效性和鲁棒性得到了很好的验证，并可以实现对重力补偿常数项的准确估计。

9.4　本章小结

本章提出了一种自适应消摆控制器，可有效处理桅杆式起重机器人重力补偿参数及摩擦系数不确定时的控制问题。在此策略中，重力补偿和摩擦系数都可以被在线估计，且可以依据所设计的更新律保证重力补偿项快速跟踪上真实值。最后，本章利用此自适应控制方法进行了大量基于硬件平台的实验，充分证明了此控制策略的有效性，并验证了当外界干扰作用于系统时控制器的鲁棒性。

第四部分

双桅杆式起重机器人智能控制

　　第二和第三部分主要着眼于单一旋转式起重机器人在准确定位/跟踪、快速消摆、扰动抑制、运动约束等方面的性能需求。随着吊运需求和最大载荷量不断增加，双桅杆式起重机器人的应用范围也在不断扩大，得益于强大的承载能力以及对不同形状负载的适应性，其更加适合大型施工场所的作业任务与大型 (不规则) 货物的搬运。具体而言，双桅杆式起重机器人是由两台桅杆式起重机以及被两根吊绳共同牵引的负载构成的，两台起重机与负载之间存在着复杂的耦合关系，致使系统整体动力学特性变得尤为复杂。根据其机械结构与工作原理，双桅杆式起重机系统可以被视为一种特殊的机器人系统。与常规机器人系统不同的是，该系统具有复杂的欠驱动特性，连接在两根吊绳末端的负载 (末端执行器) 摆动无法通过驱动器施加力/力矩而被直接消除。就目前而言，双桅杆式起重机器人的作业效率和安全性仍主要取决于人为因素，如多个工人之间的默契程度、技术熟练度/经验度以及高强度工作的疲劳度等；然而，在人为因素与外部环境的双重影响下，人工操作存在极大的安全隐患，效率与作业精度也差强人意。综上所述，针对双桅杆式起重机器人开展深入研究，分析了解其系统特性，为其建立合理准确的数学模型并设计行之有效的自动控制算法，不仅在理论方面具有重要意义，而且能够提高作业效率、确保安全性，呈现出较大的实际应用价值。本书将在第 10 ～ 13 章对双桅杆式起重机器人的控制问题进行深入探讨，并提出解决方案。

　　目前，大多研究仍是针对单起重机器人与双桥式起重机器人开展的，相比之下，双桅杆式起重机器人的双吊臂同时作业，具有更为复杂且很难被解耦的三维旋转运动，且负载无法被视为质点，需考虑双吊臂的协同性与负载位姿的同步控制。因此，适用于单起重机器人与双桥式起重机器人的控制方法不能直接被应用于双桅杆式起重机器人。特别地，两台起重机通过负载与吊绳相连接，构成的系统具有强耦合性，在共同运动时必须被视作一个整体。然而，一些研究为简化分析，将整个系统拆分解耦成独立的子系统进行分析，这样可能会导致设计不严密，难以保证理想的定位效果与消摆控制。

　　于是，第 10 章首先提出了一种面向双桅杆式起重机器人的时变输入整形控制方法，同时实现了双吊臂的准确定位并及时消除负载摆动。基于系统的几何约束、动力学模型和实际作业情况，对动力学模型的形式进行了变换，获得系统振荡周期。相比现有研究，该方法具有以下优点/贡献：① 通过分析系统的几何约束与动力学模型，推出状态变量及其高阶导数之间的关系；② 基于严密的数学推导合理变换了双桅杆式起重机器人的动力学模型，得到吊臂俯仰角和负载姿态角之间的动力学关系，在此基础上计算出系统的时变振荡周期，设计了一种极不灵敏型输入整形器，具有令人满意的消摆性能；③ 使用自主搭建的双桅杆式起重机实验平台进行实验，验证所提时变输入整形控制方法的有效性。

　　对于双桅杆式起重机器人而言，现有方法大多是基于小角假设，利用线性动力学模型进行控制器设计与分析。但在实际运输过程中，由于不可预测的环境因素 (如外部干扰) 或两台起重机之间的协调失误，可能会激发大幅摆动。在这种情况下，基于简化/线性化动力学模型设计的控制方法会降低精度，难以提供良好的控制性能。此外，现有方法大多采用全状态反馈，在控制器中加入速度反馈信号，为系统注入阻尼，从而实现闭环系统平衡点渐近稳定的良好效果。遗憾的是，受限于硬件成本及起重机机械结构的复杂程度，往往难以安装高性能的速度传感器，仅能通过对输出信号进行数值微分得到包含噪声的速度信号。另外，实际驱动器只能产生有限的力/力矩，当计算得到的控制输入超出其工作能力时，驱动器会陷入饱和状态。这不仅会显著降低控制性能，甚至可能导致系统不稳定。

为了解决上述问题，第 11 章基于拉格朗日建模方法，首先为双桅杆式起重机器人构建了完整且未经近似/线性化处理的动力学模型。并且，提出一种考虑驱动器饱和约束的输出反馈控制方法，构造虚拟系统以生成辅助信号代替速度进行反馈，实现吊臂的精确定位和负载的快速消摆。随后，利用 Lyapunov 方法严格分析闭环系统的稳定性。此外，搭建硬件实验平台，并利用一系列实验验证所提方法的有效性与鲁棒性。与目前的双桅杆式起重机器人控制方法相比，该方法具有以下优点/贡献：① 对于双桅杆式起重机器人，本书所提出的控制方法首次同时解决驱动器饱和约束和速度信号不可用问题的控制方法，并且该控制器结构简单，易于实现，便于调节控制增益；② 整体分析过程基于原始非线性动力学模型，未进行任何线性化/近似操作，给出了完整的基于 Lyapunov 方法的稳定性分析；③ 搭建双桅杆式起重机器人实验平台，通过与传统控制方法对比，利用硬件实验验证了该方法的有效性。

考虑到双桅杆式起重机器人实际作业过程中存在机械摩擦，难以进行准确补偿，往往会造成稳态误差，且为有效完成竖直平面内的俯仰运动，通常需要在控制器设计和分析中进行精确的重力补偿，以平衡竖直方向负载和起重机吊臂自身带来的重力 (矩)。遗憾的是，双桅杆式起重机器人往往用于吊运大型负载，难以准确获得其质量，且在不同运输任务中，负载的重量可能会有所不同。这种情况下，基于精确重力补偿的控制器将难以应对竖直方向上重力矩的变化，导致定位精度降低，甚至产生意外碰撞。现有反馈控制器没有引入积分项，在未建模动态、未知/不准确重力补偿、不准确摩擦补偿等不利因素的综合影响下，系统可能会产生稳态误差。此外，实际双桅杆式起重机器人吊臂往往有限高的要求，这意味着吊臂的俯仰运动应保持在给定范围内。若不慎产生超调或出现不合理的吊臂抖振，极可能破坏起重机整体稳定性，造成安全事故，对工作范围内的人员和设备带来严重隐患。

为了解决上述问题，第 12 章在不进行任何线性化/近似处理的前提下，提出了一种嵌入积分项的改进型自适应消摆控制器。具体而言，通过引入积分项提高定位准确度，并使用自适应重力补偿的方法，进一步提高控制精确性。与此同时，构造吊臂运动范围约束项，能够有效抑制吊臂运动超调的出现，将吊臂限制在给定的运动范围内。接下来，从理论上借助 Lyapunov 方法以及 LaSalle 不变性原理完成闭环系统在平衡点处的稳定性分析，并将所提控制方法应用于实验平台，从实际上验证其有效性。该方法具有以下优点/贡献：① 引入一个精心构造的积分项，无须精确补偿摩擦等，即可降低稳态误差以提高状态变量的定位精度；② 通过使用自适应的方法完成对重力矩的在线估计，解决系统面临的质量不可测/不准确问题，并且整体控制器不涉及平台参数的相关项，提高系统鲁棒性；③ 与已有的控制方法相比，所提控制器通过构造一个吊臂运动范围约束项，从理论上抑制吊臂运动超调、保证吊臂始终处于预设范围以内，确保运动过程安全可靠；④ 积分项的稳定性分析较为复杂，即使是针对非线性全驱动系统的控制，也依然难以进行理论上的严格分析。而本书在不进行任何线性化/近似处理的基础上，基于 Lyapunov 方法对闭环系统的稳定性提供了严格的理论分析。

目前，为数不多的针对双桅杆式起重机器人的控制方法，主要集中在定位控制 (set-point control) 问题上。与之相比，轨迹跟踪控制 (trajectory tracking control) 不仅能够提高运输的平稳性，还能使系统工作效率与安全性得到大幅提升。此外，现有的控制器在设计和分析过程中，必须建立准确的动态模型并且需要详细的系统参数。而在实际应用中，双桅杆式起重机器人吊运的负载具有较大质量和体积，其精确值难以直接测量得到。并且，在不同的运输要求下，平台参数也会有所不同。在这种情况下，基于精确模型的控制器将无法准确补偿吊臂和负载在竖直方向上产生的重力矩，且缺乏准确的系统参数可能会进一步导致吊臂出现跟踪误差，甚至在吊运过程中出现难以预知的不安全因素。

考虑到上述实际问题，在不将原始动力学线性化/近似处理的情况下，第 13 章提出了一种针对参数/结构不确定性的自适应滑模轨迹跟踪控制方法，通过引入一条虚拟参考轨迹，将滑模控制与自适应控制相结合，实现双吊杆的精确轨迹跟踪和负载摆角的快速消除。与此同时，该控制器确保状态变量能够在有限时间内收敛到所提出的滑模面。随后，基于 Lyapunov 方法和 Barbalat 引理，本书给出了关于控制器的严格理论分析，并将所提方法应用在硬件实验平台进行验证，从理论和实际双重意义上确保了所提控制方法的有效性与面对参数不确定性时的鲁棒性。该方法具有以下优点/贡献：① 本书提出了一种不需要精确系统参数的自适应滑模轨迹跟踪控制方法，这是首个同时解决参数不确定性问题和双桅杆式起重机器人轨迹跟踪问题的控制器；② 基于 Lyapunov 方法和 Barbalat 引理，从理论层面确保各状态变量能够在有限时间收敛至滑模面并保持稳定，即在有限时间内消除跟踪误差，并通过严格的理论分析证明了负载摆角的渐近收敛性，从而确保工作效率与操作安全；③ 在控制器的设计与理论分析过程中，没有对原始动力学进行平衡点附近的线性化/近似操作 (无须假设负载摆角足够小)，因而在外部不利扰动引起的大幅度摆动的情况下，控制器依然能够保证控制效果。

本书第四部分的主要内容组织如下：第 10 章面向欠驱动双桅杆式起重机器人设计了一种极不灵敏型输入整形器，实验结果验证了所提方法能够实现起重机的准确定位及良好的消摆效果；第 11 章提出一种考虑驱动器饱和约束的输出反馈控制方法，并搭建硬件实验平台，利用一系列实验验证所提方法的有效性与鲁棒性；第 12 章提出了一种改进的重力补偿自适应消摆控制器，从理论上借助 Lyapunov 方法及 LaSalle 不变性原理分析闭环稳定性；第 13 章提出了一种自适应滑模轨迹跟踪控制方法，从理论和实际两方面说明了所提方法的有效性与鲁棒性。

第 10 章　面向双桅杆式起重机的时变输入整形控制

为实现对双桅杆式起重机的消摆控制，本章通过分析系统的几何约束与动力学模型，推出状态变量及其高阶导数之间的关系。随后，基于严密的数学推导，合理变换了双桅杆式起重机的动力学模型，得到吊臂俯仰角和负载姿态角之间的动力学关系。在此基础上，计算出系统的时变振荡周期，设计一种极不灵敏型输入整形器。

10.1　问 题 描 述

通过分析如图 10.1 所示的双桅杆式起重机在水平和竖直方向上的几何位置关系，可得如下几何约束[①]：

$$
\begin{aligned}
Lc_{\varphi_1} + ls_{\vartheta_1} + ds_{\vartheta_3} &= D_0 - Lc_{\varphi_2} + ls_{\vartheta_2} \\
Ls_{\varphi_1} - lc_{\vartheta_1} - dc_{\vartheta_3} &= Ls_{\varphi_2} - lc_{\vartheta_2}
\end{aligned}
\tag{10.1}
$$

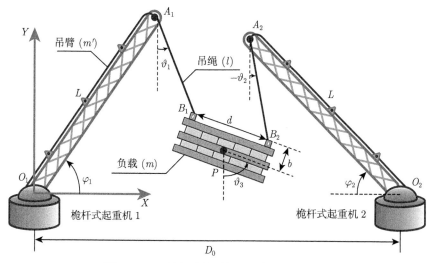

图 10.1　双桅杆式起重机器人的物理结构图

---

① 为使表达更加简约，本章将动力学模型中涉及的三角函数表达式简写为如下形式：

$s_{\varphi_i} = \sin\varphi_i,\ c_{\varphi_i} = \cos\varphi_i,\ s_{\vartheta_p} = \sin\vartheta_p,\ c_{\vartheta_p} = \cos\vartheta_p,\ s_{\varphi_{i\pm j}} = \sin(\varphi_i \pm \varphi_j),\ c_{\varphi_{i\pm j}} = \cos(\varphi_i \pm \varphi_j),\ s_{\vartheta_{p\pm q}} = \sin(\vartheta_p \pm \vartheta_q),\ c_{\vartheta_{p\pm q}} = \cos(\vartheta_p \pm \vartheta_q),\ s_{\varphi_i\pm\vartheta_p} = \sin(\varphi_i \pm \vartheta_p),\ c_{\varphi_i\pm\vartheta_p} = \cos(\varphi_i \pm \vartheta_p),\ i,j = 1,2\,(i \neq j),\ p,q = 1,2,3\,(p \neq q)$。

在式 (10.1) 中，D_0 是 O_1O_2 的长度，即两台起重机之间的距离；d 是 B_1B_2 的长度，即负载两个悬挂点之间的距离；l 是 A_1B_1 和 A_2B_2 的长度；L 是 O_1A_1 和 O_2A_2 的长度。除此之外，$\varphi_1(t)$ 和 $\varphi_2(t)$ 是吊臂俯仰角；$\vartheta_1(t)$ 和 $\vartheta_2(t)$ 是负载沿吊绳的摆角，无法被电机直接驱动；$\vartheta_3(t)$ 是 B_1B_2 和竖直方向的夹角，代表负载的姿态角。作为非独立状态变量，$\vartheta_2(t)$ 和 $\vartheta_3(t)$ 可表示为 $\vartheta_2 = \beta(\varphi_1, \varphi_2, \vartheta_1)$ 和 $\vartheta_3 = \sigma(\varphi_1, \varphi_2, \vartheta_1)$。角的方向均在图 10.1 中标出。图 10.1 中其他状态变量和参数的定义见表 10.1。

表 10.1　　系统参数与状态变量

状态变量/参数	物理意义	单位
g	重力加速度	m/s^2
m'	吊臂质量	kg
m	负载质量	kg
L	吊臂长度	m
l	吊绳长度	m
D_0	OO_1 之间的距离	m
d	B_1B_2 之间的距离	m
b	重心 P 和 B_1B_2 之间的距离	m
B_d	B_1B_2 长度的一半	m
$\varphi_1(t),\ \varphi_2(t)$	吊臂俯仰角	rad
$\vartheta_1(t),\ \vartheta_2(t)$	负载沿绳的摆角	rad
$\vartheta_3(t)$	负载与竖直方向的夹角（负载姿态角）	rad
$\vartheta_4(t)$	B_1B_2 和水平方向的夹角	rad
$F_1(t),\ F_2(t)$	控制输入	N·m

根据如图 10.1 所示的双桅杆式起重机模型，系统动能可以具体表示为

$$
\begin{aligned}
E_k ={}& \frac{1}{4} mL^2 c_{\varphi_{1+2}} \dot{\varphi}_1 \dot{\varphi}_2 + \frac{1}{2} mbls_{\vartheta_{3-2}} \dot{\vartheta}_3 \dot{\vartheta}_2 + \frac{1}{4} mlL s_{\vartheta_1 - \varphi_1} \dot{\varphi}_1 \dot{\vartheta}_1 \\
& + \frac{1}{4} mlL s_{\vartheta_2 - \varphi_1} \dot{\varphi}_1 \dot{\vartheta}_2 + \frac{1}{4} ml^2 c_{\vartheta_{1-2}} \dot{\vartheta}_1 \dot{\vartheta}_2 + \frac{1}{2} mbls_{\vartheta_{3-1}} \dot{\vartheta}_3 \dot{\vartheta}_1 \\
& - \frac{1}{2} mbLc_{\varphi_1 - \vartheta_3} \dot{\vartheta}_3 \dot{\varphi}_1 - \frac{1}{2} mbLc_{\varphi_2 + \vartheta_3} \dot{\vartheta}_3 \dot{\varphi}_2 + \frac{1}{4} mlL s_{\vartheta_1 + \varphi_2} \dot{\varphi}_2 \dot{\vartheta}_1 \\
& + \frac{1}{4} mlL s_{\vartheta_2 + \varphi_2} \dot{\varphi}_2 \dot{\vartheta}_2 + \frac{1}{8} ml^2 \dot{\vartheta}_1^2 + \frac{1}{8} ml^2 \dot{\vartheta}_2^2 \\
& + \frac{1}{8} ml^2 \dot{\vartheta}_3^2 + L^2 \left(\frac{1}{6} m' + \frac{1}{8} m \right) \left(\dot{\varphi}_1^2 + \dot{\varphi}_2^2 \right)
\end{aligned}
$$

进一步地，系统势能可以表示为如下形式：

$$
E_p = \frac{1}{2} \left(m + m' \right) gL \left(s_{\varphi_1} + s_{\varphi_2} \right) - \frac{1}{2} mgl \left(c_{\vartheta_1} + c_{\vartheta_2} \right) - mgbs_{\vartheta_3}
$$

接下来，本章将主要分析动力学模型中的欠驱动部分，以获取系统的振荡特性。基于拉格朗日动力学分析，可推得欠驱动部分的动力学模型如下：

$$\gamma_1 + \beta_\vartheta \gamma_2 + \sigma_\vartheta \gamma_3 = 0 \tag{10.2}$$

其中，β_ϑ 和 σ_ϑ 可由非独立变量 $\vartheta_2(t)$ 和 $\vartheta_3(t)$ 推出，即

$$\dot\vartheta_2 = \beta_1 \dot\varphi_1 + \beta_2 \dot\varphi_2 + \beta_\vartheta \dot\vartheta_1, \quad \dot\vartheta_3 = \sigma_1 \dot\varphi_1 + \sigma_2 \dot\varphi_2 + \sigma_\vartheta \dot\vartheta_1$$

$$\beta_\vartheta = \frac{s_{\vartheta_{1-3}}}{s_{\vartheta_{2-3}}}, \quad \sigma_\vartheta = \frac{l s_{\vartheta_{1-2}}}{d s_{\vartheta_{2-3}}}$$

基于系统动能和势能，γ_1，γ_2 和 γ_3 可利用拉格朗日方程计算得到，其具体表达式为

$$\begin{aligned}
\gamma_1 =& \frac{\mathrm{d}}{\mathrm{d}t}\left(\frac{\partial E_k}{\partial \dot\vartheta_1}\right) - \frac{\partial E_k}{\partial \vartheta_1} + \frac{\partial E_p}{\partial \vartheta_1} \\
=& \frac{1}{4} m l L s_{\vartheta_1 - \varphi_1} \ddot\varphi_1 + \frac{1}{4} m l L s_{\varphi_2 + \vartheta_1} \ddot\varphi_2 + \frac{1}{4} m l^2 \ddot\vartheta_1 + \frac{1}{4} m l^2 c_{\vartheta_{1-2}} \ddot\vartheta_2 \\
&+ \frac{1}{2} m b l s_{\vartheta_{3-1}} \ddot\vartheta_3 - \frac{1}{4} m l L c_{\varphi_1 - \vartheta_1} \dot\varphi_1^2 + \frac{1}{4} m l L c_{\varphi_2 + \vartheta_1} \dot\varphi_2^2 \\
&+ \frac{1}{4} m l^2 s_{\vartheta_{1-2}} \dot\vartheta_2^2 + \frac{1}{2} m b l c_{\vartheta_{1-3}} \dot\vartheta_3^2 + \frac{1}{2} m g l s_{\vartheta_1} \\
\gamma_2 =& \frac{\mathrm{d}}{\mathrm{d}t}\left(\frac{\partial E_k}{\partial \dot\vartheta_2}\right) - \frac{\partial E_k}{\partial \vartheta_2} + \frac{\partial E_p}{\partial \vartheta_2} \\
\gamma_3 =& \frac{\mathrm{d}}{\mathrm{d}t}\left(\frac{\partial E_k}{\partial \dot\vartheta_3}\right) - \frac{\partial E_k}{\partial \vartheta_3} + \frac{\partial E_p}{\partial \vartheta_3}
\end{aligned}$$

为进一步分析式(10.2)，由起重机的实际作业情况可知，两台起重机的吊臂运动状态相同，即 $\varphi_1 = \varphi_2 = \varphi$ 和 $\dot\varphi_1 = \dot\varphi_2 = \dot\varphi$。同时，起重机在实际作业时移动缓慢，负载的摆角变化很小。因此，双桅杆式起重机为对称系统。综上，可得如下假设。

假设 10.1　ϑ_1 和 $-\vartheta_2$ 相等，ϑ_3 约等于 $\pi/2$。

假设 10.2　式(10.2)中的部分变量和参数具有如下关系：

$$s_{\vartheta_1} \approx \vartheta_1 \approx \frac{B_d - h}{l}, \quad s_{\vartheta_2} \approx \vartheta_2 \approx -\frac{B_d - h}{l}$$

$$c_{\vartheta_{1-2}} \approx \sqrt{1 - \left(\frac{2(B_d - h)}{l}\right)^2}, \quad c_{\vartheta_3} \approx v_4$$

$$s_{\vartheta_{3-p}} \approx 1\,(p = 1, 2), \quad \dot\vartheta_i \dot\vartheta_j \approx 0\,(i, j = 1, 2, 3)$$

$$2 B_d \approx D_0 - 2L \cos\varphi$$

　　至此，双椼杆式起重机的动力学模型得以推出，其中部分变量和参数的假设关系也基于实际作业情况计算给出。

　　作为一种对称系统，当双椼杆式起重机处于稳定状态时，期望的控制目标可以具体表述如下。

　　(1) 负载在控制器的作用下，于时刻 T_m 到达目标位置。其中，ϑ_1，ϑ_2 和 ϑ_3 与目标位置的距离尽可能小，吊臂俯仰角的状态为

$$\varphi_1(T_m) = \varphi_{1d}, \quad \varphi_2(T_m) = \varphi_{2d}$$

　　(2) 负载在到达目标位置后保持相对稳定。其中，$\dot{\vartheta}_1$，$\dot{\vartheta}_2$ 和 $\dot{\vartheta}_3$ 的绝对值尽可能小，吊臂俯仰角速度的状态为

$$\dot{\varphi}_1(T_m) = 0, \quad \dot{\varphi}_2(T_m) = 0$$

10.2　输入整形器设计及分析

10.2.1　模型分析

　　为计算系统的振荡周期，需推出系统的输入输出关系。为此，将系统动力学模型整理为如下形式：

$$\rho_1 \ddot{V}_i + \rho_2 \ddot{V}_o + \rho_3 V_o = 0 \tag{10.3}$$

其中，V_i 代表输入变量；V_o 代表输出变量。根据双椼杆式起重机的实际结构，吊臂俯仰角 φ 是由电机直接驱动的，可视为输入变量；负载姿态角 ϑ_3 能体现负载的摆动情况，可视为输出变量。因此，式(10.3)可改写为

$$\rho_1 \ddot{\varphi} + \rho_2 \ddot{\vartheta}_3 + \rho_3 \vartheta_3 = 0 \tag{10.4}$$

通过比较式(10.2)和式(10.4)可以看出，式(10.2)中存在众多干扰状态变量及其导数。为由式(10.2)推得如式(10.4) 所示形式的方程，需找出干扰状态变量与所需状态变量及其高阶导数之间的关系，以实现对干扰状态变量的消除。具体而言，分为如下三个步骤。

　　(1) 计算吊绳摆角 ϑ_1，ϑ_2 与负载姿态角 ϑ_3 及其高阶导数之间的关系。

　　对式(10.1)进行变换可推得如下方程：

$$\frac{hc_{\vartheta_3}}{l} = \frac{c_{\vartheta_2} - c_{\vartheta_1}}{2} = \sin\left(\frac{\vartheta_1 + \vartheta_2}{2}\right) \cdot \frac{B_d - h}{l} \tag{10.5}$$

通过重新整理式(10.5)，可以得到如下结果：

$$\vartheta_1 + \vartheta_2 = \frac{dc_{\vartheta_3}}{B_d - h} \tag{10.6}$$

接下来，对式(10.1)求二阶导可得

$$-ls_{\vartheta_2}\ddot{\vartheta}_2 + ls_{\vartheta_1}\ddot{\vartheta}_1 = -d\ddot{\vartheta}_3$$

于是，可以构造如下方程：

$$ls_{\vartheta_{1-2}} \cdot \left(\ddot{\vartheta}_1 + \ddot{\vartheta}_2\right) = 2ls_{\vartheta_1}\ddot{\vartheta}_1 - 2ls_{\vartheta_2}\ddot{\vartheta}_2 = -4h\ddot{\vartheta}_3 \tag{10.7}$$

(2) 进一步计算 ϑ_1, ϑ_3 与 φ 高阶导数之间的关系。

对式(10.3)求导可得

$$\dddot{\vartheta}_3 = \sigma_s\ddot{\varphi} + \sigma_\vartheta\ddot{\vartheta}_1 + \dot{\sigma}_s\dot{\varphi} + \dot{\sigma}_\vartheta\dot{\vartheta}_1 \tag{10.8}$$

其中

$$\sigma_s = \sigma_1 + \sigma_2 = \frac{Lc_{\varphi-\vartheta_2}}{ds_{\vartheta_{2-3}}} - \frac{Lc_{\varphi+\vartheta_2}}{ds_{\vartheta_{2-3}}}$$

$$\dot{\sigma}_s = \frac{Ls_{\vartheta_2-\varphi} \cdot \left(\dot{\varphi} - \dot{\vartheta}_2\right) \cdot ds_{\vartheta_{2-3}}}{\left(ds_{\vartheta_{2-3}}\right)^2} - \frac{Lc_{\varphi-\vartheta_2} \cdot dc_{\vartheta_{2-3}} \cdot \left(\dot{\vartheta}_2 - \dot{\vartheta}_3\right)}{\left(ds_{\vartheta_{2-3}}\right)^2}$$

$$+ \frac{Ls_{\vartheta_2+\varphi} \cdot \left(\dot{\varphi} + \dot{\vartheta}_2\right) \cdot ds_{\vartheta_{2-3}}}{\left(ds_{\vartheta_{2-3}}\right)^2} + \frac{Lc_{\varphi+\vartheta_2} \cdot dc_{\vartheta_{2-3}} \cdot \left(\dot{\vartheta}_2 - \dot{\vartheta}_3\right)}{\left(ds_{\vartheta_{2-3}}\right)^2}$$

$$\dot{\sigma}_\vartheta = \frac{lc_{\vartheta_{1-2}} \cdot \left(\dot{\vartheta}_1 - \dot{\vartheta}_2\right) \cdot ds_{\vartheta_{2-3}}}{\left(ds_{\vartheta_{2-3}}\right)^2} - \frac{ls_{\vartheta_{1-2}} \cdot dc_{\vartheta_{2-3}} \cdot \left(\dot{\vartheta}_2 - \dot{\vartheta}_3\right)}{\left(ds_{\vartheta_{2-3}}\right)^2}$$

通过对式(10.8)中的各项进行整理，可以计算得到 $\dot{\varphi}^2$ 的系数约等于 0。忽略式(10.8)中的角速度高阶项 $\dot{\varphi}\dot{\vartheta}_i$ ($i = 1, 2, 3$) 可得

$$\dddot{\vartheta}_3 = \sigma_s\ddot{\varphi} + \sigma_\vartheta\ddot{\vartheta}_1 \tag{10.9}$$

(3) 对双桅杆式起重机欠驱动部分的动力学模型式(10.2)进行整理。

将式(10.7)和式(10.9)代入式(10.2)可得

$$\left(K_1 - \frac{1}{4\sigma_\vartheta}ml^2\sigma_s(1 - c_{\vartheta_{1-2}})\right)\ddot{\varphi} + \left(K_2 + \frac{1}{4\sigma_\vartheta}ml^2(1 - c_{\vartheta_{1-2}}) - \frac{4hK_3}{ls_{\vartheta_{1-2}}}\right)\ddot{\vartheta}_3$$

$$+ (K_4 + K_5)\dot{\varphi}^2 + K_6 = 0 \tag{10.10}$$

其中

$$K_1 = \frac{1}{4}mlLs_{\vartheta_1-\varphi} + \beta_\vartheta \cdot \frac{1}{4}mlLs_{\vartheta_2-\varphi} + \frac{1}{4}mlLs_{\varphi+\vartheta_1}$$

$$+ \beta_\vartheta \cdot \frac{1}{4}mlLs_{\varphi+\vartheta_2} - \sigma_\vartheta \cdot \frac{1}{2}mLbc_{\varphi-\vartheta_3} - \sigma_\vartheta \cdot \frac{1}{2}mLbc_{\vartheta_3+\varphi}$$

$$K_2 = \frac{1}{2}mbls_{\vartheta_{3-1}} + \frac{1}{2}mbls_{\vartheta_{3-2}} \cdot \beta_\vartheta + md^2 \cdot \sigma_\vartheta$$

$$K_3 = \frac{1}{4}ml^2c_{\vartheta_{1-2}} + \frac{1}{4}ml^2c_{\vartheta_{1-2}} \cdot \beta_\vartheta + \frac{1}{2}mbls_{\vartheta_{3-2}} \cdot \sigma_\vartheta$$

$$K_4 = -\frac{1}{4}mlLc_{\varphi-\vartheta_1} - \frac{1}{4}mlLc_{\varphi-\vartheta_2} \cdot \beta_\vartheta + \frac{1}{2}mbLs_{\varphi-\vartheta_3} \cdot \sigma_\vartheta$$

$$K_5 = \frac{1}{4}mlLc_{\varphi+\vartheta_1} + \frac{1}{4}mlLc_{\varphi+\vartheta_2} \cdot \beta_\vartheta + \frac{1}{2}mbLs_{\varphi+\vartheta_3} \cdot \sigma_\vartheta$$

$$K_6 = \frac{1}{2}mgls_{\vartheta_1} + \frac{1}{2}mgls_{\vartheta_2} \cdot \beta_\vartheta - mgbc_{\vartheta_3} \cdot \sigma_\vartheta$$

将 v_4 与式(10.6)代入式(10.10)，进一步计算可得

$$K_2 + \frac{1}{4\sigma_\vartheta}ml^2(1 - c_{\vartheta_{1-2}}) - \frac{4hK_3}{ls_{\vartheta_{1-2}}} = -ml\left(\frac{d^2(B_d - h)}{hl} - 2d + \frac{(3c_{1-2}+1)hl}{4(B_d - h)}\right)$$

$$K_6 = mgl\left(\frac{h}{B_d - h} + \frac{d(B_d - h)}{hl}\right)\vartheta_4$$

$$K_4 + K_5 \approx 0$$

至此，式(10.2)可转化为

$$\left(K_1 - \frac{1}{4\sigma_\vartheta}ml^2\sigma_s(1 - c_{\vartheta_{1-2}})\right)\ddot{\varphi} + ml\left(\frac{d^2(B_d - h)}{hl} - 2b + \frac{(3c_{1-2}+1)hl}{4(B_d - h)}\right)\ddot{\vartheta}_4 +$$

$$mgl\left(\frac{h}{B_d - h} + \frac{d(B_d - h)}{hl}\right)\vartheta_4 = 0 \tag{10.11}$$

为揭示吊臂俯仰角 φ 与负载姿态角 ϑ_4 之间的关系，将式(10.11)中各变量的系数依次替换为 Q_1, Q_2 和 Q_3 可得

$$Q_1\ddot{\varphi} + Q_2\ddot{\vartheta}_4 + Q_3\vartheta_4 = 0 \tag{10.12}$$

至此，式(10.12)和式(10.4)的形式相同，可求解系统的振荡频率为

$$\omega = \sqrt{\frac{Q_3}{Q_2}}$$

最终，双桅杆式起重机的系统振荡周期可计算如下：

$$T = \frac{2\pi}{\omega} = 2\pi\sqrt{\frac{Q_2}{Q_3}} = 2\pi\sqrt{\frac{\dfrac{d^2(B_d - h)}{hl} - 2b + \dfrac{(3c_{1-2} + 1)hl}{4(B_d - h)}}{g\left(\dfrac{h}{B_d - h} + \dfrac{d(B_d - h)}{hl}\right)}} \quad (10.13)$$

在式(10.13)中，当吊臂与负载共同运动时，B_d 的大小不断变化。因此，由式(10.13)计算得到的系统振荡周期 T 是时变量。这意味着双桅杆式起重机的系统振荡周期是随着负载吊运过程中系统运动姿态的变化而改变的，即双桅杆式起重机具有时变振荡特性。

10.2.2 极不灵敏型输入整形器

输入整形控制[159,160] 是一种前馈控制方法。它通过分析被控系统的振荡特性，设计一系列具有不同幅值和时延的脉冲信号，在与原始输入信号卷积后，使它们的残余振荡相互抵消，最终达到消摆的目的。其中，极不灵敏型输入整形器具有强鲁棒性和良好的消摆性能。它主要由三个脉冲组成，每个脉冲的时延由被控系统的振荡周期决定，幅值则受所允许的残余振荡调整。

由于双桅杆式起重机的复杂模型拥有大量的状态变量和参数，设计的输入整形器必须具备针对模型不准确的鲁棒性。同时，大质量、大体积的负载吊运也需优先考虑控制的稳定性。结合式(10.13)所计算的振荡周期 T，设计具有如下形式传递函数的极不灵敏型输入整形器：

$$G(s) = \sum_{i=1}^{3} A_i \mathrm{e}^{-t_i s}$$

其中，A_i 为各脉冲幅值；t_i 为各脉冲时延。设定系统允许的残余振荡比例为 V_e，可得如下关系式：

$$t_1 = 0, \quad t_2 = \frac{T}{2}, \quad t_3 = T$$

$$A_1 = A_3, \quad A_2 = 1 - 2A_1, \quad A_1 - A_2 + A_3 = V_e \quad (10.14)$$

由式(10.14)可解得各脉冲幅值，并设计如下极不灵敏型输入整形器[161]：

$$G(s) = \frac{1 + V_e}{4} + \frac{1 - V_e}{2}\mathrm{e}^{-\frac{T}{2}} + \frac{1 + V_e}{4}\mathrm{e}^{-T} \tag{10.15}$$

结合式(10.13)和式(10.15)，可得如图 10.2 所示的所提时变输入整形控制的流程。相较于普通的输入整形控制，所提方法基于反馈得到双桅杆式起重机运动姿态，通过式(10.13)计算该运动姿态的振荡周期，实时输入到式(10.15)中形成对应的输入整形器，最终完成消摆控制。此过程具备对双桅杆式起重机运动姿态变化的鲁棒性，避免预计算振荡周期的局限性。

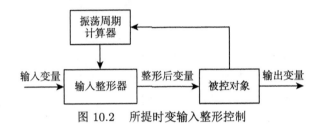

图 10.2   所提时变输入整形控制

10.3   实验结果与分析

本节将基于自主搭建的双桅杆式起重机实验平台进行三组实验，以验证所提控制方法的消摆性能和鲁棒性。

本节将对双桅杆式起重机器人实验平台的机械结构、工作原理等进行简要介绍。如图 10.3 所示，硬件实验平台主要由机械设备、驱动模块和中心控制系统组成。

机械设备包括两台桅杆式起重机、被两根吊绳共同牵引的负载以及各状态变量对应的测量装置等。每台起重机可以实现吊臂的俯仰运动，并由分辨率为 2500 PPR 的伺服电机驱动 (电机型号：SYNTRON 60CB020C-500000)，该电机内置编码器，可以实时测量吊臂俯仰角的变化。同时，负载两端由两根刚性绳分别牵引，其沿绳的摆动角通过固定在吊臂末端 (即图 10.1 中的点 A_1 和点 A_2) 的角编码器进行实时测量 (编码器型号：NEMICON 18M-1000-2MD-A25-15-00E)，分辨率为 1000 PPR。中心控制系统包含装有 MATLAB/Simulink Real-Time Windows Target 实时控制环境的计算机和一块运动控制板 (型号：Googol GTS-800-PV-PCI)，控制算法 (控制周期为 5ms) 将在 Windows XP 运行环境下的计算机中实现。运动控制板将采集到的吊臂俯仰角位移、负载摆动角度等信号发送给计算机，计算机再将计算出的控制信号通过运动控制板传递给驱动模块，最终实现对整体系统的实时控制。实验平台相应的物理参数见表 10.2。

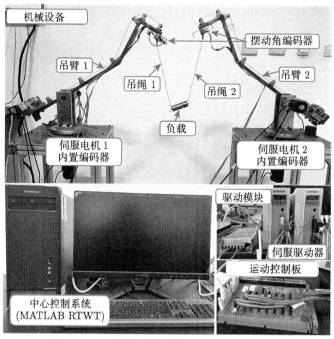

图 10.3　双桅杆式起重机器人硬件实验平台

表 10.2　实验用参数值表

参数	取值及单位	参数	取值及单位
m'	0.5 kg	φ_0	$0°$
m	0.8 kg	φ_t	$30°$
L	0.62 m	t_d	8 s
l	0.45 m	$\varphi_1(0),\ \varphi_2(0)$	$0°$
d	0.1 m	λ_1	3
b	0.0175 m	λ_2	3
h	0.05 m	g	9.8m/s^2
D_0	1.39 m	k_ϑ	diag$\{3.7,\ 3.9\}$
φ_m	$-2°$	φ_M	$37°$
ϑ_{1d}	$21°$	k_p	diag$\{50,\ 50\}$
ϑ_{2d}	$-21°$	Γ	diag$\{2,\ 1,\ 10,\ 7\}$
ϑ_{3d}	$90°$	φ_d	$35°$
$\vartheta_1(0)$	$3°$	$\vartheta_2(0)$	$-3°$
$\vartheta_3(0)$	$90°$		

不失一般性地，将两台起重机的初始状态设置为

$$\varphi_1(0) = \varphi_2(0) = 0°, \quad \vartheta_1(0) = \vartheta_2(0) = 3.2°, \quad \vartheta_3(0) = 90°$$

此外，选择吊臂的期望轨迹为

$$\varphi_1(t) = \varphi_2(t) = -\frac{90}{\pi e^{3t^2}} + \frac{90}{\pi}$$

根据吊臂的期望轨迹和系统的几何约束，可以计算得到目标位置为 $\varphi_{1d} = \varphi_{2d} = 28.6°$，$\vartheta_{3d} = 90°$。考虑起重机的实际作业需求，设定系统允许的残余振荡比例为 $V_e = 10\%$。在完成系统参数的设定后，为具体描述系统的残余振荡，提出如下评价指标：

$$\vartheta_{1R} = \max_{\dot\varphi=0,\, t > \frac{t_{\max}}{2}} \{\vartheta_1(t)_{\rm up} - \vartheta_1(t)_{\rm down}\}$$

其中，$\vartheta_1(t)_{\rm up}$ 表示 $\vartheta_1(t)$ 的局部极大值，即 $\vartheta_1(t)$ 在上一时刻增大，下一时刻减小；$\vartheta_1(t)_{\rm down}$ 表示 $\vartheta_1(t)$ 的局部极小值，即 $\vartheta_1(t)$ 在上一时刻减小，下一时刻增大；$t_{\max}$ 表示系统的总运行时间；$t > t_{\max}/2$ 保证 ϑ_1 在接受评价时已经进入残余振荡状态；$\dot\varphi = 0$ 表示负载已经到达目标位置；$\max\{\vartheta_1(t)_{\rm up} - \vartheta_1(t)_{\rm down}\}$ 为残余振荡幅度的最大值，能够充分体现系统的振荡特性。

为体现本章所计算振荡周期的准确性和时变特性以及所提控制方法的有效性，基于完全相同的极不灵敏型输入整形器，首先将所提方法与未使用输入整形器和使用双桅杆式起重机固定位置振荡周期的输入整形器情况进行对比。随后，通过在实验中修改吊绳长度和负载质量，进一步验证本章方法对系统参数的鲁棒性。下面是三组具体实验。

实验 1：本组实验将未经过输入整形、经过本章所提输入整形器整形和经过使用双桅杆式起重机固定位置振荡周期的输入整形器整形的系统性能进行对比。双桅杆式起重机在运行过程中某个固定位置的振荡周期 T_s 可由式(10.13) 计算得到。不失一般性地，本章选择 $T_s = 1.30$ s。

如图 10.4 所示，在使用输入整形器前，ϑ_1，ϑ_2 和 ϑ_3 都存在明显的大幅摆动，无法准确地稳定在目标位置。其中 $\vartheta_{1R}(t)$ 的值为 3.08°。

如图 10.5 中的实线所示，在使用本章所提输入整形器后，相较于未经输入整形的结果 (图 10.4)，吊臂俯仰角的定位依然准确，ϑ_1，ϑ_2 和 ϑ_3 的摆动幅度显著减小。具体而言，$\vartheta_{1R}(t)$ 的值为 0.14°，降低为输入整形前的 4.5%，这意味着输入整形后负载的摆动得到显著抑制。

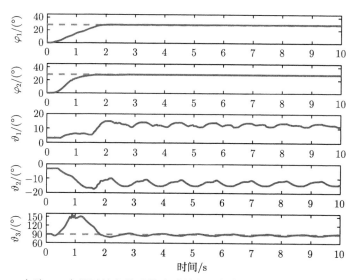

图 10.4 实验 1：未经过输入整形的实验结果 (虚线: 目标位置; 实线: 实验结果)

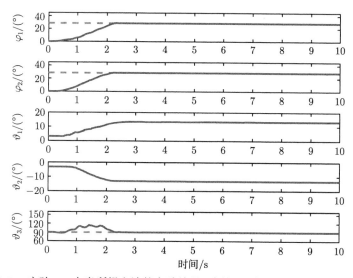

图 10.5 实验 1：本章所提方法的实验结果 (虚线: 目标位置; 实线: 实验结果)

在图 10.6 中，输入整形器使用双桅杆式起重机固定位置振荡周期，虽然具有一定的消摆效果，$\vartheta_{1R}(t)$ 降低到 $1.74°$，为输入整形前的 56.5%，但远不如本章所提输入整形器的消摆效果令人满意。因此，所计算的时变振荡周期比双桅杆式起重机运动过程中的某个固定振荡周期更准确，体现振荡周期时变的必要性。使用该时变振荡周期的输入整形器在保证定位准确的同时，具有令人满意的消摆能力。

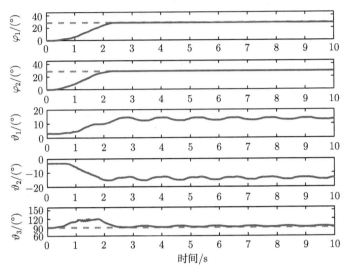

图 10.6　实验 1: 经过使用双桅杆式起重机固定位置振荡周期的输入整形器整形的实验结果
(虚线: 目标位置; 实线: 实验结果)

实验 2: 双桅杆式起重机工作时, 经常需要运送不同负载, 导致负载质量发生变化。同时, 根据式(10.13), 系统振荡周期的计算中不涉及负载质量 m。从理论层面看, 负载质量的变化应对实验结果影响不大。因此, 本组实验将负载质量由 $0.8\,\mathrm{kg}$ 增加至 $1.1\,\mathrm{kg}$, 以验证本章方法对负载质量参数变化的鲁棒性。

由图 10.7 可以看出, 在负载质量发生变化后, ϑ_1, ϑ_2 和 ϑ_3 的振荡特性与变

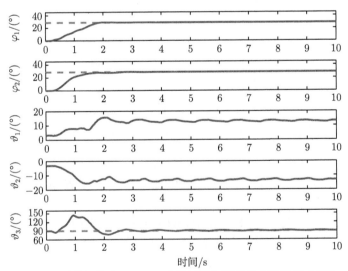

图 10.7　实验 2: 负载质量调整为 $1.1\,\mathrm{kg}$, 未经过输入整形的实验结果 (虚线: 目标位置; 实线: 实验结果)

化前有所区别且存在明显摆动，但如图 10.8 所示，本章所提输入整形器仍然显著地消除了 ϑ_1，ϑ_2 和 ϑ_3 的摆动。因此，本章所提控制方法对负载质量参数的变化具有良好的鲁棒性。

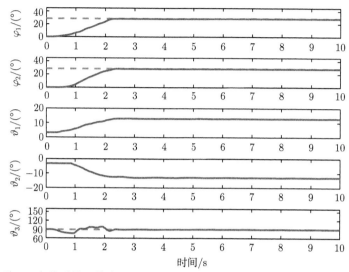

图 10.8　实验 2：负载质量调整为 1.1 kg，本章所提方法的实验结果 (虚线：目标位置；实线：实验结果)

实验 3：在实际作业中，双桅杆式起重机需要通过改变吊绳长度将负载运送至不同位置。同时，式(10.13)中系统振荡周期随吊绳长度变化而改变，而所提时变输入整形控制对系统的不同振荡特性都应具有消摆作用。因此，本组实验将吊绳长度由 0.45 m 增加至 0.60 m，以验证所提方法对吊绳长度参数变化的鲁棒性。

在吊绳长度发生变化后，ϑ_1，ϑ_2 和 ϑ_3 在未经整形时仍有大幅摆动 (图 10.9)。本章所提输入整形器则保持了对 ϑ_1，ϑ_2 和 ϑ_3 摆动的消除作用，几乎没有受到参数变化的影响 (图 10.10)。因此，本章所提控制方法对吊绳长度参数的变化同样具有良好的鲁棒性。

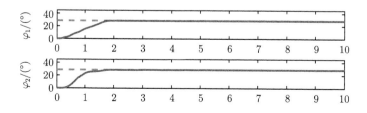

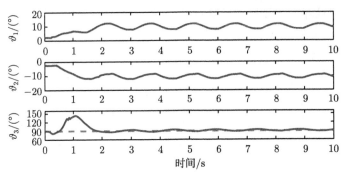

图 10.9　实验 3：吊绳长度调整为 0.60 m，未经过输入整形的实验结果 (虚线: 目标位置; 实线: 实验结果)

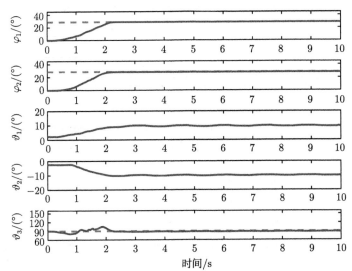

图 10.10　实验 3：吊绳长度调整为 0.60 m，本章方法的实验结果 (虚线: 目标位置; 实线: 实验结果)

10.4　本 章 小 结

　　为实现对双桅杆式起重机的消摆控制，本章提出了一种时变输入整形控制方法，同时实现了起重机的精确定位和对负载摆动的消除。基于系统的几何约束、动力学模型和实际作业情况，推导出状态变量及其高阶导数之间的关系，对系统模型的形式进行了变换。此外，本章还通过分析双桅杆式起重机的动态特性，计算出系统的时变振荡周期，并设计一种极不灵敏型输入整形器。基于上述内容，设计并进行了三组实验，验证了所计算时变振荡周期的准确性、所提输入整形器的有效性和对参数的鲁棒性，表明所提出的针对双桅杆式起重机的时变输入整形控制方法具有令人满意的消摆性能。考虑输入整形控制的时延问题和自身结构的局限性，为实现对双桅杆式起重机更好的控制效果，将在未来的研究中设计更先进的控制方法，以平衡输入整形控制的时延和稳定性，提升系统对外界扰动的鲁棒性。

第 11 章　考虑驱动器饱和约束的输出反馈控制

本章基于拉格朗日建模方法,首先为双桅杆式起重机器人构建了完整且未经近似/线性化处理的动力学模型。并且,提出一种考虑驱动器饱和约束的输出反馈控制方法,构造虚拟系统以生成辅助信号代替速度进行反馈,实现吊臂的精确定位和负载的快速消摆。随后,利用 Lyapunov 方法严格分析闭环系统的稳定性。此外,搭建硬件实验平台,并利用一系列实验验证所提方法的有效性与鲁棒性。

11.1　问 题 描 述

本章将针对双桅杆式起重机器人,充分分析二者之间的相互牵制与配合,使用拉格朗日方法建立完整的非线性动力学模型,为后续控制器设计与分析等工作奠定基础。

如图 10.1 所示,与单一起重机器人不同,双桅杆式起重机器人所吊运的负载往往具有质量/体积大的特性,因而在分析建模的过程中不能被视为质点。表 10.1 介绍了动力学模型中涉及的状态变量和物理参数。充分考虑系统的物理特性,双桅杆式起重机器人的工作原理为两台桅杆式起重机共同吊运一个质量为 m 的大型负载,该负载长为 d,重心 P 到上表面的距离为 b。负载的两端由长度为 l 的刚性吊绳牵引。另外,L 表示吊臂长度,m' 表示吊臂的质量,两台起重机之间的距离为 D_0。$\varphi_1(t)$ 和 $\varphi_2(t)$ 分别为两台起重机的吊臂俯仰角,即受到直接驱动的状态变量;$\vartheta_1(t)$ 和 $\vartheta_2(t)$ 为负载沿吊绳的两个摆角,$\vartheta_3(t)$ 为负载与竖直方向相关的姿态角。不难发现,系统可受到施加在两台起重机吊臂俯仰运动上的驱动力,而负载没有受到任何力/力矩的直接驱动,$\vartheta_1(t)$、$\vartheta_2(t)$ 和 $\vartheta_3(t)$ 是不受直接驱动的变量。显然,该系统以较少的控制输入来控制多个变量,属于非线性欠驱动系统。

观察如图 10.1 所示的物理模型,可以从 x 和 y 两个方向列出如下约束方程:

$$
\begin{cases}
L\cos\varphi_1 + l\sin\vartheta_1 + d\sin\vartheta_3 - l\sin\vartheta_2 + L\cos\varphi_2 = D_0 \\
L\sin\varphi_1 - l\cos\vartheta_1 - d\cos\vartheta_3 + l\cos\vartheta_2 - L\sin\varphi_2 = 0
\end{cases}
\tag{11.1}
$$

根据式 (11.1)，不难发现，5 个状态变量中有 2 个为非独立变量，跟随其他 3 个变量的变化而变化。因此，可将 ϑ_2 和 ϑ_3 分别整理成 $\vartheta_2 = \rho\left(\varphi_1, \varphi_2, \vartheta_1\right)$ 和 $\vartheta_3 = h\left(\varphi_1, \varphi_2, \vartheta_1\right)$ 的形式，并对其两边关于时间求导，得到其微分形式如下[①]：

$$\dot{\vartheta}_2 = \rho_1 \dot{\varphi}_1 + \rho_2 \dot{\varphi}_2 + \rho_3 \dot{\vartheta}_1, \quad \dot{\vartheta}_3 = h_1 \dot{\varphi}_1 + h_2 \dot{\varphi}_2 + h_3 \dot{\vartheta}_1 \tag{11.2}$$

其中

$$\begin{cases} \rho_1 = \dfrac{L\cos\left(\varphi_1 - \vartheta_3\right)}{l\sin\left(\vartheta_2 - \vartheta_3\right)}, \ h_1 = \dfrac{L\cos\left(\varphi_1 - \vartheta_2\right)}{d\sin\left(\vartheta_2 - \vartheta_3\right)}, \ \rho_2 = -\dfrac{L\cos\left(\varphi_2 + \vartheta_3\right)}{l\sin\left(\vartheta_2 - \vartheta_3\right)} \\[3mm] h_2 = -\dfrac{L\cos\left(\varphi_2 + \vartheta_2\right)}{d\sin\left(\vartheta_2 - \vartheta_3\right)}, \ \rho_3 = \dfrac{\sin\left(\vartheta_1 - \vartheta_3\right)}{\sin\left(\vartheta_2 - \vartheta_3\right)}, \ h_3 = \dfrac{l\sin\left(\vartheta_1 - \vartheta_2\right)}{d\sin\left(\vartheta_2 - \vartheta_3\right)} \end{cases} \tag{11.3}$$

进一步地，通过使用如下拉格朗日方程建立系统的原始动力学模型：

$$X_i = \frac{\mathrm{d}}{\mathrm{d}t}\left(\frac{\partial L_a}{\partial \dot{q}_i}\right) - \frac{\partial L_a}{\partial q_i} = Q_i, \quad i = 1, 2, \cdots, 5 \tag{11.4}$$

定义 $\boldsymbol{q} \in \mathbb{R}^5$ 和 $\boldsymbol{Q} \in \mathbb{R}^5$ 分别表示系统的状态变量向量和其所受到的广义力，即

$$\boldsymbol{q} = [\varphi_1, \ \varphi_2, \ \vartheta_1, \ \vartheta_2, \ \vartheta_3]^{\mathrm{T}}, \quad \boldsymbol{Q} = [F_1, \ F_2, \ 0, \ 0, \ 0]^{\mathrm{T}} \tag{11.5}$$

此外，L_a 表示拉格朗日函数，即动能与势能的差。通过严格的分析与计算，得到 L_a 的如下数学表达式：

$$\begin{aligned} L_a = {} & \left(\frac{1}{8}m + \frac{1}{6}m'\right) L^2 \left(\dot{\varphi}_1^2 + \dot{\varphi}_2^2\right) + \frac{1}{8}ml^2\dot{\vartheta}_1^2 + \frac{1}{8}ml^2\dot{\vartheta}_2^2 + \frac{1}{2}mb^2\dot{\vartheta}_3^2 \\ & + \frac{1}{4}mL^2\cos\left(\varphi_1 + \varphi_2\right)\dot{\varphi}_1\dot{\varphi}_2 - \frac{1}{4}mLl\sin\left(\varphi_1 - \vartheta_1\right)\dot{\varphi}_1\dot{\vartheta}_1 \\ & - \frac{1}{4}mLl\sin\left(\varphi_1 - \vartheta_2\right)\dot{\varphi}_1\dot{\vartheta}_2 - \frac{1}{2}mLb\cos\left(\varphi_1 - \vartheta_3\right)\dot{\varphi}_1\dot{\vartheta}_3 \\ & + \frac{1}{4}mLl\sin\left(\varphi_2 + \vartheta_1\right)\dot{\varphi}_2\dot{\vartheta}_1 + \frac{1}{4}mLl\sin\left(\varphi_2 + \vartheta_2\right)\dot{\varphi}_2\dot{\vartheta}_2 \\ & - \frac{1}{2}mLb\cos\left(\varphi_2 + \vartheta_3\right)\dot{\varphi}_2\dot{\vartheta}_3 + \frac{1}{4}ml^2\cos\left(\vartheta_1 - \vartheta_2\right)\dot{\vartheta}_1\dot{\vartheta}_2 \\ & - \frac{1}{2}mbl\sin\left(\vartheta_1 - \vartheta_3\right)\dot{\vartheta}_1\dot{\vartheta}_3 - \frac{1}{2}mbl\sin\left(\vartheta_2 - \vartheta_3\right)\dot{\vartheta}_2\dot{\vartheta}_3 \\ & - \frac{1}{2}\left(m + m'\right)gL\left(\sin\varphi_1 + \sin\varphi_2\right) + \frac{1}{2}mgl\left(\cos\vartheta_1 + \cos\vartheta_2\right) + mgb\sin\vartheta_3 \end{aligned} \tag{11.6}$$

---

① 由于重力效应，并且负载是由两根吊绳共同提升，所以负载本身与两根吊绳不会出现共线的情况，也因此 $\sin\left(\vartheta_2 - \vartheta_3\right) \neq 0$。

随后，将式 (11.6) 代入拉格朗日公式 (11.4) 进行计算，得到系统的原始动力学方程如下：

$$X_1 = \left(\frac{1}{4}m + \frac{1}{3}m'\right)L^2\ddot{\varphi}_1 + \frac{1}{4}mL^2\cos(\varphi_1 + \varphi_2)\ddot{\varphi}_2 - \frac{1}{4}mLl\sin(\varphi_1 - \vartheta_1)\ddot{\vartheta}_1$$
$$- \frac{1}{4}mLl\sin(\varphi_1 - \vartheta_2)\ddot{\vartheta}_2 - \frac{1}{4}mLl\sin(\varphi_1 - \vartheta_1)\ddot{\vartheta}_1 - \frac{1}{4}mLl\sin(\varphi_1 - \vartheta_2)\ddot{\vartheta}_2$$
$$+ \frac{1}{4}mLl\cos(\varphi_1 - \vartheta_1)\dot{\vartheta}_1^2 + \frac{1}{4}mLl\cos(\varphi_1 - \vartheta_2)\dot{\vartheta}_2^2 - \frac{1}{2}mLb\sin(\varphi_1 - \vartheta_3)\dot{\vartheta}_3^2$$
$$+ \frac{1}{2}(m + m')gl\cos\varphi_1 = F_1 \tag{11.7}$$

$$X_2 = \frac{1}{4}mL^2\cos(\varphi_1 + \varphi_2)\ddot{\varphi}_1 + \left(\frac{1}{4}m + \frac{1}{3}m'\right)L^2\ddot{\varphi}_2 + \frac{1}{4}mLl\sin(\varphi_2 + \vartheta_1)\ddot{\vartheta}_1$$
$$+ \frac{1}{4}mLl\sin(\varphi_2 + \vartheta_1)\ddot{\vartheta}_2 - \frac{1}{2}mLb\cos(\varphi_2 + \vartheta_3)\ddot{\vartheta}_3 - \frac{1}{4}mL^2\sin(\varphi_1 + \varphi_2)\dot{\varphi}_1^2$$
$$+ \frac{1}{4}mLl\cos(\varphi_2 + \vartheta_1)\dot{\vartheta}_1^2 + \frac{1}{4}mLl\cos(\varphi_2 + \vartheta_2)\dot{\vartheta}_2^2 + \frac{1}{2}mLb\sin(\varphi_2 + \vartheta_3)\dot{\vartheta}_3^2$$
$$+ \frac{1}{2}(m + m')gl\cos\varphi_2 = F_2 \tag{11.8}$$

$$X_3 = -\frac{1}{4}mLl\sin(\varphi_1 - \vartheta_1)\ddot{\varphi}_1 + \frac{1}{4}mLl\sin(\varphi_2 + \vartheta_1)\ddot{\varphi}_2 + \frac{1}{4}ml^2\ddot{\vartheta}_1$$
$$+ \frac{1}{4}ml^2\cos(\vartheta_1 - \vartheta_2)\ddot{\vartheta}_2 - \frac{1}{2}mbl\sin(\vartheta_1 - \vartheta_3)\ddot{\vartheta}_3 - \frac{1}{4}mLl\cos(\varphi_1 - \vartheta_1)\dot{\varphi}_1^2$$
$$- \frac{1}{4}mLl\cos(\varphi_2 + \vartheta_1)\dot{\varphi}_2^2 + \frac{1}{4}ml^2\sin(\vartheta_1 - \vartheta_2)\dot{\vartheta}_2^2 + \frac{1}{2}mbl\cos(\vartheta_1 - \vartheta_3)\dot{\vartheta}_3^2$$
$$+ \frac{1}{2}mgl\sin\vartheta_1 = 0 \tag{11.9}$$

$$X_4 = -\frac{1}{4}mLl\sin(\varphi_1 - \vartheta_2)\ddot{\varphi}_1 + \frac{1}{4}mLl\sin(\varphi_2 + \vartheta_2)\ddot{\varphi}_2 + \frac{1}{4}ml^2\cos(\vartheta_1 - \vartheta_2)\ddot{\vartheta}_1$$
$$+ \frac{1}{4}ml^2\ddot{\vartheta}_2 - \frac{1}{2}mbl\sin(\vartheta_2 - \vartheta_3)\ddot{\vartheta}_3 - \frac{1}{4}mLl\cos(\varphi_1 - \vartheta_2)\dot{\varphi}_1^2$$
$$+ \frac{1}{4}mLl\cos(\varphi_2 + \vartheta_2)\dot{\varphi}_2^2 - \frac{1}{4}ml^2\sin(\vartheta_1 - \vartheta_2)\dot{\vartheta}_1^2 + \frac{1}{2}mbl\cos(\vartheta_2 - \vartheta_3)\dot{\vartheta}_3^2$$
$$+ \frac{1}{2}mgl\sin\vartheta_2 = 0 \tag{11.10}$$

$$X_5 = -\frac{1}{2}mLb\cos(\varphi_1 - \vartheta_3)\ddot{\varphi}_1 - \frac{1}{2}mLb\cos(\varphi_2 + \vartheta_3)\ddot{\varphi}_2 - \frac{1}{2}mbl\sin(\vartheta_1 - \vartheta_3)\ddot{\vartheta}_1$$

$$-\frac{1}{2}mbl\sin(\vartheta_2 - \vartheta_3)\ddot{\vartheta}_2 + mb^2\ddot{\vartheta}_3 + \frac{1}{2}mLb\sin(\varphi_1 - \vartheta_3)\dot{\varphi}_1^2$$

$$+\frac{1}{2}mLb\sin(\varphi_2 + \vartheta_3)\dot{\varphi}_2^2 - \frac{1}{2}mbl\cos(\vartheta_1 - \vartheta_3)\dot{\vartheta}_1^2 - \frac{1}{2}mbl\cos(\vartheta_2 - \vartheta_3)\dot{\vartheta}_2^2$$

$$-mgb\cos\vartheta_3 = 0 \tag{11.11}$$

为方便后续控制方法设计与分析, 将系统原始动力学模型 (11.7)~(11.11) 改写成矩阵–向量形式, 即

$$M(\boldsymbol{q})\ddot{\boldsymbol{q}} + C(\boldsymbol{q}, \dot{\boldsymbol{q}})\dot{\boldsymbol{q}} + G(\boldsymbol{q}) = \boldsymbol{u} \tag{11.12}$$

其中, $M(\boldsymbol{q}), C(\boldsymbol{q}, \dot{\boldsymbol{q}}) \in \mathbb{R}^{5 \times 5}$ 分别表示惯性矩阵和向心 Coriolis 矩阵; $\boldsymbol{G}(\boldsymbol{q}), \boldsymbol{u} \in \mathbb{R}^5$ 分别表示系统的重力向量和控制输入向量。各矩阵和向量的形式如下:

$$\left\{ \begin{aligned} &M(\boldsymbol{q}) = \begin{bmatrix} M_{11} & M_{12} & M_{13} & M_{14} & M_{15} \\ M_{21} & M_{22} & M_{23} & M_{24} & M_{25} \\ M_{31} & M_{32} & ml^2/4 & M_{34} & M_{35} \\ M_{41} & M_{42} & M_{43} & ml^2/4 & M_{45} \\ M_{51} & M_{52} & M_{53} & M_{54} & mb^2 \end{bmatrix} \\ &C(\boldsymbol{q}, \dot{\boldsymbol{q}}) = \begin{bmatrix} 0 & C_{12} & C_{13} & C_{14} & C_{15} \\ C_{21} & 0 & C_{23} & C_{24} & C_{25} \\ C_{31} & C_{32} & 0 & C_{34} & C_{35} \\ C_{41} & C_{42} & C_{43} & 0 & C_{45} \\ C_{51} & C_{52} & C_{53} & C_{54} & 0 \end{bmatrix} \\ &\boldsymbol{G}(\boldsymbol{q}) = \begin{bmatrix} (m+m')gL\cos\varphi_1/2 \\ (m+m')gL\cos\varphi_2/2 \\ mgl\sin\vartheta_1/2 \\ mgl\sin\vartheta_2/2 \\ -mgb\cos\vartheta_3 \end{bmatrix} \\ &\boldsymbol{u} = \begin{bmatrix} F_1, & F_2, & 0, & 0, & 0 \end{bmatrix}^{\mathrm{T}} \end{aligned} \right. \tag{11.13}$$

其中

$$
\begin{cases}
M_{11} = M_{22} = \left(\frac{1}{4}m + \frac{1}{3}m'\right)L^2, \ M_{12} = M_{21} = \frac{1}{4}mL^2\cos(\varphi_1 + \varphi_2) \\[2mm]
M_{13} = M_{31} = -\frac{1}{4}mLl\sin(\varphi_1 - \vartheta_1), \ M_{14} = M_{41} = -\frac{1}{4}mLl\sin(\varphi_1 - \vartheta_2) \\[2mm]
M_{15} = M_{51} = -\frac{1}{2}mLb\cos(\varphi_1 - \vartheta_3), \ M_{23} = M_{32} = \frac{1}{4}mLl\sin(\varphi_2 + \vartheta_1) \\[2mm]
M_{24} = M_{42} = \frac{1}{4}mLl\sin(\varphi_2 + \vartheta_2), \ M_{25} = M_{52} = -\frac{1}{2}mLb\cos(\varphi_2 + \vartheta_3) \\[2mm]
M_{34} = M_{43} = \frac{1}{4}ml^2\cos(\vartheta_1 - \vartheta_2), \ M_{35} = M_{53} = -\frac{1}{2}mbl\sin(\vartheta_1 - \vartheta_3) \\[2mm]
M_{45} = M_{54} = -\frac{1}{2}mbl\sin(\vartheta_2 - \vartheta_3) \\[2mm]
C_{12} = -\frac{1}{4}mL^2\sin(\varphi_1 + \varphi_2)\dot{\varphi}_2, \ C_{13} = \frac{1}{4}mLl\cos(\varphi_1 - \vartheta_1)\dot{\vartheta}_1 \\[2mm]
C_{14} = \frac{1}{4}mLl\cos(\varphi_1 - \vartheta_2)\dot{\vartheta}_2, \ C_{15} = -\frac{1}{2}mLb\sin(\varphi_1 - \vartheta_3)\dot{\vartheta}_3 \\[2mm]
C_{21} = -\frac{1}{4}mL^2\sin(\varphi_1 + \varphi_2)\dot{\varphi}_1, \ C_{23} = \frac{1}{4}mLl\cos(\varphi_2 + \vartheta_1)\dot{\vartheta}_1 \\[2mm]
C_{24} = \frac{1}{4}mLl\cos(\varphi_2 + \vartheta_2)\dot{\vartheta}_2, \ C_{25} = \frac{1}{2}mLb\sin(\varphi_2 + \vartheta_3)\dot{\vartheta}_3 \\[2mm]
C_{31} = -\frac{1}{4}mLl\cos(\varphi_1 - \vartheta_1)\dot{\varphi}_1, \ C_{32} = \frac{1}{4}mLl\cos(\varphi_2 + \vartheta_1)\dot{\varphi}_2 \\[2mm]
C_{34} = \frac{1}{4}ml^2\sin(\vartheta_1 - \vartheta_2)\dot{\vartheta}_2, \ C_{35} = \frac{1}{2}mbl\cos(\vartheta_1 - \vartheta_3)\dot{\vartheta}_3 \\[2mm]
C_{41} = -\frac{1}{4}mLl\cos(\varphi_1 - \vartheta_2)\dot{\varphi}_1, \ C_{42} = \frac{1}{4}mLl\cos(\varphi_2 + \vartheta_2)\dot{\varphi}_2 \\[2mm]
C_{43} = -\frac{1}{4}ml^2\sin(\vartheta_1 - \vartheta_2)\dot{\vartheta}_1, \ C_{45} = \frac{1}{2}mbl\cos(\vartheta_2 - \vartheta_3)\dot{\vartheta}_3 \\[2mm]
C_{51} = \frac{1}{2}mLb\sin(\varphi_1 - \vartheta_3)\dot{\varphi}_1, \ C_{52} = \frac{1}{2}mLb\sin(\varphi_2 + \vartheta_3)\dot{\varphi}_2 \\[2mm]
C_{53} = -\frac{1}{2}mbl\cos(\vartheta_1 - \vartheta_3)\dot{\vartheta}_1, \ C_{54} = -\frac{1}{2}mbl\cos(\vartheta_2 - \vartheta_3)\dot{\vartheta}_2
\end{cases}
$$

$$(11.14)$$

考虑到在实际情况中，起重机吊臂受机械结构限制，仅在有限范围内运动，并且负载总是在吊臂顶端以下部分摆动。因此，本章节作出如下合理假设 (类似的假设在起重机相关的文献中被广泛采用)。

假设 11.1　吊臂俯仰角 φ_1 和 φ_2 满足 $\varphi_1, \varphi_2 \in (0, \pi/2)$；负载摆角 ϑ_2, ϑ_2 和 ϑ_3 分别满足 $\vartheta_1, \vartheta_2 \in (-\pi/2, \pi/2)$，$\vartheta_3 \in (0, \pi)$。

根据式 (11.1) 可知，系统的 5 个状态变量中存在 2 个非独立变量 ϑ_2 和 ϑ_3。因此，定义 $\boldsymbol{q}_r = [\varphi_1, \varphi_2, \vartheta_1]^{\mathrm{T}}$。结合式 (11.2) 和式 (11.3) 可知式 (11.5) 中的 $\boldsymbol{q}$ 和 $\boldsymbol{q}_r$ 之间的关系是 $\dot{\boldsymbol{q}} = N\dot{\boldsymbol{q}}_r$，其中

$$
N = \begin{bmatrix} 1 & 0 & 0 \\ 0 & 1 & 0 \\ 0 & 0 & 1 \\ \rho_1 & \rho_2 & \rho_3 \\ h_1 & h_2 & h_3 \end{bmatrix} = \begin{bmatrix} 1 & 0 & 0 \\ 0 & 1 & 0 \\ 0 & 0 & 1 \\ \dfrac{L\cos(\varphi_1 - \vartheta_3)}{l\sin(\vartheta_2 - \vartheta_3)} & -\dfrac{L\cos(\varphi_2 + \vartheta_3)}{l\sin(\vartheta_2 - \vartheta_3)} & \dfrac{\sin(\vartheta_1 - \vartheta_3)}{\sin(\vartheta_2 - \vartheta_3)} \\ \dfrac{L\cos(\varphi_1 - \vartheta_2)}{d\sin(\vartheta_2 - \vartheta_3)} & -\dfrac{L\cos(\varphi_2 + \vartheta_2)}{d\sin(\vartheta_2 - \vartheta_3)} & \dfrac{l\sin(\vartheta_1 - \vartheta_2)}{d\sin(\vartheta_2 - \vartheta_3)} \end{bmatrix}
$$

$$(11.15)$$

由此可知，$\ddot{\boldsymbol{q}} = N\ddot{\boldsymbol{q}}_r + \dot{N}\dot{\boldsymbol{q}}_r$。接下来我们可以对原始动力学方程的矩阵-向量形式 (11.12) 进行转化处理，将上述 $\dot{\boldsymbol{q}}$ 和 $\ddot{\boldsymbol{q}}$ 的表达式代入式 (11.12)，有

$$
M(\boldsymbol{q})\left(N\ddot{\boldsymbol{q}}_r + \dot{N}\dot{\boldsymbol{q}}_r\right) + C(\boldsymbol{q}, \dot{\boldsymbol{q}})N\dot{\boldsymbol{q}}_r + G(\boldsymbol{q}) = \boldsymbol{u}
$$

$$
\Longrightarrow \quad M(\boldsymbol{q})N\ddot{\boldsymbol{q}}_r + \left(M(\boldsymbol{q})\dot{N} + C(\boldsymbol{q}, \dot{\boldsymbol{q}})N\right)\dot{\boldsymbol{q}}_r + G(\boldsymbol{q}) = \boldsymbol{u} \tag{11.16}
$$

接下来，在式 (11.16) 两边同时乘 N^{T}，进一步将整体动力学方程整理为关于 $\boldsymbol{q}_r$ 的形式，即

$$
M'\ddot{\boldsymbol{q}}_r + C'\dot{\boldsymbol{q}}_r + \boldsymbol{G}' = \boldsymbol{u}' \tag{11.17}
$$

其中

$$
\begin{cases} M' = N^{\mathrm{T}}M(\boldsymbol{q})N, \quad C' = N^{\mathrm{T}}M(\boldsymbol{q})\dot{N} + N^{\mathrm{T}}C(\boldsymbol{q}, \dot{\boldsymbol{q}})N \\ \boldsymbol{G}' = N^{\mathrm{T}}\boldsymbol{G}(\boldsymbol{q}), \quad \boldsymbol{u}' = N^{\mathrm{T}}\boldsymbol{u} \end{cases} \tag{11.18}
$$

基于整理后的双椹杆式起重机器人动力学模型，本章的控制目标是在不使用速度信号的前提下，考虑驱动器饱和约束的同时，实现吊臂的准确定位和负载摆动的快速抑制，具体如下所述。

(1) 驱动吊臂运动达目标位置 φ_d，可以用数学形式表示为

$$\lim_{t \to \infty} \varphi_1(t) = \varphi_d, \quad \lim_{t \to \infty} \varphi_2(t) = \varphi_d \tag{11.19}$$

(2) 抑制负载摆动，即

$$\lim_{t \to \infty} \vartheta_1(t) = \vartheta_{1d}, \quad \lim_{t \to \infty} \vartheta_2(t) = \vartheta_{2d}, \quad \lim_{t \to \infty} \vartheta_3(t) = \vartheta_{3d} \tag{11.20}$$

其中，$\vartheta_{id}(i = 1, 2, 3)$ 表示负载摆角的期望角度。经过分析，由式 (11.1) 可以计算得到目标角度为

$$\vartheta_{1d} = -\vartheta_{2d} = \arcsin\left(\frac{D_0 - d - 2L\cos\varphi_d}{2l}\right), \quad \vartheta_{3d} = \frac{\pi}{2} \tag{11.21}$$

(3) 考虑实际的驱动器存在饱和约束，须使控制输入保持在以下范围内：

$$|F_1(t)| \leqslant U_{1\max}, \quad |F_2(t)| \leqslant U_{2\max} \tag{11.22}$$

其中，$U_{1\max}$ 和 $U_{2\max}$ 分别代表两个控制输入被允许的最大幅度。

11.2　控制器设计及稳定性分析

为实现上述控制目标，首先定义如下误差信号：

$$e_1 = \varphi_1 - \varphi_d, \ e_2 = \varphi_2 - \varphi_d \quad \Longrightarrow \quad \dot{e}_1 = \dot{\varphi}_1, \ \dot{e}_2 = \dot{\varphi}_2 \tag{11.23}$$

同时，构造一个饱和函数：

$$\Omega(*) = \frac{*}{\sqrt{1 + (*)^2}} \tag{11.24}$$

使用饱和函数的目的是通过改造控制器结构，避免出现驱动器陷入饱和致使控制效果产生影响的情况。因此，一些其他的具有饱和性质的函数，如 $\tanh(*)$ 等，也可以用来代替式 (11.24) 中所构造的饱和函数。

为了克服速度信号不可用的问题，我们引入以下虚拟系统作为滤波器，生成新的辅助信号来代替速度信号进行反馈：

$$\begin{cases} m_{\vartheta 1}\ddot{\varphi}_{1v} = -k_{\vartheta 1}\Omega\left(\varphi_{1v} - \varphi_1\right) + k_{\vartheta 1,2}\Omega\left(\varphi_d - \varphi_{1v}\right) - \sigma_1\dot{\varphi}_{1v} \\ m_{\vartheta 2}\ddot{\varphi}_{2v} = -k_{\vartheta 2}\Omega\left(\varphi_{2v} - \varphi_2\right) + k_{\vartheta 2,2}\Omega\left(\varphi_d - \varphi_{2v}\right) - \sigma_2\dot{\varphi}_{2v} \end{cases} \tag{11.25}$$

其中，φ_{1v} 和 φ_{2v} 表示吊臂俯仰角的虚拟位移；$m_{\vartheta 1}$ 和 $m_{\vartheta 2}$ 表示虚拟质量 (能够为增益的调整增加一个额外的自由度)；σ_1 和 σ_2 作为可调节参数为虚拟系统注入阻尼；此外，$k_{\vartheta 1}$，$k_{\vartheta 1,2}$，$k_{\vartheta 2}$ 和 $k_{\vartheta 2,2}$ 也均为虚拟系统的可调节参数。进一步地，我们可以得到整个虚拟系统的能量如下：

$$E_\vartheta = \frac{1}{2}\left(m_{\vartheta 1}\dot{\varphi}_{1v}^2 + m_{\vartheta 2}\dot{\varphi}_{2v}^2\right) \tag{11.26}$$

基于能量函数 (11.26)，我们构造了如下形式的输出反馈控制器：

$$\begin{cases} F_1 = -k_1\Omega(e_1) + k_{\vartheta 1}\Omega\left(\varphi_{1v} - \varphi_1\right) + \frac{1}{2}\left(m + m'\right)gL\cos\varphi_1 \\[2mm] F_2 = -k_2\Omega(e_2) + k_{\vartheta 2}\Omega\left(\varphi_{2v} - \varphi_2\right) + \frac{1}{2}\left(m + m'\right)gL\cos\varphi_2 \end{cases} \tag{11.27}$$

其中，k_1，k_2，$k_{\vartheta 1}$，$k_{\vartheta 2} \in \mathbb{R}^+$ 表示可调节的控制增益；φ_{1v} 和 φ_{2v} 由虚拟系统 (11.25) 生成。根据 $|\Omega(*)| \leqslant 1$ 以及 $|\cos(*)| \leqslant 1$，为了满足式 (11.22)，控制增益的值在调整时应满足

$$\begin{cases} k_1 + k_{\vartheta 1} + \frac{1}{2}\left(m + m'\right)gL \leqslant U_{1\max} \\[2mm] k_2 + k_{\vartheta 2} + \frac{1}{2}\left(m + m'\right)gL \leqslant U_{2\max} \end{cases} \tag{11.28}$$

此外，由于控制输入需要平衡竖直方向上的重力矩，因此控制输入 F_1 和 F_2 在稳定状态下不会收敛为零。

基于 Lyapunov 方法和 LaSalle 不变性原理，接下来将对本章提出的饱和约束下输出反馈控制器的稳定性问题进行严格的讨论，从理论角度论证其有效性。

在进行详细的稳定性/收敛性分析之前，首先给出如下关于欠驱动的状态变量之间的约束关系。

引理 11.1　当系统稳定，即所有状态变量处于稳定状态不再发生改变的时候，应满足如下方程：

$$2d\cos\vartheta_3\tan\vartheta_1\tan\vartheta_2 = (d\sin\vartheta_3 + 2b\cos\vartheta_3)\tan\vartheta_1 + (d\sin\vartheta_3 - 2b\cos\vartheta_3)\tan\vartheta_2 \tag{11.29}$$

证明　当负载稳定在一固定位置时，如图 11.1 所示，过质心 P 作一条垂直于地面的直线，该直线过两根吊绳延长线的交点 P'。根据图 11.1 可得如下几何约束方程：

$$l_1\sin\vartheta_1 + \frac{1}{2}d\sin\vartheta_3 = (l_1 + l_3)\sin\vartheta_1 + b\cos\vartheta_3 \tag{11.30}$$

$$l_2 \sin \vartheta_2 + \frac{1}{2} d \sin \vartheta_3 = (l_2 + l_4) \sin \vartheta_2 - b \cos \vartheta_3 \tag{11.31}$$

$$L \sin \varphi_1 - L \sin \varphi_2 = (l_1 + l_3) \cos \vartheta_1 - (l_2 + l_4) \cos \vartheta_2 \tag{11.32}$$

联立式 (11.30) 和式 (11.31)，我们可以推导出如下方程：

$$\begin{cases} 2l_3 \sin \vartheta_1 = d \sin \vartheta_3 - 2b \cos \vartheta_3 \\ -2l_4 \sin \vartheta_2 = d \sin \vartheta_3 + 2b \cos \vartheta_3 \end{cases} \tag{11.33}$$

将式 (11.33) 代入式 (11.32)，有

$$2 \tan \vartheta_1 \tan \vartheta_2 \left(L \sin \varphi_1 - L \sin \varphi_2 - l_1 \cos \vartheta_1 + l_2 \cos \vartheta_2 \right)$$

$$= (d \sin \vartheta_3 + 2b \cos \vartheta_3) \tan \vartheta_1 + (d \sin \vartheta_3 - 2b \cos \vartheta_3) \tan \vartheta_2 \tag{11.34}$$

接着，结合式 (11.34) 和约束方程 (11.1) 中的第二个方程，可以得到如下关于 ϑ_1，ϑ_2 和 ϑ_3 的关系式：

$$2d \cos \vartheta_3 \tan \vartheta_1 \tan \vartheta_2 = (d \sin \vartheta_3 + 2b \cos \vartheta_3) \tan \vartheta_1 + (d \sin \vartheta_3 - 2b \cos \vartheta_3) \tan \vartheta_2 \tag{11.35}$$

即为引理 11.1中所示的摆角关系式 (11.29)。　　　　　　　　　　　　　　$\square$

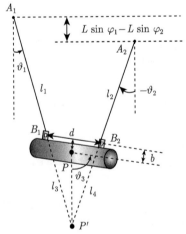

图 11.1　稳定状态下摆角之间的关系图

对于所设计控制器 (11.27)，有如下定理成立。

定理 11.1　对于双桅杆式起重机器人 (11.18)，所提输出反馈控制器 (11.27) 可实现两起重机吊臂的精确定位与负载的快速消摆的同时，限制控制输入量始终不超过预设的阈值，即

$$
\begin{cases}
\lim\limits_{t \to \infty} [\varphi_1, \ \varphi_2, \ \dot{\varphi}_1, \ \dot{\varphi}_2]^{\mathrm{T}} = [\varphi_d, \ \varphi_d, \ 0, \ 0]^{\mathrm{T}} \\[2mm]
\lim\limits_{t \to \infty} \left[\vartheta_1, \ \vartheta_2, \ \vartheta_3, \ \dot{\vartheta}_1, \ \dot{\vartheta}_2, \ \dot{\vartheta}_3 \right]^{\mathrm{T}} = [\vartheta_{1d}, \ \vartheta_{2d}, \ \pi/2, \ 0, \ 0, \ 0]^{\mathrm{T}}
\end{cases}
\tag{11.36}
$$

其中，ϑ_{1d} 和 ϑ_{2d} 的形式如式 (11.21) 所示。

证明　首先，构造如下 Lyapunov 候选函数：

$$
V = E_{\vartheta} + \frac{1}{2} \dot{\boldsymbol{q}}_r^{\mathrm{T}} M' \dot{\boldsymbol{q}}_r + \frac{1}{2} mgl \left((\cos \vartheta_{1d} + \cos \vartheta_{2d}) - (\cos \vartheta_1 + \cos \vartheta_2) \right)
$$

$$
+ mgb \left(1 - \sin \vartheta_3 \right) + \sum_{i=1}^{2} k_i \int_0^{e_i} \Omega(s) \mathrm{d}s + \sum_{i=1}^{2} k_{\vartheta i} \int_0^{\varphi_{iv} - \varphi_i} \Omega(s) \mathrm{d}s
$$

$$
+ \sum_{i=1}^{2} k_{\vartheta i, 2} \int_0^{\varphi_d - \varphi_{iv}} \Omega(s) \mathrm{d}s \geqslant 0
\tag{11.37}
$$

其中，E_{ϑ} 由式 (11.26) 产生。接着，对式 (11.37) 的两边关于时间求微分，并代入式 (11.26) 和控制器 (11.27)，经过整理，可得

$$
\dot{V} = -\sigma_1 \dot{\varphi}_{1v}^2 - \sigma_2 \dot{\varphi}_{2v}^2 \leqslant 0
\tag{11.38}
$$

因此，不难发现 $V(t) \leqslant V(0)$。又由于 $V(0)$ 有界，可知 $V(t) \in \mathcal{L}_{\infty}$。进一步地，根据式 (11.23)、式 (11.26)、式 (11.27) 和式 (11.37) 可得如下结论：

$$
\begin{cases}
e_1, \ e_2, \ \dot{\varphi}_1, \ \dot{\varphi}_2, \ \varphi_1, \ \varphi_2, \ \dot{\vartheta}_1, \ \dot{\vartheta}_2, \ \dot{\vartheta}_3 \in \mathcal{L}_{\infty} \\[2mm]
F_1, \ F_2, \ \varphi_{1v}, \ \dot{\varphi}_{1v}, \ \varphi_{2v}, \ \dot{\varphi}_{2v} \in \mathcal{L}_{\infty}
\end{cases}
\tag{11.39}
$$

接下来，通过使用 LaSalle 不变性原理将进一步完成对定理 11.1 的证明。令 $\dot{V} = 0$，我们定义如下形式的集合 $\mathcal{S}$：

$$
\mathcal{S} = \left\{ \varphi_1, \ \varphi_2, \ \vartheta_1, \ \dot{\varphi}_1, \ \dot{\varphi}_2, \ \dot{\vartheta}_1 | \dot{V} = 0 \right\}
\tag{11.40}
$$

与此同时，令 $\mathcal{T}$ 为 $\mathcal{S}$ 中的最大不变集。结合式 (11.38)，可知在 $\mathcal{T}$ 中，有

$$
\dot{\varphi}_{1v} = \dot{\varphi}_{2v} = 0 \implies \ddot{\varphi}_{1v} = \ddot{\varphi}_{2v} = 0
\tag{11.41}
$$

由此，我们可以发现在 $\mathcal{T}$ 中，为使式 (11.41) 成立，φ_{1v} 和 φ_{2v} 应是常数。故可将 φ_{1v} 和 φ_{2v} 分别定义为 $\varphi_{1v} = \beta_1$ 和 $\varphi_{2v} = \beta_2$，其中 β_1 和 β_2 都是常数。结合虚拟系统 (11.25) 和式 (11.41)，得

$$\varphi_1 = \varphi_{1v} = \beta_1, \quad \varphi_2 = \varphi_{2v} = \beta_2$$

$$\implies \quad \dot{\varphi}_1 = \dot{\varphi}_2 = 0, \quad \ddot{\varphi}_1 = \ddot{\varphi}_2 = 0 \quad \implies \quad \dot{e}_1 = \dot{e}_2 = 0 \tag{11.42}$$

由式 (11.42) 可以进一步推导得出

$$e_1 = \varphi_1 - \varphi_d = \beta_1 - \varphi_d, \quad e_2 = \varphi_2 - \varphi_d = \beta_2 - \varphi_d \tag{11.43}$$

结合式 (11.27) 中的控制器形式和式 (11.42)，我们可以推导得出不变集 $\mathcal{T}$ 中具有如下结果：

$$\begin{cases} F_1 = -k_1 \dfrac{\beta_1 - \varphi_d}{\sqrt{1 + (\beta_1 - \varphi_d)^2}} + \dfrac{1}{2}(m + m')gL\cos\beta_1 \\[4mm] F_2 = -k_2 \dfrac{\beta_2 - \varphi_d}{\sqrt{1 + (\beta_2 - \varphi_d)^2}} + \dfrac{1}{2}(m + m')gL\cos\beta_2 \end{cases} \tag{11.44}$$

进一步地，我们将 $\mathcal{T}$ 中的结果 (11.42) 代回系统动力学方程 (11.17)，得到如下形式的 F_1：

$$F_1 = \left(M_{13} + \dot{\rho}_3 M_{14} + \dot{h}_3 M_{15} + C_{13} + \rho_3 C_{14} + h_3 C_{15}\right)\dot{\vartheta}_1$$
$$+ (M_{13} + \rho_3 M_{14} + h_3 M_{15})\ddot{\vartheta}_1 + \frac{1}{2}(m + m')gL\cos\varphi_1 \tag{11.45}$$

接着，将式 (11.3)、式 (11.13) 和式 (11.45) 的结果代入式 (11.45) 进行整理，可以得到

$$F_1 = \left(-\frac{1}{4}mL\sin(\varphi_1 - \vartheta_1) - \frac{\sin(\vartheta_1 - \vartheta_3)}{4\sin(\vartheta_2 - \vartheta_3)}mLl\sin(\varphi_1 - \vartheta_2)\right.$$
$$\left. - \frac{l\sin(\vartheta_1 - \vartheta_2)}{2d\sin(\vartheta_2 - \vartheta_3)}mLb\cos(\varphi_1 - \vartheta_3)\right)\ddot{\vartheta}_1 + \left(-\frac{1}{4}mLl\sin(\varphi_1 - \vartheta_1)\right.$$
$$- \frac{\cos(\vartheta_1 - \vartheta_3)}{4\sin(\vartheta_2 - \vartheta_3)}mLl\sin(\varphi_1 - \vartheta_2)\dot{\vartheta}_1 - \frac{l\cos(\vartheta_1 - \vartheta_2)}{2d\sin(\vartheta_2 - \vartheta_3)}mLb\cos(\varphi_1 - \vartheta_3)\dot{\vartheta}_1$$
$$+ \frac{1}{4}mLl\cos(\varphi_1 - \vartheta_1)\dot{\vartheta}_1 + \frac{l\sin(\vartheta_1 - \vartheta_3)}{2d(\sin(\vartheta_2 - \vartheta_3))^2}mLb\cos(\varphi_1 - \vartheta_3)\dot{\vartheta}_2$$
$$+ \frac{\sin(\vartheta_1 - \vartheta_3)}{4\sin(\vartheta_2 - \vartheta_3)}mLl\cos(\varphi_1 - \vartheta_2)\dot{\vartheta}_2 - \frac{\sin(\vartheta_1 - \vartheta_2)}{4(\sin(\vartheta_2 - \vartheta_3))^2}mLl\sin(\varphi_1 - \vartheta_2)\dot{\vartheta}_3$$

$$+ \frac{\sin\left(\vartheta_1 - \vartheta_3\right)\cos\left(\vartheta_2 - \vartheta_3\right)}{4\left(\sin\left(\vartheta_2 - \vartheta_3\right)\right)^2} mLl\sin\left(\varphi_1 - \vartheta_2\right)\dot{\vartheta}_2$$

$$- \frac{l\sin\left(\vartheta_1 - \vartheta_2\right)\cos\left(\vartheta_2 - \vartheta_3\right)}{2d\left(\sin\left(\vartheta_2 - \vartheta_3\right)\right)^2} mLb\cos\left(\varphi_1 - \vartheta_3\right)\dot{\vartheta}_3$$

$$\left. - \frac{l\sin\left(\vartheta_1 - \vartheta_2\right)}{2d\sin\left(\vartheta_2 - \vartheta_3\right)} mLb\sin\left(\varphi_1 - \vartheta_3\right)\dot{\vartheta}_3 \right)\dot{\vartheta}_1 + \frac{1}{2}\left(m + m'\right)gL\cos\varphi_1 \quad (11.46)$$

将式 (11.42) 中 $\varphi_1 = \varphi_{1v} = \beta_1$ 代入式 (11.46) 再次进行整理, 有如下结果:

$$\frac{F_1 - \left(m + m'\right)gL\cos\beta_1/2}{mL} = \frac{\mathrm{d}}{\mathrm{d}t}\left(\varsigma_1\left(\cdot\right)\right) \quad (11.47)$$

其中

$$\varsigma_1(\cdot) = \left(-\frac{1}{4}l\sin\left(\beta_1 - \vartheta_1\right) - \frac{\sin\left(\vartheta_1 - \vartheta_3\right)}{4\sin\left(\vartheta_2 - \vartheta_3\right)}l\sin\left(\beta_1 - \vartheta_2\right) \right.$$

$$\left. - \frac{l\sin\left(\vartheta_1 - \vartheta_2\right)}{2d\sin\left(\vartheta_2 - \vartheta_3\right)}b\cos\left(\beta_1 - \vartheta_3\right) \right)\dot{\vartheta}_1 - \frac{1}{4}l\cos\left(\beta_1 - \vartheta_1\right) \quad (11.48)$$

对式 (11.47) 两边同时求积分, 可得

$$\varsigma_1(\cdot) = \frac{F_1 - \left(m + m'\right)gL\cos\beta_1/2}{mL}t + \beta_3 \quad (11.49)$$

这里, β_3 是一个常数。为完成后续证明, 可使用反证法, 先假设 $F_1 - \left(m + m'\right)gL\cos\beta_1/2 \neq 0$。那么当 $t \to \infty$ 时, 有

$$\left|\varsigma_1(\cdot)\right| \to +\infty \quad (11.50)$$

然而, 根据式 (11.39) 中的有界结论以及正弦、余弦函数的有界性, 我们不难发现, 式 (11.48) 中的 $\varsigma_1(\cdot)$ 是有界的, 即 $\varsigma_1(\cdot) \in \mathcal{L}_\infty$。这与式 (11.50) 中根据假设得到的结论是矛盾的。因此, 假设错误, 我们可以得到如下结论:

$$F_1 - \frac{\left(m + m'\right)gL\cos\beta_1}{2} = 0, \quad \left|\varsigma_1(\cdot)\right| = \beta_3 \quad (11.51)$$

接着, 将式 (11.51) 中结果代入式 (11.44) 中的 F_1, 有

$$\frac{k_1\left(\beta_1 - \varphi_d\right)}{\sqrt{1 + \left(\beta_1 - \varphi_d\right)^2}} = 0 \quad \Longrightarrow \quad \beta_1 - \varphi_d = 0 \quad (11.52)$$

进一步根据式 (11.42) 可得

$$e_1 = 0, \quad \varphi_1 = \varphi_d \tag{11.53}$$

接下来，我们用类似的方法来分析 φ_2 的收敛情况。将式 (11.42) 的结果代入系统动力学方程 (11.17) 进行缜密的计算，可得

$$
\begin{aligned}
F_2 = & \left(\frac{1}{4}mL\sin(\varphi_2+\vartheta_1) + \frac{\sin(\vartheta_1-\vartheta_3)}{4\sin(\vartheta_2-\vartheta_3)}mLl\sin(\varphi_2+\vartheta_2) \right. \\
& \left. - \frac{l\sin(\vartheta_1-\vartheta_2)}{2d\sin(\vartheta_2-\vartheta_3)}mLb\cos(\varphi_2+\vartheta_3) \right)\ddot{\vartheta}_1 + \left(\frac{1}{4}mLl\sin(\varphi_2+\vartheta_1) \right. \\
& + \frac{\cos(\vartheta_1-\vartheta_3)}{4\sin(\vartheta_2-\vartheta_3)}mLl\sin(\varphi_2+\vartheta_2)\dot{\vartheta}_1 - \frac{l\cos(\vartheta_1-\vartheta_2)}{2d\sin(\vartheta_2-\vartheta_3)}mLb\cos(\varphi_2+\vartheta_3)\dot{\vartheta}_1 \\
& + \frac{1}{4}mLl\cos(\varphi_2+\vartheta_1)\dot{\vartheta}_1 + \frac{l\sin(\vartheta_1-\vartheta_3)}{2d(\sin(\vartheta_2-\vartheta_3))^2}mLb\cos(\varphi_2+\vartheta_3)\dot{\vartheta}_2 \\
& + \frac{\sin(\vartheta_1-\vartheta_3)}{4\sin(\vartheta_2-\vartheta_3)}mLl\cos(\varphi_2+\vartheta_2)\dot{\vartheta}_2 + \frac{\sin(\vartheta_1-\vartheta_2)}{4(\sin(\vartheta_2-\vartheta_3))^2}mLl\sin(\varphi_2+\vartheta_2)\dot{\vartheta}_3 \\
& - \frac{\sin(\vartheta_1-\vartheta_3)\cos(\vartheta_2-\vartheta_3)}{4(\sin(\vartheta_2-\vartheta_3))^2}mLl\sin(\varphi_2+\vartheta_2)\dot{\vartheta}_2 \\
& - \frac{l\sin(\vartheta_1-\vartheta_2)\cos(\vartheta_2-\vartheta_3)}{2d(\sin(\vartheta_2-\vartheta_3))^2}mLb\cos(\varphi_2+\vartheta_3)\dot{\vartheta}_3 \\
& \left. + \frac{l\sin(\vartheta_1-\vartheta_2)}{2d\sin(\vartheta_2-\vartheta_3)}mLb\sin(\varphi_2+\vartheta_3)\dot{\vartheta}_3 \right)\dot{\vartheta}_1 + \frac{1}{2}(m+m')gL\cos\varphi_2 \tag{11.54}
\end{aligned}
$$

然后，定义 $\varsigma_2(\cdot)$ 为

$$
\begin{aligned}
\varsigma_2(\cdot) = & \left(\frac{1}{4}l\sin(\beta_2+\vartheta_1) + \frac{\sin(\vartheta_1-\vartheta_3)}{4\sin(\vartheta_2-\vartheta_3)}l\sin(\beta_2+\vartheta_2) \right. \\
& \left. - \frac{l\sin(\vartheta_1-\vartheta_2)}{2d\sin(\vartheta_2-\vartheta_3)}b\cos(\beta_2+\vartheta_3) \right)\dot{\vartheta}_1 - \frac{1}{4}l\cos(\beta_2+\vartheta_1) \tag{11.55}
\end{aligned}
$$

根据式 (11.54) 和式 (11.55) 可以直接得出

$$\frac{F_2 - (m+m')gL\cos(\beta_2/2)}{mL} = \frac{\mathrm{d}}{\mathrm{d}t}(\varsigma_2(\cdot)) \tag{11.56}$$

$$\implies \quad \varsigma_2(\cdot) = \frac{F_2 - (m+m')gL\cos(\beta_2/2)}{mL}t + \beta_4 \tag{11.57}$$

其中, β_4 是一个常数。使用与式 (11.49)~式 (11.51) 类似的反证法可以得到如下结果:

$$F_2 - \frac{1}{2}\left(m + m'\right) gL \cos \beta_2 = 0, \quad |\varsigma_2(\cdot)| = \beta_4 \tag{11.58}$$

类似地, 将式 (11.58) 代入式 (11.44) 的 F_2, 有

$$\beta_2 - \varphi_d = 0 \quad \Longrightarrow \quad e_2 = 0, \quad \varphi_2 = \varphi_d \tag{11.59}$$

进一步地, 我们通过数学推导来继续证明非直接驱动变量 ϑ_1、ϑ_2 和 ϑ_3 的收敛性。将式 (11.53) 和式 (11.59) 中的结果代入系统约束方程 (11.1), 可得

$$\begin{cases} l \sin \vartheta_1 + d \sin \vartheta_3 - l \sin \vartheta_2 + 2L \cos \varphi_d = D_0 \\ -l \cos \vartheta_1 - d \cos \vartheta_3 + l \cos \vartheta_2 = 0 \end{cases} \tag{11.60}$$

除此以外, 最大不变集 $\mathcal{T}$ 中的状态变量处于稳定, 满足引理 11.1中提出的变量间关系。因此, 在 $\mathcal{T}$ 中, 应同时满足式 (11.60) 和式 (11.29), 故列出如下方程组:

$$\begin{cases} l \sin \vartheta_1 + d \sin \vartheta_3 - l \sin \vartheta_2 + 2L \cos \varphi_d = D_0 \\ -l \cos \vartheta_1 - d \cos \vartheta_3 + l \cos \vartheta_2 = 0 \\ 2d \cos \vartheta_3 \tan \vartheta_1 \tan \vartheta_2 = (d \sin \vartheta_3 + 2b \cos \vartheta_3) \tan \vartheta_1 + (d \sin \vartheta_3 - 2b \cos \vartheta_3) \tan \vartheta_2 \end{cases} \tag{11.61}$$

利用数学工具求解上述方程组, 可以解得

$$\begin{cases} \vartheta_1 = \arcsin\left(\dfrac{D_0 - d - 2L \cos \varphi_d}{2l}\right) = \vartheta_{1d} \\ \vartheta_2 = -\arcsin\left(\dfrac{D_0 - d - 2L \cos \varphi_d}{2l}\right) = \vartheta_{2d} \\ \vartheta_3 = \dfrac{\pi}{2} \end{cases} \tag{11.62}$$

显然, $\mathcal{T}$ 中有 $\dot{\vartheta}_1$, $\dot{\vartheta}_2$, $\dot{\vartheta}_3$, $\ddot{\vartheta}_1$, $\ddot{\vartheta}_2$, $\ddot{\vartheta}_3 = 0$。根据式 (11.53)、式 (11.59) 和式 (11.62) 所示的结果, 可知 $\mathcal{S}$ 中的最大不变集 $\mathcal{T}$ 中只包含平衡点。结合 LaSalle 不变性原理, 在输出反馈控制器 (11.27) 的作用下, 闭环系统在平衡点附近具有渐近稳定的性质。定理 11.1得证。　　　　　　　　　　　　　　　　　　　　　□

11.3　实验结果与分析

为验证输出反馈控制器 (11.27) 的实际控制性能, 本节将在硬件实验平台 (图 10.3) 上进行三组实验。具体而言, 我们将通过第一组实验来验证本章算法

在吊臂定位、负载消摆等方面的性能，并与 LQR 方法进行对比；在实际中，不同的吊运任务可能面临不同的负载质量/系统参数，因此我们将在第二组实验验证系统面临参数变化时的鲁棒性；最后一组实验通过人为地对系统施加干扰，模拟系统在面对外界 (环境) 干扰时的表现，以验证其抗干扰能力。

本章实验参数设置为 $D_0 = 1.5$，其他硬件实验平台参数设置见表 10.2。此外，根据实际情况，我们将驱动器的最大输出值设置为

$$U_{1\max} = U_{2\max} = 50 \text{ N} \cdot \text{m} \tag{11.63}$$

在不影响通用性的前提下，将两台起重机的初始位置和目标位置选择为

$$\varphi_1(0) = \varphi_2(0) = 0°, \quad \varphi_d = 30°$$

$$\vartheta_{1d} = -\vartheta_{2d} = 21°, \quad \vartheta_{3d} = 90°$$

第一组实验 (有效性测试)。根据式 (11.22) 中所提到的控制输入饱和约束，以及为使该式成立，控制增益所需满足的条件 (11.28)，本章所提控制器的控制增益选取如下：

$$k_1 = 29, \quad k_2 = 30, \quad k_{\vartheta 1} = 12, \quad k_{\vartheta 2} = 15$$

$$m_{\vartheta 1} = m_{\vartheta 2} = 0.8, \quad k_{\vartheta 1,2} = 3, \quad k_{\vartheta 2,2} = 5, \quad \sigma_1 = 1, \quad \sigma_2 = 1.5$$

为了验证所提控制方法的控制性能，本组实验将与 LQR 控制器进行比较。经过多次实验，LQR 控制器的 Q 和 R 矩阵被分别选取为 $Q_1 = \text{diag}\{300, 20, 0.01, 0\}$、$R_1 = 0.2$、$Q_2 = \text{diag}\{170, 80, 0.01, 0\}$ 以及 $R_2 = 0.5$。随后，通过使用 MATLAB 工具箱计算出对应的 LQR 控制输入为 $F_{\text{LQR1}} = -90.5385(\varphi_1 - \varphi_d) - 11.5925\dot{\varphi}_1 + 0.0154(\vartheta_1 - \vartheta_{1d}) + 0.0208\dot{\vartheta}_1 + 3.9494\cos\varphi_1$ 和 $F_{\text{LQR2}} = -18.1792(\varphi_2 - \varphi_d) - 12.5052\dot{\varphi}_2 + 0.0133(\vartheta_2 - \vartheta_{2d}) + 0.0104\dot{\vartheta}_2 + 3.9494\cos\varphi_2$。此外，我们引入如下指标以更好地描述两种控制方法的性能：

(1) $\psi_{\varphi i}$, $i = 1, 2$: 吊臂最终运动到的位置；

(2) $v_{\vartheta i}$, $i = 1, 2$: 负载的残余摆动；

(3) Λ_i, $i = 1, 2$: 控制输入的最大幅值，即 $\Lambda_i = \max_{t \geq 0}\{|F_i(t)|\}$。

相关实验结果如表 11.1、图 11.2 和图 11.3 所示。

表 11.1   第一组实验的数据指标

控制方法	$\psi_{\varphi 1}/\psi_{\varphi 2}/(°)$	$\theta_{\vartheta 1}/\theta_{\vartheta 2}/(°)$	$\Lambda_1/\Lambda_2/\text{N}$
输出反馈控制器	29.91/30.17	0.37/0.08	26.02/17.88
LQR 控制器	30.46/31.82	1.80/0.39	51.34/13.43

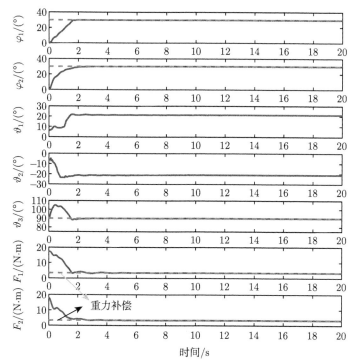

图 11.2　第一组实验–输出反馈控制方法 (实线和虚线分别表示实验结果和目标位置)

如图 11.2 所示, 本章所提输出反馈控制方法能够快速准确地将吊臂驱动至目标位置, 抑制并消除负载摆动。对比如图 11.2 和图 11.3 所示的两个实验结果, 不难看出吊臂均能在 2 s 内运动至目标角度, 并且俯仰角定位误差分别小于 0.20°和 1.90°。然而, 在 LQR 控制方法中, 吊臂俯仰角不仅存在一定超调, 并且, 如 $\psi_{\varphi i}$ 所示的稳态误差并没有完全消除。从另一方面来看, 本章所设计的输出反馈控制方法在抑制和消除负载摆动方面比对比方法表现更好, 负载的摆动能够被有效抑制, 摆动幅度大幅缩减, ϑ_1 和 ϑ_2 仅存一点可被接受的残余摆动。而在 LQR 控制方法中, 负载摆动角没有得到快速的抑制, 10 s 后仍存在可见幅度的负载摆动, 并且在实验结束后仍有残余 (表 11.1 中的性能指标 $\theta_{\vartheta i}$)。除此之外, 通过合理调节控制增益, 所设计控制器的控制输入总能保持在预先设定的约束范围内; 而对比方法的控制增益难以调节, 其中存在部分饱和情况, 这在一定程度上影响了控制性能。

第二组实验 (鲁棒性测试)。本组实验期望通过改变系统参数值, 观察所提输出反馈控制方法的控制效果, 进而验证其面对系统参数不确定时的鲁棒性。具体而言, 我们将在不改变控制增益和虚拟系统参数的情况下, 分别进行如下两种改变。

(1) 将两根吊绳的绳长由 0.45 m 延长至 0.6 m;

(2) 将负载质量由 0.8 kg 调整为 1 kg。

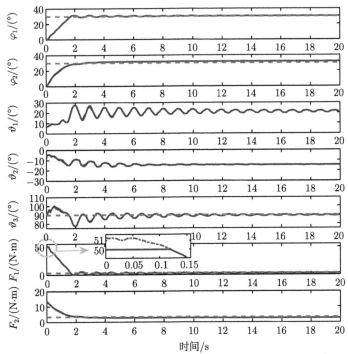

图 11.3　第一组实验–LQR 控制方法 (实线和虚线分别表示实验结果和目标位置; 点划线表示计算得到的控制输入)

两种情况的实验结果分别如图 11.4 中实线和虚线所示。不难发现, 尽管吊绳长度/负载质量发生了改变, 吊臂的精确定位和负载的快速消摆性能几乎没有受到影响, 仍然得到了有效的保证。这表明控制器 (11.27) 不会过分依赖于系统模型参数, 在克服系统参数不确定性带来的影响时, 具有一定的鲁棒性。

第三组实验 (抗干扰能力测试)。双桅杆式起重机器人在实际工作环境中可能会受到不同程度的干扰, 若无法有效抵御外界干扰, 工作效率和安全程度将大打折扣。为此, 本组实验将在不改变控制增益和虚拟系统参数的前提下, 通过人为地对系统增加干扰来验证所提控制方法的抗干扰能力。考虑如下两种情况。

情况 1: 初始干扰。如图 11.5 所示, 在实验开始前人为敲击负载, 使其产生摆动, 将负载的初始摆角从 $\vartheta_1(0) = 7°$, $\vartheta_2(0) = -7°$ 改变为 $\vartheta_1(0) = 3.21°$, $\vartheta_2(0) = -5.08°$。

情况 2: 过程干扰。如图 11.6 所示, 在实验过程中, 当系统稳定后, 对吊臂人为施加外界干扰。

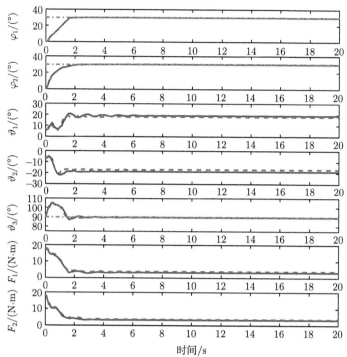

图 11.4 第二组实验–输出反馈控制方法 (实线表示将吊绳延长至 0.6 m 的实验结果；虚线表示负载质量改为 1 kg 的实验结果；点划线代表目标位置)

通过观察如图 11.5 和图 11.6 所示的实验结果，我们可以发现本章所提控制方法对非零初始条件和外部干扰均不敏感。具体而言，在情况 1 中，通过如图 11.5 所示的实验结果，不难发现吊臂定位与消摆性能均没有受到初始干扰的影响。吊臂的俯仰角同样会在 2 s 内到达目标位置，负载的摆动也可以在 2.4 s 内被消除。此外，在情况 2 中，所提控制方法能够有效地克服外界干扰。在受到干扰后，控制系统能够在 3 s 左右恢复原来的稳定状态，具有较强的抗干扰能力。由此可见，本章所提控制方法在面对外界干扰时，具有一定的抗干扰能力，确保系统拥有良好的控制性能，以保障工作效率和安全性。

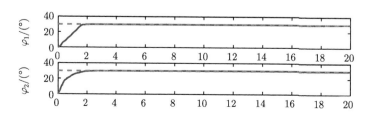

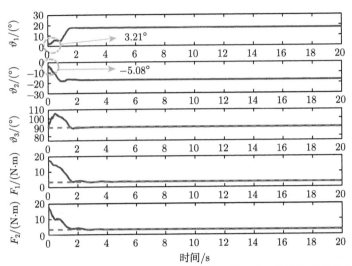

图 11.5　第三组实验：情况 1-输出反馈控制方法面临初始干扰 (实线和虚线分别表示实验结
果和目标位置)

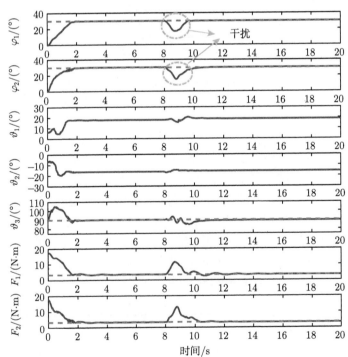

图 11.6　第三组实验：情况 2-输出反馈控制方法面临过程干扰 (实线和虚线分别表示实验结
果和目标位置)

11.4　本 章 小 结

本章对双桅杆式起重机器人的动力学特性进行了详细的分析，在不进行任何线性化/近似操作的基础上，设计了一种无需速度反馈的有界输出反馈控制器，可以在实现吊臂精确定位的同时，有效抑制负载摆动。通过构造一个虚拟系统以生成辅助信号代替速度进行反馈，能够有效避免使用包含噪声的数值微分信号/加装速度信号传感器增加机械结构负担。与此同时，应用饱和函数的特性，通过合理调节控制增益能够有效避免驱动器陷入饱和状态，具有结构简单、便于实际应用的优点。最后，基于 Lyapunov 方法的严格数学分析，以及在自行搭建的硬件实验平台上进行的多组实验，从理论和实际两个角度分别验证了所提控制方法的有效性，且在面临参数不确定性/外界干扰时具有一定的鲁棒性。

第 12 章　抑制吊臂运动超调的自适应积分控制

本章提出了一种抑制超调的自适应积分控制器。通过引入积分项提高定位准确度，并使用自适应重力补偿的方法，进一步提高控制方法的精确性。同时，构造吊臂运动范围约束项，能够有效抑制吊臂运动超调的出现，将吊臂限制在给定的运动范围内。从理论上借助 Lyapunov 方法完成闭环系统在平衡点处的稳定性分析，并将所提控制方法应用于实验平台，从实际上验证其有效性。

12.1　问 题 描 述

基于双桅杆式起重机器人动力学模型 (11.7)~(11.11)，考虑如下动力学方程的矩阵–向量形式：

$$M(\boldsymbol{q})\ddot{\boldsymbol{q}} + C(\boldsymbol{q}, \dot{\boldsymbol{q}})\dot{\boldsymbol{q}} + G(\boldsymbol{q}) = \boldsymbol{u} + \boldsymbol{D} \tag{12.1}$$

其中，$\boldsymbol{q}$，$M(\boldsymbol{q})$，$C(\boldsymbol{q}, \dot{\boldsymbol{q}})$，$\boldsymbol{G}(\boldsymbol{q})$ 和 $\boldsymbol{u}$ 的定义分别如式 (11.5) 和式 (11.13) 所示；$\boldsymbol{D}$ 表示阻尼向量，表示为 $\boldsymbol{D} = \begin{bmatrix} 0, & 0, & -c_1\dot{\vartheta}_1, & -c_2\dot{\vartheta}_2, & -c_3\dot{\vartheta}_3 \end{bmatrix}^{\mathrm{T}}$，$c_1$，$c_2$ 和 c_3 为摩擦系数。根据式 (11.13) 中 $\boldsymbol{G}(\boldsymbol{q})$ 的形式，定义辅助向量 $\boldsymbol{G}_1$ 如下：

$$\begin{cases} \boldsymbol{G}_1 = \begin{bmatrix} (1/2)\,(m+m')\,gL\cos\varphi_1, & (1/2)\,(m+m')\,gL\cos\varphi_2 \end{bmatrix}^{\mathrm{T}} = p\boldsymbol{g} \\ \boldsymbol{g} = \begin{bmatrix} g_1, & g_2 \end{bmatrix}^{\mathrm{T}} = \begin{bmatrix} \cos\varphi_1, & \cos\varphi_2 \end{bmatrix}^{\mathrm{T}}, \quad p = \frac{1}{2}\,(m+m')\,gL \end{cases} \tag{12.2}$$

其中，p 是包含不确定负载质量的待估计参数，定义其在线估计为 $\hat{p}$ 且估计误差如下：

$$\tilde{p} = p - \hat{p} \implies \dot{\tilde{p}} = -\dot{\hat{p}} \tag{12.3}$$

系统所吊运的负载质量不可准确获得，其范围为

$$m \in (\underline{m}, \overline{m}) \tag{12.4}$$

其中，$\underline{m}$ 和 $\overline{m}$ 分别为负载质量的下界和上界，均为已知的参数。

观察双桅杆式起重机器人的动力学模型 (12.1)，不难发现，作为欧拉-拉格朗日系统，该系统模型满足以下两条性质。

性质 12.1　惯性矩阵 $M(\boldsymbol{q})$ 是正定的对阵矩阵，若 $\lambda_M \in \mathbb{R}^+$ 和 $\lambda_m \in \mathbb{R}^+$ 分别表示 $M(\boldsymbol{q})$ 矩阵特征值的上界和下界，那么，对于任意向量 $\boldsymbol{x} \in \mathbb{R}^5$，总有

$$\lambda_m \|\boldsymbol{x}\|^2 \leqslant \boldsymbol{x}^{\mathrm{T}} M(\boldsymbol{q})\boldsymbol{x} \leqslant \lambda_M \|\boldsymbol{x}\|^2 \tag{12.5}$$

性质 12.2　$\dot{M}(\boldsymbol{q})/2 - C(\boldsymbol{q}, \dot{\boldsymbol{q}})$ 是一个斜对称矩阵，即

$$\boldsymbol{x}^{\mathrm{T}} \left(\frac{\dot{M}(\boldsymbol{q})}{2} - C(\boldsymbol{q}, \dot{\boldsymbol{q}}) \right) \boldsymbol{x} \equiv 0, \quad \forall \boldsymbol{x} \in \mathbb{R}^5 \tag{12.6}$$

考虑到摩擦补偿与重力补偿不够准确会出现定位误差的现象，本章控制目标是为双桅杆式起重机器人的两台起重机设计一种有效的嵌入积分项的控制器，实现吊臂的精确定位与负载的快速消摆。此外，系统所吊运的负载质量难以准确测得，并且不同吊运任务中的负载质量不尽相同，因此，另一个挑战点在于如何使用自适应方法对重力补偿部分进行在线估计，以提高系统对负载质量的鲁棒性。为此，本章的控制目标概括如下：

(1) 驱动吊臂俯仰角 φ_1 和 φ_2 至期望位置 φ_d；

(2) 抑制负载的残余摆动；

(3) 在驱动吊臂俯仰角运动的同时，限制其运动始终保持在 (φ_m, φ_M) 以内，不会产生超调量，其中，φ_m 和 φ_M 表示吊臂运动的安全范围，并且初始值 $\varphi_1(0), \varphi_2(0)$ 和期望位置 φ_d 同样在预设运动范围以内；

(4) 引入积分项，减少定位误差；使用自适应方法以补偿竖直方向的重力矩，避免使用精确系统参数，提高鲁棒性。

12.2　控制器设计与稳定性分析

本节将详述能够抑制吊臂运动超调的自适应积分控制器的设计过程。首先，计算系统能量，得到如下结果：

$$E = \frac{1}{2}\dot{\boldsymbol{q}}^{\mathrm{T}} M(\boldsymbol{q})\dot{\boldsymbol{q}} + \frac{1}{2}mgl\left((\cos\vartheta_{1d}+\cos\vartheta_{2d})-(\cos\vartheta_1+\cos\vartheta_2)\right)+mgb\left(1-\sin\vartheta_3\right) \tag{12.7}$$

对其两边关于时间求导，并将式 (11.13) 中 $\boldsymbol{G}(\boldsymbol{q})$ 和式 (12.2) 代入进行整理，得到

$$
\begin{aligned}
\dot{E} &= \dot{\boldsymbol{q}}^{\mathrm{T}} M(\boldsymbol{q})\ddot{\boldsymbol{q}} + \frac{1}{2}\dot{\boldsymbol{q}}^{\mathrm{T}}\dot{M}(\boldsymbol{q})\dot{\boldsymbol{q}} + \frac{1}{2}mgl\sin\vartheta_1\dot{\vartheta}_1 + \frac{1}{2}mgl\sin\vartheta_2\dot{\vartheta}_2 - mgb\cos\vartheta_3\dot{\vartheta}_3 \\
&= \dot{\boldsymbol{q}}^{\mathrm{T}}\left(M(\boldsymbol{q})\ddot{\boldsymbol{q}} + \frac{1}{2}\dot{M}(\boldsymbol{q})\dot{\boldsymbol{q}} \right) + \dot{\boldsymbol{q}}^{\mathrm{T}}\boldsymbol{G}(\boldsymbol{q}) - \frac{1}{2}\left(m+m'\right)gL\left(\cos\varphi_1\dot{\varphi}_1 + \cos\varphi_2\dot{\varphi}_2\right)
\end{aligned}
$$

$$= \dot{\boldsymbol{q}}^{\mathrm{T}} \left(M(\boldsymbol{q}) \ddot{\boldsymbol{q}} + \frac{1}{2} \dot{M}(\boldsymbol{q}) \dot{\boldsymbol{q}} + G(\boldsymbol{q}) \right) - g_1 p \dot{\varphi}_1 - g_2 p \dot{\varphi}_2 \tag{12.8}$$

将系统模型 (12.1)、性质 12.2 和式 (11.13) 中 $\boldsymbol{u}$ 代入式 (12.8) 并整理，有

$$\dot{E} = \dot{\boldsymbol{q}}^{\mathrm{T}} \left(\boldsymbol{u} + \boldsymbol{D} + \frac{1}{2} \dot{M}(\boldsymbol{q}) \dot{\boldsymbol{q}} - C(\boldsymbol{q}, \dot{\boldsymbol{q}}) \dot{\boldsymbol{q}} \right) - g_1 p \dot{\varphi}_1 - g_2 p \dot{\varphi}_2$$

$$= \dot{\boldsymbol{q}}^{\mathrm{T}} \left(\boldsymbol{u} + \boldsymbol{D} \right) - g_1 p \dot{\varphi}_1 - g_2 p \dot{\varphi}_2$$

$$= (F_1 - g_1 p) \dot{\varphi}_1 + (F_2 - g_2 p) \dot{\varphi}_2 - c_1 \dot{\vartheta}_1^2 - c_2 \dot{\vartheta}_2^2 - c_3 \dot{\vartheta}_3^2 \tag{12.9}$$

定义如下误差信号：

$$e_1 = \varphi_1 - \varphi_d, \ e_2 = \varphi_2 - \varphi_d \implies \dot{e}_1 = \dot{\varphi}_1, \ \dot{e}_2 = \dot{\varphi}_2 \tag{12.10}$$

根据式 (12.9) 的结构，并针对本章所提出的控制目标，精心设计如下自适应积分控制器：

$$\begin{cases} F_1 = -k_{\mathrm{P}1} e_1 - k_{\mathrm{D}1} \dot{e}_1 - k_{\mathrm{I}1} \displaystyle\int_0^t f_1 \left(e_1 \left(s \right) \right) \mathrm{d}s - k_{\mathrm{H}1} \eta \left(\varphi_1 \right) e_1 + g_1 \hat{p} \\[2mm] F_2 = -k_{\mathrm{P}2} e_2 - k_{\mathrm{D}2} \dot{e}_2 - k_{\mathrm{I}2} \displaystyle\int_0^t f_2 \left(e_2 \left(s \right) \right) \mathrm{d}s - k_{\mathrm{H}2} \eta \left(\varphi_2 \right) e_2 + g_2 \hat{p} \end{cases} \tag{12.11}$$

其中，$k_{\mathrm{P}i}, k_{\mathrm{D}i}, k_{\mathrm{I}i}, k_{\mathrm{H}i} \in \mathbb{R}^+ (i = 1, 2)$ 为正控制增益；$f_1 \left(e_1 \right)$ 和 $f_2 \left(e_2 \right)$ 为辅助函数，其形式定义如下：

$$f_1 \left(e_1 \right) \triangleq \gamma_1 \zeta \left(e_1 \right), \quad f_2 \left(e_2 \right) \triangleq \gamma_2 \zeta \left(e_2 \right) \tag{12.12}$$

其中，$\gamma_1, \gamma_2 \in \mathbb{R}^+$ 是正系数；$\zeta \left(* \right)$ 是一个饱和函数，具有如下形式[①]：

$$\zeta(*) = \frac{*}{\sqrt{1 + (*)^2}} \tag{12.13}$$

此外，式 (12.11) 中的第四项用于限制两起重机吊臂俯仰角的运动范围。$\eta \left(\varphi_i \right) (i = 1, 2)$ 的函数表达式如下：

$$\eta \left(\varphi_i \right) = \frac{1}{\left(\varphi_i - \varphi_m \right)^2 \left(\varphi_i - \varphi_M \right)^2} \left(1 - \frac{e_i}{\varphi_i - \varphi_m} - \frac{e_i}{\varphi_i - \varphi_M} \right) \tag{12.14}$$

---

① 使用饱和函数的目的是充分利用其恒有界且上下界为固定常数的性质，因此，一些其他的饱和函数，如 $\tanh(*)$ 等，均可用来代替 $\zeta(*)$ 函数。

通过观察式 (12.12) 和式 (12.13) 的形式，不难验证如下性质/不等式总能成立：

$$\begin{cases} |\zeta(*)| \leqslant 1, \quad |f_i(*)| \leqslant \gamma_i, \quad |*| \cdot |f_i(*)| = (*) \cdot f(*) \\[2mm] \left| \dfrac{\mathrm{d}f_i(*)}{\mathrm{d}*} \right| = \gamma_i \left| \dfrac{\mathrm{d}\zeta(*)}{\mathrm{d}*} \right| \leqslant \gamma_i, \quad f_i^2(*) = \gamma_i^2 \zeta^2(*) \leqslant \gamma_i^2 (*)^2 \\[2mm] \dot{f}_i(e_i) = \gamma_1 \dot{\zeta}(e_i) \dot{e}_1 = \gamma_i \dfrac{\sqrt{e_i^2 + 1}}{e_i^4 + 2e_i^2 + 1} \dot{e}_i \leqslant \gamma_i \dot{e}_i \\[2mm] e_i = \dfrac{f_i(e_i)}{\gamma_i} \cdot \sqrt{1 + e_i^2} \geqslant \dfrac{f_i(e_i)}{\gamma_i}, \quad i = 1, 2 \end{cases} \tag{12.15}$$

为了实现对 p 的有效估计，精心设计如下更新律：

$$\dot{\hat{p}} = -\Phi \boldsymbol{g}^{\mathrm{T}} \begin{bmatrix} \dot{\varphi}_1, & \dot{\varphi}_2 \end{bmatrix}^{\mathrm{T}} = -\Phi \left(g_1 \dot{\varphi}_1 + g_2 \dot{\varphi}_2 \right) \tag{12.16}$$

其中，$\Phi \in \mathbb{R}^+$ 是可调的正控制增益。

此外，自适应积分控制器 (12.11) 中待调节参数和控制增益应满足如下条件：

$$k_{D1} > \lambda_M \gamma_1 + \overline{\xi}_1, \quad k_{D2} > \lambda_M \gamma_2 + \overline{\xi}_2, \quad k_{P1} > k_{I1}, \quad k_{P2} > k_{I2} \tag{12.17}$$

其中，$\overline{\xi}_1$ 和 $\overline{\xi}_2$ 分别定义如下：

$$\begin{cases} \overline{\xi}_1 \triangleq \dfrac{1}{8} \overline{m} L^2 (\gamma_1 + \gamma_2) + \dfrac{(\overline{m} L l \gamma_1)^2}{32} \left(\dfrac{1}{c_1} + \dfrac{1}{c_2} \right) + \dfrac{(\overline{m} L b \gamma_1)^2}{8c_3} \\[3mm] \overline{\xi}_2 \triangleq \dfrac{1}{8} \overline{m} L^2 (\gamma_1 + \gamma_2) + \dfrac{(\overline{m} L l \gamma_2)^2}{32} \left(\dfrac{1}{c_1} + \dfrac{1}{c_2} \right) + \dfrac{(\overline{m} L b \gamma_2)^2}{8c_3} \end{cases} \tag{12.18}$$

随后，本节将借助 Lyapunov 方法和 LaSalle 不变性原理分析闭环系统的稳定性与收敛性，从理论上确保本章所提出的自适应积分控制器的有效性。

对于本章所提出的控制器 (12.11)，有如下定理所述的结论。

定理 12.1　对于双桅杆式起重机器人，当满足式 (12.17) 时，式 (12.11) 中的控制器和式 (12.16) 中的更新律可驱动两起重机吊臂准确地运动到指定目标位置，同时，有效抑制负载的残余摆动，即

$$\begin{cases} \lim\limits_{t \to \infty} \begin{bmatrix} \varphi_1, & \varphi_2, & \vartheta_1, & \vartheta_2, & \vartheta_3 \end{bmatrix}^{\mathrm{T}} = \begin{bmatrix} \varphi_d, & \varphi_d, & \vartheta_{1d}, & \vartheta_{2d}, & \pi/2 \end{bmatrix}^{\mathrm{T}} \\[2mm] \lim\limits_{t \to \infty} \begin{bmatrix} \dot{\varphi}_1, & \dot{\varphi}_2, & \dot{\vartheta}_1, & \dot{\vartheta}_2, & \dot{\vartheta}_3 \end{bmatrix}^{\mathrm{T}} = \begin{bmatrix} 0, & 0, & 0, & 0, & 0 \end{bmatrix}^{\mathrm{T}} \end{cases} \tag{12.19}$$

其中，ϑ_{1d} 和 ϑ_{2d} 分别表示 ϑ_1 和 ϑ_2 的目标角度，且该目标角度的具体数值由 φ_1、φ_2 和系统约束方程 (11.1) 共同决定，表示为

$$\vartheta_{1d} = -\vartheta_{2d} = \arcsin \left(\frac{D_0 - d - 2L \cos \varphi_d}{2l} \right) \tag{12.20}$$

此外,吊臂俯仰角运动无超调量,始终保持在预设范围,即满足 $\varphi_1, \varphi_2 \in (\varphi_m, \varphi_M)$, $\forall t \geqslant 0$。

证明 首先,定义辅助向量 $\boldsymbol{f} \triangleq [f_1(e_1),\ f_2(e_2),\ 0,\ 0,\ 0]^{\mathrm{T}}$, 其中 $f_1(e_1)$ 和 $f_2(e_2)$ 在式 (12.12) 和式 (12.13) 中被定义。随后, 构造如下 Lyapunov 候选函数:

$$
\begin{aligned}
V = &\ E + \frac{1}{2}(k_{\mathrm{P1}} - k_{\mathrm{I1}})\, e_1^2 + \frac{1}{2}(k_{\mathrm{P2}} - k_{\mathrm{I2}})\, e_2^2 + \frac{1}{2}k_{\mathrm{I1}}\left(\int_0^t f_1\,(e_1\,(s))\,\mathrm{d}s + e_1\right)^2 \\
&+ \frac{1}{2}k_{\mathrm{I2}}\left(\int_0^t f_2\,(e_2\,(s))\,\mathrm{d}s + e_2\right)^2 + k_{\mathrm{D1}}\int_0^{e_1} f_1\,(e_1\,(s))\,\mathrm{d}s + k_{\mathrm{D2}}\int_0^{e_2} f_2\,(e_2\,(s))\,\mathrm{d}s \\
&+ \frac{1}{2}k_{\mathrm{H1}}\frac{1}{(\varphi_1 - \varphi_m)^2\,(\varphi_1 - \varphi_M)^2}e_1^2 + \frac{1}{2}k_{\mathrm{H2}}\frac{1}{(\varphi_2 - \varphi_m)^2\,(\varphi_2 - \varphi_M)^2}e_2^2 \\
&+ \dot{\boldsymbol{q}}^{\mathrm{T}} M\,(\boldsymbol{q})\,\boldsymbol{f} + \frac{1}{2}\Phi^{-1}\widetilde{p}^2
\end{aligned}
\tag{12.21}
$$

为便于对 V 进行后续分析, 构造 V_1 如下:

$$
V_1 = \dot{\boldsymbol{q}}^{\mathrm{T}} M\,(\boldsymbol{q})\,\boldsymbol{f} + \frac{1}{2}(k_{\mathrm{P1}} - k_{\mathrm{I1}})\, e_1^2 + \frac{1}{2}(k_{\mathrm{P2}} - k_{\mathrm{I2}})\, e_2^2 + \frac{1}{2}\dot{\boldsymbol{q}}^{\mathrm{T}} M\,(\boldsymbol{q})\,\dot{\boldsymbol{q}}
\tag{12.22}
$$

其中各项均为式 (12.21) 中 V 的项。继续对式 (12.22) 进行整理, 有

$$
\begin{aligned}
V_1 = &\ \frac{1}{2}\dot{\boldsymbol{q}}^{\mathrm{T}} M\,(\boldsymbol{q})\,(\dot{\boldsymbol{q}} + \boldsymbol{f}) + \frac{1}{2}\boldsymbol{f}^{\mathrm{T}} M(\boldsymbol{q})\dot{\boldsymbol{q}} + \frac{1}{2}\boldsymbol{f}^{\mathrm{T}} M(\boldsymbol{q})\boldsymbol{f} - \frac{1}{2}\boldsymbol{f}^{\mathrm{T}} M(\boldsymbol{q})\boldsymbol{f} \\
&+ \frac{1}{2}(k_{\mathrm{P1}} - k_{\mathrm{I1}})\, e_1^2 + \frac{1}{2}(k_{\mathrm{P2}} - k_{\mathrm{I2}})\, e_2^2 \\
= &\ \frac{1}{2}(\dot{\boldsymbol{q}} + \boldsymbol{f})^{\mathrm{T}} M\,(\boldsymbol{q})\,(\dot{\boldsymbol{q}} + \boldsymbol{f}) - \frac{1}{2}\boldsymbol{f}^{\mathrm{T}} M(\boldsymbol{q})\boldsymbol{f} + \frac{1}{2}(k_{\mathrm{P1}} - k_{\mathrm{I1}})\, e_1^2 + \frac{1}{2}(k_{\mathrm{P2}} - k_{\mathrm{I2}})\, e_2^2
\end{aligned}
\tag{12.23}
$$

将辅助向量 $\boldsymbol{f}$ 代入式 (12.23), 并结合性质 12.1中式 (12.5) 和式 (12.15) 对 V_1 进行分析, 可得

$$
\begin{aligned}
V_1 \geqslant &\ \frac{1}{2}(\dot{\boldsymbol{q}} + \boldsymbol{f})^{\mathrm{T}} M\,(\boldsymbol{q})\,(\dot{\boldsymbol{q}} + \boldsymbol{f}) - \frac{1}{2}\lambda_M\,(f_1^2(e_1) + f_2^2(e_2)) + \frac{1}{2}(k_{\mathrm{P1}} - k_{\mathrm{I1}})\, e_1^2 \\
&+ \frac{1}{2}(k_{\mathrm{P2}} - k_{\mathrm{I2}})\, e_2^2 \\
\geqslant &\ \frac{1}{2}(\dot{\boldsymbol{q}} + \boldsymbol{f})^{\mathrm{T}} M\,(\boldsymbol{q})\,(\dot{\boldsymbol{q}} + \boldsymbol{f}) - \frac{1}{2}\lambda_M\,(\gamma_1^2 e_1^2 + \gamma_2^2 e_2^2) + \frac{1}{2}(k_{\mathrm{P1}} - k_{\mathrm{I1}})\, e_1^2 \\
&+ \frac{1}{2}(k_{\mathrm{P2}} - k_{\mathrm{I2}})\, e_2^2
\end{aligned}
\tag{12.24}
$$

对式 (12.24) 进一步整理可得如下结果:

$$V_1 \geqslant \frac{1}{2}\left(k_{\mathrm{P}1} - k_{\mathrm{I}1} - \lambda_M \gamma_1^2\right) e_1^2 + \frac{1}{2}\left(k_{\mathrm{P}2} - k_{\mathrm{I}2} - \lambda_M \gamma_2^2\right) e_2^2$$
$$+ \frac{1}{2}\left(\dot{\boldsymbol{q}} + \boldsymbol{f}\right)^{\mathrm{T}} M\left(\boldsymbol{q}\right)\left(\dot{\boldsymbol{q}} + \boldsymbol{f}\right) \tag{12.25}$$

因此, 当满足 $k_{\mathrm{P}1} - k_{\mathrm{D}1} > \lambda_M \gamma_1^2$ 和 $k_{\mathrm{P}2} - k_{\mathrm{D}2} > \lambda_M \gamma_2^2$ 时, 可以得到 $V_1(t) \geqslant 0$。此时, 不难验证, 式 (12.21) 中的 $V(t)$ 除倒数第 3 和第 4 项以外, 均为正定 ($V(t)$ 的倒数第 3 和第 4 项, 将在后续分析中进行进一步讨论)。

下一步, 对式 (12.21) 中 $V(t)$ 两边关于时间求导, 得到

$$\dot{V} = \left(F_1 - g_1 p\right)\dot{\varphi}_1 + \left(F_2 - g_2 p\right)\dot{\varphi}_2 - c_1\dot{\vartheta}_1^2 - c_2\dot{\vartheta}_2^2 - c_3\dot{\vartheta}_3^2 + \varPhi^{-1}\widetilde{p}\dot{\widetilde{p}}$$
$$+ \left(k_{\mathrm{P}1} - k_{\mathrm{I}1}\right) e_1\dot{e}_1 + \left(k_{\mathrm{P}2} - k_{\mathrm{I}2}\right) e_2\dot{e}_2 + k_{\mathrm{D}1}f_1(e_1)\dot{e}_1 + k_{\mathrm{D}2}f_2(e_2)\dot{e}_2$$
$$+ k_{\mathrm{I}1}\left(\int_0^t f_1\left(e_1\left(s\right)\right)\mathrm{d}s + e_1\right)\left(f_1(e_1) + \dot{e}_1\right) + k_{\mathrm{H}1}\eta(\varphi_1)\dot{e}_1 e_1$$
$$+ k_{\mathrm{I}2}\left(\int_0^t f_2\left(e_2\left(s\right)\right)\mathrm{d}s + e_2\right)\left(f_2(e_2) + \dot{e}_2\right) + k_{\mathrm{H}2}\eta(\varphi_2)\dot{e}_2 e_2$$
$$+ \ddot{\boldsymbol{q}}^{\mathrm{T}}M(\boldsymbol{q})\boldsymbol{f} + \dot{\boldsymbol{q}}^{\mathrm{T}}\dot{M}(\boldsymbol{q})\boldsymbol{f} + \dot{\boldsymbol{q}}^{\mathrm{T}}M(\boldsymbol{q})\dot{\boldsymbol{f}} \tag{12.26}$$

将控制器 (12.11)、更新律 (12.16)、式 (12.2) 和式 (12.10) 代入式 (12.26), 整理得如下结果:

$$\dot{V} = - k_{\mathrm{D}1}\dot{\varphi}_1 - k_{\mathrm{D}2}\dot{\varphi}_2 + k_{\mathrm{I}1}\left(\int_0^t f_1\left(e_1\left(s\right)\right)\mathrm{d}s + e_1\right) f_1(e_1)$$
$$+ k_{\mathrm{I}2}\left(\int_0^t f_2\left(e_2\left(s\right)\right)\mathrm{d}s + e_2\right) f_2(e_2) + k_{\mathrm{D}1}f_1(e_1)\dot{\varphi}_1 + k_{\mathrm{D}2}f_2(e_2)\dot{\varphi}_2$$
$$+ \ddot{\boldsymbol{q}}^{\mathrm{T}}M(\boldsymbol{q})\boldsymbol{f} + \dot{\boldsymbol{q}}^{\mathrm{T}}\dot{M}(\boldsymbol{q})\boldsymbol{f} + \dot{\boldsymbol{q}}^{\mathrm{T}}M(\boldsymbol{q})\dot{\boldsymbol{f}} - c_1\dot{\vartheta}_1^2 - c_2\dot{\vartheta}_2^2 - c_3\dot{\vartheta}_3^2 \tag{12.27}$$

针对 $\dot{V}(t)$, 我们首先处理 $\ddot{\boldsymbol{q}}^{\mathrm{T}}M(\boldsymbol{q})\boldsymbol{f} + \dot{\boldsymbol{q}}^{\mathrm{T}}\dot{M}(\boldsymbol{q})\boldsymbol{f}$。将系统模型 (12.1)、控制器 (12.11) 和性质 12.2代入式 (12.27) 可得

$$\ddot{\boldsymbol{q}}^{\mathrm{T}}M(\boldsymbol{q})\boldsymbol{f} + \dot{\boldsymbol{q}}^{\mathrm{T}}\dot{M}(\boldsymbol{q})\boldsymbol{f}$$
$$= \boldsymbol{f}^{\mathrm{T}}M(\boldsymbol{q})\ddot{\boldsymbol{q}} + 2\boldsymbol{f}^{\mathrm{T}}C(\boldsymbol{q}, \dot{\boldsymbol{q}})\dot{\boldsymbol{q}}$$
$$= \boldsymbol{f}^{\mathrm{T}}\left(M(\boldsymbol{q})\ddot{\boldsymbol{q}} + C(\boldsymbol{q}, \dot{\boldsymbol{q}})\dot{\boldsymbol{q}}\right) + \boldsymbol{f}^{\mathrm{T}}C(\boldsymbol{q}, \dot{\boldsymbol{q}})\dot{\boldsymbol{q}}$$
$$= \boldsymbol{f}^{\mathrm{T}}\left(\boldsymbol{u} + \boldsymbol{D} - \boldsymbol{G}(\boldsymbol{q})\right) + \boldsymbol{f}^{\mathrm{T}}C(\boldsymbol{q}, \dot{\boldsymbol{q}})\dot{\boldsymbol{q}}$$

$$= - k_{P1}e_1 f_1(e_1) - k_{D1}\dot{e}_1 f_1(e_1) - k_{I1}f_1(e_1)$$

$$\times \int_0^t f_1(e_1(s))\,\mathrm{d}s - k_{H1}\eta(\varphi_1)e_1 f_1(e_1)$$

$$- k_{P2}e_2 f_2(e_2) - k_{D2}\dot{e}_2 f_2(e_2) - k_{I2}f_2(e_2)$$

$$\times \int_0^t f_2(e_2(s))\,\mathrm{d}s - k_{H2}\eta(\varphi_2)e_2 f_2(e_2)$$

$$+ \dot{\boldsymbol{q}}^{\mathrm{T}} C(\boldsymbol{q}, \dot{\boldsymbol{q}})\boldsymbol{f} \tag{12.28}$$

接着, 将式 (12.28) 代回式 (12.27) 重新整理, 可以进一步得到 Lyapunov 候选函数的微分形式如下:

$$\dot{V} = - k_{D1}\dot{\varphi}_1^2 - k_{D2}\dot{\varphi}_2^2 - (k_{P1} - k_{I1})e_1 f_1(e_1) - (k_{P2} - k_{I2})e_2 f_2(e_2)$$

$$- k_{H1}\eta(\varphi_1)e_1 f_1(e_1) - k_{H2}\eta(\varphi_2)e_2 f_2(e_2) - c_1\dot{\vartheta}_1^2 - c_2\dot{\vartheta}_2^2 - c_3\dot{\vartheta}_3^2$$

$$+ \dot{\boldsymbol{q}}^{\mathrm{T}} M(\boldsymbol{q})\dot{\boldsymbol{f}} + \dot{\boldsymbol{q}}^{\mathrm{T}} C(\boldsymbol{q}, \dot{\boldsymbol{q}})\boldsymbol{f} \tag{12.29}$$

针对式 (12.29) 中 $\dot{V}(t)$, 我们对最后两项分别进行分析。结合式 (12.12), 首先分析 $\dot{\boldsymbol{q}}^{\mathrm{T}} M(\boldsymbol{q})\dot{\boldsymbol{f}}$ 的情况, 有

$$\dot{\boldsymbol{q}}^{\mathrm{T}} M(\boldsymbol{q})\dot{\boldsymbol{f}} \leqslant \lambda_M \left(\dot{\varphi}_1^2 f_1^2(e_1) + \dot{\varphi}_2^2 f_2^2(e_2)\right) \leqslant \lambda_M \left(\gamma_1 \dot{\varphi}_1^2 + \gamma_2 \dot{\varphi}_2^2\right) \tag{12.30}$$

同样地, 再对式 (12.29) 中最后一项进行分析, 代入式 (11.13) 和式 (12.12), 有

$$\dot{\boldsymbol{q}}^{\mathrm{T}} C(\boldsymbol{q}, \dot{\boldsymbol{q}})\boldsymbol{f}$$

$$= \left(C_{21}\dot{\varphi}_2 + C_{31}\dot{\vartheta}_1 + C_{41}\dot{\vartheta}_2 + C_{51}\dot{\vartheta}_3\right) f_1(e_1)$$

$$+ \left(C_{12}\dot{\varphi}_1 + C_{32}\dot{\vartheta}_1 + C_{42}\dot{\vartheta}_2 + C_{52}\dot{\vartheta}_3\right) f_2(e_2)$$

$$= - \frac{1}{4}mL^2 \sin(\varphi_1 + \varphi_2)(\gamma_1\zeta(e_1) + \gamma_2\zeta(e_2))\dot{\varphi}_1\dot{\varphi}_2 + \left(-\frac{1}{4}mLl\cos(\varphi_1 - \vartheta_1)\dot{\vartheta}_1\right.$$

$$\left. - \frac{1}{4}mLl\cos(\varphi_1 - \vartheta_2)\dot{\vartheta}_2 + \frac{1}{2}mLb\sin(\varphi_1 - \vartheta_3)\dot{\vartheta}_3\right)\gamma_1\zeta(e_1)\dot{\varphi}_1$$

$$+ \left(\frac{1}{4}mLl\cos(\varphi_2 + \vartheta_1)\dot{\vartheta}_1 + \frac{1}{4}mLl\cos(\varphi_2 + \vartheta_2)\dot{\vartheta}_2\right.$$

$$\left. + \frac{1}{2}mLb\sin(\varphi_2 + \vartheta_3)\dot{\vartheta}_3\right)\gamma_2\zeta(e_2)\dot{\varphi}_2 \tag{12.31}$$

根据饱和函数 $\zeta(*)$ 的特性，可知 $\zeta(*) \leqslant 1$，因此，$\gamma_i \zeta(*) \leqslant \gamma_i$，$i = 1, 2$。与此同时，结合 $\dot{\varphi}_1 \dot{\varphi}_2 \leqslant |\dot{\varphi}_1| \cdot |\dot{\varphi}_2|$ 和 $\sin(*)$，$\cos(*) \in [-1, 1]$ 的性质，对式 (12.31) 进行进一步整理，可以得到如下不等式：

$$
\begin{aligned}
\dot{\boldsymbol{q}}^{\mathrm{T}} C(\boldsymbol{q}, \dot{\boldsymbol{q}}) \boldsymbol{f} \leqslant{} & \frac{1}{4} mL^2 (\gamma_1 + \gamma_2) |\dot{\varphi}_1| \cdot |\dot{\varphi}_2| + \frac{1}{4} mLl\gamma_1 |\dot{\varphi}_1| \cdot \left|\dot{\vartheta}_1\right| \\
& + \frac{1}{4} mLl\gamma_1 |\dot{\varphi}_1| \cdot \left|\dot{\vartheta}_2\right| + \frac{1}{2} mLb\gamma_1 |\dot{\varphi}_1| \cdot \left|\dot{\vartheta}_3\right| + \frac{1}{4} mLl\gamma_2 |\dot{\varphi}_2| \cdot \left|\dot{\vartheta}_1\right| \\
& + \frac{1}{4} mLl\gamma_2 |\dot{\varphi}_2| \cdot \left|\dot{\vartheta}_2\right| + \frac{1}{2} mLb\gamma_2 |\dot{\varphi}_2| \cdot \left|\dot{\vartheta}_3\right|
\end{aligned} \tag{12.32}
$$

利用算术–几何平均不等式①对式 (12.32) 的不等号右边形式进行分析，继续得到关于 $\dot{\boldsymbol{q}}^{\mathrm{T}} C(\boldsymbol{q}, \dot{\boldsymbol{q}}) \boldsymbol{f}$ 的不等式如下：

$$
\begin{aligned}
\dot{\boldsymbol{q}}^{\mathrm{T}} C(\boldsymbol{q}, \dot{\boldsymbol{q}}) \boldsymbol{f} \leqslant{} & \frac{1}{8} mL^2 (\gamma_1 + \gamma_2) \left(\dot{\varphi}_1^2 + \dot{\varphi}_2^2\right) + \frac{(mLl\gamma_1)^2}{32c_1} \dot{\varphi}_1^2 + \frac{c_1}{2} \dot{\vartheta}_1^2 \\
& + \frac{(mLl\gamma_1)^2}{32c_2} \dot{\varphi}_1^2 + \frac{c_2}{2} \dot{\vartheta}_2^2 + \frac{(mLl\gamma_2)^2}{32c_1} \dot{\varphi}_2^2 + \frac{c_1}{2} \dot{\vartheta}_1^2 \\
& + \frac{(mLl\gamma_2)^2}{32c_2} \dot{\varphi}_2^2 + \frac{c_2}{2} \dot{\vartheta}_2^2 + \frac{(mLb\gamma_1)^2}{8c_3} \dot{\varphi}_1^2 + \frac{c_3}{2} \dot{\vartheta}_3^2 \\
& + \frac{(mLb\gamma_2)^2}{8c_3} \dot{\varphi}_2^2 + \frac{c_3}{2} \dot{\vartheta}_3^2 \\
\leqslant{} & \xi_1 \dot{\varphi}_1^2 + \xi_2 \dot{\varphi}_2^2 + c_1 \dot{\vartheta}_1^2 + c_2 \dot{\vartheta}_2^2 + c_3 \dot{\vartheta}_3^2
\end{aligned} \tag{12.33}
$$

其中，ξ_1 和 ξ_2 分别被构造为如下形式：

$$
\begin{cases}
\xi_1 \triangleq \dfrac{1}{8} mL^2 (\gamma_1 + \gamma_2) + \dfrac{(mLl\gamma_1)^2}{32} \left(\dfrac{1}{c_1} + \dfrac{1}{c_2}\right) + \dfrac{(mLb\gamma_1)^2}{8c_3} \\[3mm]
\xi_2 \triangleq \dfrac{1}{8} mL^2 (\gamma_1 + \gamma_2) + \dfrac{(mLl\gamma_2)^2}{32} \left(\dfrac{1}{c_1} + \dfrac{1}{c_2}\right) + \dfrac{(mLb\gamma_2)^2}{8c_3}
\end{cases} \tag{12.34}
$$

接着，将式 (12.30) 和式 (12.33) 中的不等式结果代入式 (12.29) 的 $\dot{V}(t)$ 中重新整理，可以得到

$$
\dot{V} \leqslant - (k_{\mathrm{D}1} - \lambda_M \gamma_1 - \xi_1) \dot{\varphi}_1^2 - (k_{\mathrm{D}2} - \lambda_M \gamma_2 - \xi_2) \dot{\varphi}_2^2 - \frac{k_{\mathrm{P}1} - k_{\mathrm{I}1}}{\gamma_1} f_1^2(e_1)
$$

---

① 本节控制器稳定性分析过程中所使用的算术–几何平均不等式公式具有如下形式：$2ab \leqslant a^2 + b^2$。进一步可以推导得到 $\lambda ab \leqslant \dfrac{\lambda^2}{2c} a^2 + \dfrac{c}{2} b^2$，其中 a 和 b 为变量，c 和 λ 为常数量。

$$-\frac{k_{P2}-k_{I2}}{\gamma_2}f_2^2(e_2)-\frac{k_{H1}}{\gamma_1}\eta(\varphi_1)f_1^2(e_1)-\frac{k_{H2}}{\gamma_2}\eta(\varphi_2)f_2^2(e_2) \tag{12.35}$$

进而,当满足式 (12.17) 中提出的控制增益所需满足的条件时,不难发现,式 (12.35) 中 $\dot{V}$ 的前四项均为负,仅有最后两项需要进行进一步讨论。

下面,我们将对式 (12.35) 中 $\dot{V}$ 的最后两项以及式 (12.21) 中 V 的倒数第 3、第 4 项的情况进行分析。首先定义函数 δ,并将式 (12.14) 整理为如下形式:

$$\begin{cases} \delta = 1 - \dfrac{e_i}{\varphi_i-\varphi_m} - \dfrac{e_i}{\varphi_i-\varphi_M} \\ \eta(\varphi_i) = \dfrac{1}{(\varphi_i-\varphi_m)^2(\varphi_i-\varphi_M)^2}\delta \end{cases} \tag{12.36}$$

对 δ 函数关于 φ_i 求取二阶导数,可得

$$\frac{\mathrm{d}}{\mathrm{d}\varphi_i}\left(\frac{\mathrm{d}\delta}{\mathrm{d}\varphi_i}\right) = -\frac{2(\varphi_m-\varphi_d)}{(\varphi_i-\varphi_m)^3} - \frac{2(\varphi_M-\varphi_d)}{(\varphi_i-\varphi_M)^3} \tag{12.37}$$

通过应用式 (12.11) 中所提出的控制器和式 (12.16) 中提出的更新律,闭环系统 (12.1) 明显是连续的,而且状态变量均连续没有突变。考虑到各状态变量的连续性,以及 $\varphi_i(i=1,2)$ 的初始状态处于 (φ_m,φ_M) 范围内 (即 $\varphi_m < \varphi_i(0) < \varphi_M$, $i=1,2$),当 $t \in [0,T)$ 时,至少可以找到一个时间 T,有 $\varphi_m < \varphi_i(T) < \varphi_M$, $i=1,2$。结合 $\varphi_m < \varphi_d < \varphi_M$,可知式 (12.37) 中 δ 的二次导数为正,则 $\dfrac{\mathrm{d}\delta}{\mathrm{d}\varphi_i}$ 单调递增。令 $\dfrac{\mathrm{d}\delta}{\mathrm{d}\varphi_i}=0$,我们可以得到 δ 的最小值为

$$\delta_{\min} = \frac{2(\varphi_d-\varphi_m)(\varphi_M-\varphi_d)}{(\varphi_M-\varphi_m)\sqrt{\varphi_M-\varphi_d}\sqrt{\varphi_d-\varphi_m}} \tag{12.38}$$

且有 $\delta_{\min} > 0$,因此 $\eta(\varphi_i) > 0$。由此可知,式 (12.35) 中 $\dot{V}$ 的最后两项为负,$\dot{V} \leqslant 0$,且式 (12.21) 中 $V \geqslant 0$。结合二者结果,易得

$$V(t) \in \mathcal{L}_\infty, \quad \forall t \in [0,T) \tag{12.39}$$

随后,我们使用反证法来进一步讨论 $\varphi_i(t)(i=1,2)$ 在时间 T 及 T 以后不会产生超调/超出预定的运动范围。我们假设在 $t \in [0,T)$ 内,φ_i 有产生超调的趋势。由于 φ_i 是连续的,为了越过给定范围,它会首先在时间 T 时运动到范围的边界,即 $\varphi_i(T) = \varphi_m$ 或 $\varphi_i(T) = \varphi_M$。那么,在 T 时刻,式 (12.21) 中倒数第 3、第 4 项的分母变为 0,导致 $V(T) = +\infty$。然后,由于连续性,我们可以得到

$\lim\limits_{t \to T^-} V(t) = +\infty$，这与式 (12.39) 中的结果相矛盾。因此，可以认为假设错误，两台起重机的吊臂俯仰角 φ_i 不会因超出给定范围而出现超调，即

$$\varphi_m < \varphi_i < \varphi_M, \quad \forall t \geqslant 0, \quad i = 1, 2 \tag{12.40}$$

并且可知 $V \geqslant 0$，$\dot{V} \leqslant 0$，结合式 (12.21) 和式 (12.35)，可以获得如下结果：

$$V(t) \in \mathcal{L}_\infty \Longrightarrow e_1, e_2, \dot{e}_1, \dot{e}_2, \vartheta_1, \vartheta_2, \vartheta_3, \dot{\vartheta}_1, \dot{\vartheta}_2, \dot{\vartheta}_3 \in \mathcal{L}_\infty$$

$$\dot{p}, \hat{p}, \int_0^t f_1(e_1(s)) \, ds, \int_0^t f_2(e_2(s)) \, ds \in \mathcal{L}_\infty \tag{12.41}$$

为了完成对定理 12.1 的证明，下面将结合 LaSalle 不变性原理证明闭环系统的收敛性。定义如下形式的不变集 $\mathcal{S}$：

$$\mathcal{S} \triangleq \left\{ \dot{\varphi}_1, \dot{\varphi}_2, \dot{\vartheta}_1, \dot{\vartheta}_2, \dot{\vartheta}_3, e_1, e_2 \mid \dot{V} = 0 \right\} \tag{12.42}$$

并且，在此集合中存在一个最大不变集 $\mathcal{M}$。集合 $\mathcal{M}$ 中有以下结果：

$$\begin{cases} \dot{\varphi}_1 = \dot{\varphi}_2 = \dot{\vartheta}_1 = \dot{\vartheta}_2 = \dot{\vartheta}_3 = 0 \\ f_1(e_1) = f_2(e_2) = 0 \implies e_1 = e_2 = 0 \implies \varphi_1 = \varphi_2 = \varphi_d \\ \implies \ddot{\varphi}_1 = \ddot{\varphi}_2 = \ddot{\vartheta}_1 = \ddot{\vartheta}_2 = \ddot{\vartheta}_3 = 0 \end{cases} \tag{12.43}$$

将式 (12.43) 代回系统物理约束方程 (11.1)，有

$$\begin{cases} l \sin \vartheta_1 + d \sin \vartheta_3 - l \sin \vartheta_2 + 2L \cos \varphi_d = D_0 \\ -l \cos \vartheta_1 - d \cos \vartheta_3 + l \cos \vartheta_2 = 0 \end{cases} \tag{12.44}$$

另外，由于集合 $\mathcal{M}$ 中的各状态变量已经处于稳定状态，结合式 (12.43) 的结果，可知引理 11.1 提出的情况被满足。故 $\mathcal{M}$ 中的状态变量能够同时满足式 (12.44) 和式 (11.29) 中所示的方程。对其进行求解可得

$$\begin{cases} \vartheta_1 = \arcsin\left(\dfrac{D_0 - d - 2L \cos \varphi_d}{2l}\right) = \vartheta_{1d} \\ \vartheta_2 = -\arcsin\left(\dfrac{D_0 - d - 2L \cos \varphi_d}{2l}\right) = \vartheta_{2d} \\ \vartheta_3 = \dfrac{\pi}{2} \end{cases} \tag{12.45}$$

根据式 (12.41)、式 (12.43) 和式 (12.45) 可知，集合 $\mathcal{S}$ 的最大不变集 $\mathcal{M}$ 中仅包含期望的平衡点。进一步结合 LaSalle 不变性原理，可证得本章所提出的控制方法可以使得闭环系统渐近稳定于平衡点，即定理 12.1 得证。　　　　　　□

12.3　实验结果与分析

为进一步验证本章所设计控制器 (12.11) 和更新律 (12.16) 的实际性能，本节将在图 10.3 给出的双桅杆式起重机硬件实验平台上进行一系列实验。具体而言，第一组实验将验证本章所提控制方法的有效性，具体体现为吊臂精确定位、超调抑制以及负载快速消摆等方面的控制效果，并与传统的不含积分项的 PD 控制器进行对比，突出本章控制方法的特性；第二组实验将改变系统参数，以测试所提控制方法面临系统参数变化时的鲁棒性；面对恶劣且复杂的实际环境所带来的初始/过程干扰，所设计控制器的抗干扰能力尤为重要；第三组实验将以此为出发点，测试其抵御干扰的能力。

在实验中，将分别使用质量为 1 kg 与 0.8 kg 的负载。为测试本章方法的自适应性，假设它们的质量不确定，仅知其上下界分别为 $\overline{m} = 1.2$ kg 和 $\underline{m} = 0.6$ kg。本章将实验参数设置为 $l = 0.38$ m，$b = 0.015$ m，$D_0 = 1.37$ m，$\vartheta_{1d} = 19.55°$，$\vartheta_{2d} = -19.55°$，其他平台参数、吊臂及负载的初始位置、目标位置等均在表 10.2 中给出。

根据式 (12.17) 和式 (12.18)，选取三组实验的控制增益如下：

$$k_{P1} = 35, \quad k_{D1} = 12, \quad k_{I1} = 6, \quad k_{H1} = 0.2, \quad \gamma_1 = 0.01$$

$$k_{P2} = 30, \quad k_{D2} = 15, \quad k_{I2} = 9, \quad k_{H2} = 0.2, \quad \gamma_2 = 0.01, \quad \Phi = 0.8 \qquad (12.46)$$

除此以外，设置以下指标从数据角度展示实验结果，并将指标结果列举在表 12.1 中：

(1) $\epsilon_{\varphi i}(i = 1, 2)$：吊臂俯仰角稳态误差的绝对值；

(2) τ：负载摆动消除时间 (当摆角角度与最终稳定角度之间的差小于 1° 时，认为已消除摆动)。

表 12.1　实验数据指标

实验组别	控制方法	无需精确重力补偿	$\epsilon_{\varphi 1}/\epsilon_{\varphi 2}/(°)$	无超调	τ/s
1	本章控制器	√	0.52/0.13	√	3.50
1	PD 控制器	×	2.89/3.04	×	9.62
2	本章控制器	√	0.11/0.26	√	2.53
3 / 情况 1	本章控制器	√	0.14/0.06	√	3.29

第一组实验 (有效性测试)。本组实验使用质量为 1 kg 的负载，所提控制方法的实验结果如图 12.1 所示。

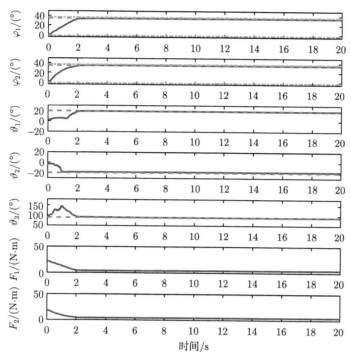

图 12.1　第一组实验–本章控制方法 (实线和虚线分别表示实验结果和目标位置；点划线表示吊臂俯仰运动的安全范围)

与此同时，为了更好地展示本章所提控制方法的特性，在本组实验中选择如下考虑了重力矩补偿的 PD 控制器进行对比分析：

$$F_{PD1} = -\kappa_{P1}(e_1) - \kappa_{D1}(\dot{e}_1) + \frac{(m + m')gL\cos\varphi_1}{2}$$

$$F_{PD2} = -\kappa_{P2}(e_2) - \kappa_{D2}(\dot{e}_2) + \frac{(m + m')gL\cos\varphi_2}{2} \tag{12.47}$$

经过充分的调整，为其选取如下控制增益：

$$\kappa_{P1} = 60, \quad \kappa_{D1} = 20, \quad \kappa_{P2} = 45, \quad \kappa_{D2} = 28 \tag{12.48}$$

预设重力矩补偿的 PD 控制器实验结果如图 12.2 所示。

观察图 12.1 中的实线，不难发现，在未知精确参数值的情况下，两台起重机吊臂的俯仰角在 2.2 s 内快速准确地运动到期望位置，稳态误差分别为 0.52° 和 0.13°。同时，在整个运行过程中均保持在预设的安全运动范围内。除此以外，在吊臂到达指定位置后，负载很快停止摆动并迅速收敛至图中虚线的位置。可见，本章所提控制方法能够实现对双桅杆式起重机器人的有效控制，与理论分析的结果一致。相比之下，如图 12.2 所示的 PD 控制方法不仅需要获得准确的系统参数，并且在控制性能上略逊一筹。一方面，吊臂的俯仰运动超出了安全运动范围 (上界 37°)，且由于缺乏积分项具有更大的定位误差 (如 $\epsilon_{\varphi i}$ 所示)；另一方面，需要较长的时间来消除负载残余摆动，不利于实际工地/厂房的应用，影响工作效率。通过比较图 12.1 和图 12.2 的结果能够发现，在起重机吊臂运行时间相近的情况下，本章所提控制方法在定位准确度和消除残余摆动等方面均表现出较好的控制性能。

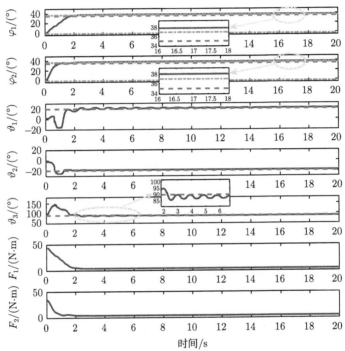

图 12.2　第一组实验–PD 控制方法 (实线和虚线分别表示实验结果和目标位置；点划线表示吊臂俯仰运动的安全范围)

第二组实验 (自适应性测试)。为验证控制方法在面对不确定参数/参数改变时的鲁棒性，本组实验将负载质量调整为 0.8 kg (相应地，更换负载后的 b 变为 0.01 m)，同时，将吊绳长度延长为 0.46 m。此外，仅在本组实验中，负载摆角 (ϑ_1 和 ϑ_2) 的目标位置改变为 $\vartheta_{1d} = 16.04°$ 和 $\vartheta_{2d} = -16.04°$ (由定理 12.1 可知，负载摆角的目标位置与吊绳长度 l 有关)。在控制器的控制增益保持不变的情况下，得到的实验结果如图 12.3 所示。可见，吊臂俯仰角的稳态误差为 0.11° 和 0.26°，与此同时，系统表现出较好的防摆特性，能够在 2.53 s 内消除负载摆动。通过对比图 12.3 可以发现，即便同时修改了两个系统参数，吊臂的准确定位以及负载的摆动抑制等控制性能均没有受到影响。这说明本章所提控制方法能够有效克服参数不确定性所带来的影响，无须获得准确的负载质量、吊臂质量等参数即可完成高效控制，具有一定的鲁棒性。

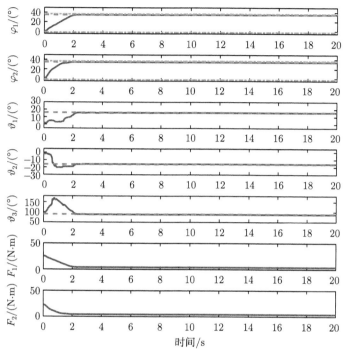

图 12.3　第二组实验–本章控制方法 (实线和虚线分别表示实验结果和目标位置；点划线表示吊臂俯仰运动的安全范围)

第三组实验 (抗干扰性测试)。应用双桅杆式起重机器人的环境往往恶劣且复杂，面临许多不可预知的干扰，因此，所提控制方法的抗干扰性能十分重要。为此，本组实验将在不改变控制增益的前提下，验证控制系统对外界干扰的鲁棒性。具体而言，考虑如下两种情况。

情况 1：初始干扰影响。如图 12.4 所示，起重机吊臂开始运动之前，人为地推动负载以模仿实际环境对系统的干扰，使负载摆角 ϑ_1 和 ϑ_2 分别产生幅度为 $7.55°$ 和 $4.75°$ 的摆动，初始值变为 $\vartheta_1(0) = -4.55°$ 和 $\vartheta_2(0) = -7.75°$。

情况 2：过程干扰影响。如图 12.5 所示，在 10.7 s 左右，当系统稳定后，对两起重机吊臂人为地施加干扰。

情况 1 和情况 2 的实验结果分别如图 12.4 和图 12.5 所示。在图 12.4 中，尽管无驱动的负载在初始时受到了较大幅度的干扰，但在 3.29 s 内迅速消除摆动，整体效果几乎与无干扰情况相同。这表明即便存在干扰，本章所提控制方法仍然

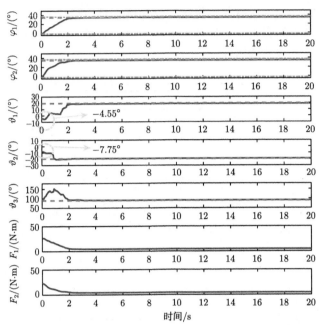

图 12.4　第三组实验：情况 1–本章控制方法面临初始干扰 (实线和虚线分别表示实验结果和目标位置；点划线表示吊臂俯仰运动的安全范围)

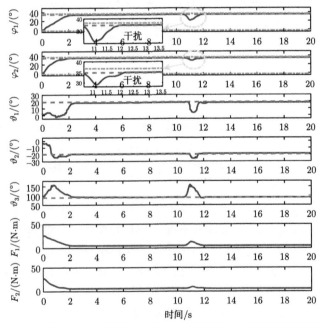

图 12.5　第三组实验：情况 2–本章控制方法面临过程干扰 (实线和虚线分别表示实验结果和目标位置；点划线表示吊臂俯仰运动的安全范围)

可以获得较为满意的控制效果，驱动吊臂实现精准定位并实现负载摆角的快速抑制。另外，图 12.5 展示了在受到过程干扰的情况下，所提控制方法能够在 2 s 内恢复负载的稳定。不难发现，受直接驱动的吊臂俯仰角仍然不会超过预先设定的安全运动范围 (无超调)，能够在一定程度上保证系统安全性。由此可见，本章方法能有效抵御这些干扰，确保系统拥有良好的控制性能，证明本章方法具有一定的鲁棒性。

12.4　本　章　小　结

针对现实中双桅杆式起重机器人存在安全运动范围的限制，摩擦/重力矩补偿不准确易导致稳态误差的出现，需要获得精确系统参数等诸多不足，本章提出一种能够抑制吊臂俯仰运动超调从而将其限制在安全范围内的自适应积分控制器。通过引入积分项，可以有效解决因摩擦补偿等不准确造成的定位误差问题，提高定位精度。同时，构造自适应重力矩补偿项，克服系统参数未知/不确定造成的影响。所提控制方法不仅将吊臂俯仰运动限制在安全运动范围内，而且能够快速抑制负载摆动，在确保安全性的同时提高工作效率。除此以外，在理论方面，利用 Lyapunov 方法和 LaSalle 不变性原理，在不进行任何线性化/近似操作的前提下进行了严格的理论分析，从而证明其渐近稳定的结果；在实际方面，通过三组硬件实验验证了所提控制方法的有效性、自适应性和抗干扰性。

第 13 章 考虑参数不确定性的自适应滑模轨迹跟踪控制

目前，为数不多的针对双桅杆式起重机器人的控制方法，主要集中在定位控制问题上。与之相比，轨迹跟踪控制不仅能够提高运输的平稳性，还能使系统工作效率与安全性得到大幅提升。本章在不将原始动力学线性化/近似处理的情况下，提出了一种针对参数/结构不确定性的自适应滑模轨迹跟踪控制方法，通过引入一条虚拟参考轨迹，将滑模控制与自适应控制相结合，实现双吊臂的精确轨迹跟踪和负载摆角的快速消除。与此同时，该控制器确保状态变量能够在有限时间内收敛到所提出的滑模面。随后，基于 Lyapunov 方法和 Barbalat 引理，本章给出了关于控制器的严格理论分析，并将所提方法应用在实际实验平台进行验证，从理论和实际双重意义上确保了所提控制方法的有效性与面对参数不确定性时的鲁棒性。

13.1 问 题 描 述

根据双桅杆式起重机器人动力学模型 (11.12)，考虑如下动力学方程：

$$M(\boldsymbol{q})\ddot{\boldsymbol{q}} + C(\boldsymbol{q},\dot{\boldsymbol{q}})\dot{\boldsymbol{q}} + \boldsymbol{G}(\boldsymbol{q}) = \boldsymbol{U} \tag{13.1}$$

其中，$\boldsymbol{q}$, $M(\boldsymbol{q})$, $C(\boldsymbol{q},\dot{\boldsymbol{q}})$ 和 $\boldsymbol{G}(\boldsymbol{q})$ 的定义分别如式 (11.5) 和式 (11.13) 所示；$\boldsymbol{U}$ 表示为如下形式：

$$\boldsymbol{U} = \begin{bmatrix} F_1, & F_2, & -d_1\dot{\vartheta}_1, & -d_2\dot{\vartheta}_2, & -d_3\dot{\vartheta}_3 \end{bmatrix}^{\mathrm{T}} \tag{13.2}$$

其中，d_1、d_2 和 d_3 表示阻尼系数。进一步地，将系统原始动力学方程中的 X_3、X_4 和 X_5 重新整理成如下形式：

$$X_3 = P_1 + g_1 - \chi_1 = -d_1\dot{\vartheta}_1 \tag{13.3}$$

$$X_4 = P_2 + g_2 - \chi_2 = -d_2\dot{\vartheta}_2 \tag{13.4}$$

$$X_5 = P_3 + g_3 - \chi_3 = -d_3\dot{\vartheta}_3 \tag{13.5}$$

其中

$$
\begin{cases}
P_1 = \dfrac{1}{4}ml^2\ddot{\vartheta}_1 + \dfrac{1}{4}ml^2\cos(\vartheta_1 - \vartheta_2)\ddot{\vartheta}_2 - \dfrac{1}{2}mbl\sin(\vartheta_1 - \vartheta_3)\ddot{\vartheta}_3 \\[2mm]
\qquad + \dfrac{1}{4}ml^2\sin(\vartheta_1 - \vartheta_2)\dot{\vartheta}_2^2 + \dfrac{1}{2}mbl\cos(\vartheta_1 - \vartheta_3)\dot{\vartheta}_3^2 \\[2mm]
\chi_1 = \dfrac{1}{4}mLl\sin(\varphi_1 - \vartheta_1)\ddot{\varphi}_1 - \dfrac{1}{4}mLl\sin(\varphi_2 + \vartheta_1)\ddot{\varphi}_2 \\[2mm]
\qquad + \dfrac{1}{4}mLl\cos(\varphi_1 - \vartheta_1)\dot{\varphi}_1^2 + \dfrac{1}{4}mLl\cos(\varphi_2 + \vartheta_1)\dot{\varphi}_2^2 \\[2mm]
g_1 = \dfrac{1}{2}mgl\sin\vartheta_1 \\[2mm]
P_2 = \dfrac{1}{4}ml^2\cos(\vartheta_1 - \vartheta_2)\ddot{\vartheta}_1 + \dfrac{1}{4}ml^2\ddot{\vartheta}_2 - \dfrac{1}{2}mbl\sin(\vartheta_2 - \vartheta_3)\ddot{\vartheta}_3 \\[2mm]
\qquad - \dfrac{1}{4}ml^2\sin(\vartheta_1 - \vartheta_2)\dot{\vartheta}_1^2 + \dfrac{1}{2}mbl\cos(\vartheta_2 - \vartheta_3)\dot{\vartheta}_3^2 \\[2mm]
\chi_2 = \dfrac{1}{4}mLl\sin(\varphi_1 - \vartheta_2)\ddot{\varphi}_1 - \dfrac{1}{4}mLl\sin(\varphi_2 + \vartheta_2)\ddot{\varphi}_2 \\[2mm]
\qquad + \dfrac{1}{4}mLl\cos(\varphi_1 - \vartheta_2)\dot{\varphi}_1^2 - \dfrac{1}{4}mLl\cos(\varphi_2 + \vartheta_2)\dot{\varphi}_2^2 \\[2mm]
g_2 = \dfrac{1}{2}mgl\sin\vartheta_2 \\[2mm]
P_3 = -\dfrac{1}{2}mbl\sin(\vartheta_1 - \vartheta_3)\ddot{\vartheta}_1 - \dfrac{1}{2}mbl\sin(\vartheta_2 - \vartheta_3)\ddot{\vartheta}_2 + mb^2\ddot{\vartheta}_3 \\[2mm]
\qquad - \dfrac{1}{2}mbl\cos(\vartheta_1 - \vartheta_3)\dot{\vartheta}_1^2 - \dfrac{1}{2}mbl\cos(\vartheta_2 - \vartheta_3)\dot{\vartheta}_2^2 \\[2mm]
\chi_3 = \dfrac{1}{2}mLb\cos(\varphi_1 - \vartheta_3)\ddot{\varphi}_1 + \dfrac{1}{2}mLb\cos(\varphi_2 + \vartheta_3)\ddot{\varphi}_2 \\[2mm]
\qquad - \dfrac{1}{2}mLb\sin(\varphi_1 - \vartheta_3)\dot{\varphi}_1^2 - \dfrac{1}{2}mLb\sin(\varphi_2 + \vartheta_3)\dot{\varphi}_2^2 \\[2mm]
g_3 = -mgb\cos\vartheta_3
\end{cases}
\tag{13.6}
$$

接下来, 为了便于后续分析, 我们使用式 (13.3)~式 (13.5) 计算出 $\ddot{\vartheta}_1$ 和 $\ddot{\vartheta}_2$ 的表达式, 并将其代回式 (11.7) 和式 (11.8) 中以获得受直接驱动的状态变量 (吊臂俯

仰角 φ_1 和 φ_2) 的动力学方程，其矩阵-向量形式表示如下：

$$M\ddot{\varphi} + G + \Delta H = u \tag{13.7}$$

其中[①]

$$
\begin{cases}
\varphi = \left[\begin{array}{c} \varphi_1 \\ \varphi_2 \end{array}\right], \quad u = \left[\begin{array}{c} u_1 \\ u_2 \end{array}\right], \quad M = \left[\begin{array}{cc} \dfrac{1}{3}m'L^2 & 0 \\ 0 & \dfrac{1}{3}m'L^2 \end{array}\right] \\[4mm]
G = \left[\begin{array}{cc} \dfrac{1}{2}m'gL\cos\varphi_1, & \dfrac{1}{2}m'gL\cos\varphi_2 \end{array}\right]^{\mathrm{T}}, \quad H = \left[\begin{array}{cc} \dfrac{L}{l}d_2, & \dfrac{L}{l}d_1 \end{array}\right]^{\mathrm{T}} \\[4mm]
\Delta = \left[\begin{array}{cc} \Delta_{11} & \Delta_{12} \\ \Delta_{21} & \Delta_{22} \end{array}\right] = \left[\begin{array}{cc} \dfrac{\cos(\varphi_1-\vartheta_1)}{\sin(\vartheta_1-\vartheta_2)}\dot{\vartheta}_2 & -\dfrac{\cos(\varphi_1-\vartheta_1)}{\sin(\vartheta_1-\vartheta_2)}\dot{\vartheta}_1 \\[3mm] \dfrac{\cos(\varphi_2+\vartheta_1)}{\sin(\vartheta_1-\vartheta_2)}\dot{\vartheta}_2 & -\dfrac{\cos(\varphi_2+\vartheta_1)}{\sin(\vartheta_1-\vartheta_2)}\dot{\vartheta}_1 \end{array}\right]
\end{cases} \tag{13.8}
$$

考虑到参数不确定时，基于精确模型的控制方法无法直接应用在双桅杆式起重机器人，并且，普通的定位控制往往使得系统柔顺性不够，在运行过程中不够平稳，难以保证运输过程中负载始终保持水平，还会带来潜在的安全隐患。基于此，本章的控制目标是设计一种新型的自适应滑模轨迹跟踪控制器，在参数未知/不准确时仍然能够实现有效的跟踪控制。本章控制目标概述如下：

(1) 驱动吊臂的俯仰角 $\varphi_1(t)$ 和 $\varphi_2(t)$ 沿着期望的轨迹 $\varphi_d(t)$ 运动，并且在有限时间内消除跟踪误差；

(2) 抑制负载的残余摆动；

(3) 解决参数/结构不确定问题。

13.2 控制器设计及稳定性分析

表 13.1 中列出了本章在控制器设计与稳定性分析过程中所需变量、参数及其物理意义。

首先，引入 $e = [e_1,\ e_2]^{\mathrm{T}}$ 作为吊臂俯仰角的跟踪误差，定义为

$$e = \varphi - \varphi_d \quad \Longrightarrow \quad \dot{e} = \dot{\varphi} - \dot{\varphi}_d \tag{13.9}$$

---

① 通过合理选择 $\varphi = [\varphi_1, \varphi_2]^{\mathrm{T}}$ 的初始值和期望值可以方便地确保 $\sin(\vartheta_1 - \vartheta_2)$ 不等于零。

表 13.1　控制器设计与分析中使用的参数与变量

变量/参数	物理意义
t_d	期望轨迹的运动时间
T	跟踪误差的收敛时间
φ_d	期望轨迹
φ_0	期望轨迹的初始值
φ_t	期望轨迹在 t_d 后的最终值
$\varphi_{r1},\ \varphi_{r2}$	虚拟参考轨迹
$e_1,\ e_2$	吊臂俯仰角的跟踪误差
$\lambda_1,\ \lambda_2$	虚拟参考轨迹中包含的正参数
$s_1,\ s_2$	滑模面
$\omega_i,\ i=1,2,3,4$	待估计的未知参数
$\widehat{\omega}_i,\ \widetilde{\omega}_i,\ i=1,2,3,4$	ω_i 的估计值与估计误差
$k_{p1},\ k_{p2},\ k_{\vartheta1},\ k_{\vartheta2}$	控制增益
$k_p,\ k_\vartheta,\ \Gamma$	控制增益矩阵
$d_1,\ d_2,\ d_3$	阻尼系数
$\overline{\Omega}_1,\ \underline{\Omega}_1$	Ω_1 的上界和下界
$\overline{\Omega}_2,\ \underline{\Omega}_2$	Ω_2 的上界和下界

其中，$\varphi_d(t)$ 表示被跟踪的期望轨迹，需满足如下条件：

$$\begin{cases} \varphi_d(0)=\varphi_0, \quad \dot{\varphi}_d(0)=\ddot{\varphi}_d(0)=0 \\ \varphi_d(t)=\varphi_t, \quad \dot{\varphi}_d(t)=\ddot{\varphi}_d(t)=0, \quad t\geqslant t_d \end{cases} \tag{13.10}$$

其中，t_d 和 φ_t 分别表示期望轨迹的运动时间以及时间 t_d 后期望轨迹的最终值。值得注意的是，所有满足式 (13.10) 的平滑轨迹都可以作为实际实验中使用的期望轨迹。此外。为解决轨迹跟踪控制问题，设计如下与 e_1 和 e_2 相关的虚拟 "参考轨迹"：

$$\boldsymbol{\varphi}_r=[\varphi_{r1},\ \varphi_{r2}]^{\mathrm{T}}=\varphi_d-\lambda\int_0^t \boldsymbol{e}(\tau)\mathrm{d}\tau$$

$$\Longrightarrow \quad \dot{\boldsymbol{\varphi}}_r=\dot{\varphi}_d-\lambda\boldsymbol{e}, \quad \ddot{\boldsymbol{\varphi}}_r=\ddot{\varphi}_d-\lambda\dot{\boldsymbol{e}} \tag{13.11}$$

接着，引入如下滑模面 $\boldsymbol{s}=[s_1,\ s_2]^{\mathrm{T}}$：

$$\boldsymbol{s}=\dot{\boldsymbol{e}}+\lambda\boldsymbol{e} \quad \Longrightarrow \quad \dot{\boldsymbol{s}}=\ddot{\boldsymbol{e}}+\lambda\dot{\boldsymbol{e}} \tag{13.12}$$

其中，$\lambda=\mathrm{diag}\{\lambda_1,\ \lambda_2\}$（$\lambda_1,\ \lambda_2>0$）。将式 (13.9)~式 (13.11) 代入滑模面 (13.12)，有

$$\boldsymbol{s}=\dot{\boldsymbol{\varphi}}-\dot{\boldsymbol{\varphi}}_r \quad \Longrightarrow \quad \dot{\boldsymbol{s}}=\ddot{\boldsymbol{\varphi}}-\ddot{\boldsymbol{\varphi}}_r \tag{13.13}$$

随后，根据整理后的系统模型 (13.7) 和 (13.8)，定义向量 $\boldsymbol{\omega} = [\omega_1,\ \omega_2,\ \omega_3,\ \omega_4]^{\mathrm{T}}$，其中包含如下需要被估计的不确定参数：

$$\omega_1 = \frac{1}{3}m'L^2,\quad \omega_2 = \frac{1}{2}m'gL,\quad \omega_3 = \frac{L}{l}d_2,\quad \omega_4 = \frac{L}{l}d_1 \tag{13.14}$$

进一步地，我们定义 $\boldsymbol{\omega}$ 的在线估计为 $\widehat{\boldsymbol{\omega}} = [\widehat{\omega}_1,\ \widehat{\omega}_2,\ \widehat{\omega}_3,\ \widehat{\omega}_4]^{\mathrm{T}}$，则其估计误差可以定义为如下形式：

$$\widetilde{\boldsymbol{\omega}} = \widehat{\boldsymbol{\omega}} - \boldsymbol{\omega} = [\widetilde{\omega}_1,\ \widetilde{\omega}_2,\ \widetilde{\omega}_3,\ \widetilde{\omega}_4]^{\mathrm{T}} \quad \Longrightarrow \quad \dot{\widetilde{\boldsymbol{\omega}}} = \dot{\widehat{\boldsymbol{\omega}}} \tag{13.15}$$

那么，由上述关于在线估计的定义，式 (13.8) 中的矩阵和向量可以进一步整理为

$$M = \begin{bmatrix} \omega_1 & 0 \\ 0 & \omega_1 \end{bmatrix},\quad \boldsymbol{G} = \begin{bmatrix} \omega_2 \cos\varphi_1 \\ \omega_2 \cos\varphi_2 \end{bmatrix},\quad \boldsymbol{H} = \begin{bmatrix} \omega_3 \\ \omega_4 \end{bmatrix} \tag{13.16}$$

根据式 (13.14) 和式 (13.15)，可以推导出式 (13.16) 中矩阵和向量的估计和估计误差为

$$\begin{cases} \widehat{M} = \begin{bmatrix} \widehat{\omega}_1 & 0 \\ 0 & \widehat{\omega}_1 \end{bmatrix},\quad \widehat{\boldsymbol{G}} = \begin{bmatrix} \widehat{\omega}_2 \cos\varphi_1 \\ \widehat{\omega}_2 \cos\varphi_2 \end{bmatrix},\quad \widehat{\boldsymbol{H}} = \begin{bmatrix} \widehat{\omega}_3 \\ \widehat{\omega}_4 \end{bmatrix} \\ \widetilde{M} = \widehat{M} - M,\quad \widetilde{\boldsymbol{G}} = \widehat{\boldsymbol{G}} - \boldsymbol{G},\quad \widetilde{\boldsymbol{H}} = \widehat{\boldsymbol{H}} - \boldsymbol{H} \end{cases} \tag{13.17}$$

为了实现预期的控制目标，我们设计如下自适应滑模轨迹跟踪控制器：

$$\boldsymbol{u} = \widehat{M}\ddot{\boldsymbol{\varphi}}_r + \widehat{\boldsymbol{G}} + \Delta\widehat{\boldsymbol{H}} - k_p\boldsymbol{s} - k_\vartheta \mathrm{SGN}(\boldsymbol{s}) \tag{13.18}$$

其中，$\mathrm{SGN}(\boldsymbol{s}) \triangleq [\mathrm{sign}(s_1),\ \mathrm{sign}(s_2)]^{\mathrm{T}}$；$k_p \in \mathbb{R}^{2\times2}$ 和 $k_\vartheta \in \mathbb{R}^{2\times2}$ 分别定义为 $k_p = \mathrm{diag}\{k_{p1},\ k_{p2}\}$ 和 $k_\vartheta = \mathrm{diag}\{k_{\vartheta1},\ k_{\vartheta2}\}$，$k_{p1}$、$k_{p2}$、$k_{\vartheta1}$ 和 $k_{\vartheta2}$ 都是正的控制增益，并且满足如下不等式：

$$k_{p1},\ k_{p2} > 0,\quad k_{\vartheta1} > \Lambda_1,\quad k_{\vartheta2} > \Lambda_2 \tag{13.19}$$

其中，Λ_1 和 Λ_2 将在后续分析中详细给出。进一步地，构造如下方程：

$$\widetilde{M}\ddot{\boldsymbol{\varphi}}_r + \widetilde{\boldsymbol{G}} + \Delta\widetilde{\boldsymbol{H}} = Y\widetilde{\boldsymbol{\omega}} \tag{13.20}$$

其中

$$Y = \begin{bmatrix} \ddot{\varphi}_{r1} & \cos\varphi_1 & \Delta_{11} & \Delta_{12} \\ \ddot{\varphi}_{r2} & \cos\varphi_2 & \Delta_{21} & \Delta_{22} \end{bmatrix} \tag{13.21}$$

为了实现对 $\boldsymbol{\omega}$ 的有效估计，精心设计如下更新律：

$$\dot{\hat{\boldsymbol{\omega}}} = -\varGamma Y^{\mathrm{T}} \boldsymbol{s} \tag{13.22}$$

其中，$\varGamma \in \mathbb{R}^{4 \times 4}$ 表示一个由可调控制增益构成的对角矩阵。

接下来将对所提控制方法的稳定性和收敛性提出定理，并根据 Lyapunov 方法和 Barbalat 引理进行详细、严格的分析。针对所提的轨迹跟踪控制器 (13.18) 和更新律 (13.22)，有如下定理成立。

定理 13.1　对于双桅杆式起重机器人，控制器 (13.18) 和更新律 (13.22) 可以保证在有限时间 T 内吊臂的跟踪误差收敛到零，且能够保证负载摆动角的渐近收敛性，换言之

$$\begin{cases} \lim\limits_{t \to T} [e_1, \ e_2, \ \dot{\varphi}_1, \ \dot{\varphi}_2]^{\mathrm{T}} = [0, \ 0, \ 0, \ 0]^{\mathrm{T}} \\ \lim\limits_{t \to \infty} \left[\vartheta_1 - \vartheta_{1d}, \ \vartheta_2 - \vartheta_{2d}, \ \vartheta_3, \ \dot{\vartheta}_1, \ \dot{\vartheta}_2, \ \dot{\vartheta}_3\right]^{\mathrm{T}} = [0, \ 0, \ \pi/2, \ 0, \ 0, \ 0]^{\mathrm{T}} \end{cases} \tag{13.23}$$

其中，ϑ_{1d} 和 ϑ_{2d} 的值与 φ_t 有关，表示为 $\vartheta_{1d} = -\vartheta_{2d} = \arcsin\left(\dfrac{D_0 - d - 2L\cos\varphi_t}{2l}\right)$。

证明　证明过程主要分为三个步骤。具体而言，步骤 1 证明了受直接驱动变量 (φ_1 和 φ_2) 在系统平衡点附近的渐近稳定性，并依据这个结论，继续在步骤 2 中证明了跟踪误差 (e_1 和 e_2) 可以在有限时间内收敛至零；最后，依托前两步的结果，步骤 3 证明了欠驱动摆角 (ϑ_1、ϑ_2 和 ϑ_3) 在平衡点处的稳定性与收敛性。

步骤 1：在这一步中，我们主要分析的是受直接驱动的状态变量的渐近稳定性。首先构造如下非负的标量函数：

$$V_1 = \frac{1}{2}\boldsymbol{s}^{\mathrm{T}} M \boldsymbol{s} + \frac{1}{2}\widetilde{\boldsymbol{\omega}}^{\mathrm{T}} \varGamma^{-1} \widetilde{\boldsymbol{\omega}} \tag{13.24}$$

将式 (13.24) 两边关于时间求导得到 $\dot{V}_1$，并将式 (13.7)、式 (13.13) 和式 (13.15) 代入 $\dot{V}_1$ 中，经过整理和计算，可以得到如下方程：

$$\begin{aligned} \dot{V}_1 &= \boldsymbol{s}^{\mathrm{T}} M \dot{\boldsymbol{s}} + \boldsymbol{s}^{\mathrm{T}} \left(\frac{1}{2}\dot{M}\right) \boldsymbol{s} + \widetilde{\boldsymbol{\omega}}^{\mathrm{T}} \varGamma^{-1} \dot{\widetilde{\boldsymbol{\omega}}} \\ &= \boldsymbol{s}^{\mathrm{T}} (M\ddot{\boldsymbol{\varphi}} - M\ddot{\boldsymbol{\varphi}}_r) + \boldsymbol{s}^{\mathrm{T}} \left(\frac{1}{2}\dot{M}\right) \boldsymbol{s} + \widetilde{\boldsymbol{\omega}}^{\mathrm{T}} \varGamma^{-1} \dot{\hat{\boldsymbol{\omega}}} \\ &= \boldsymbol{s}^{\mathrm{T}} (\boldsymbol{u} - \boldsymbol{G} - \Delta \boldsymbol{H} - M\ddot{\boldsymbol{\varphi}}_r) + \widetilde{\boldsymbol{\omega}}^{\mathrm{T}} \varGamma^{-1} \dot{\hat{\boldsymbol{\omega}}} \end{aligned} \tag{13.25}$$

将控制器 (13.18)、式 (13.20) 和更新律 (13.22) 代入式 (13.25) 中，可以得到

$$
\begin{aligned}
\dot{V}_1 &= \boldsymbol{s}^{\mathrm{T}}\left(\widetilde{M}\ddot{\boldsymbol{\varphi}}_r + \widetilde{\boldsymbol{G}} + \Delta\widetilde{\boldsymbol{H}} - k_p\boldsymbol{s} - k_\vartheta\mathrm{SGN}\left(\boldsymbol{s}\right)\right) + \widetilde{\boldsymbol{\omega}}^{\mathrm{T}}\Gamma^{-1}\dot{\widehat{\boldsymbol{\omega}}} \\
&= \boldsymbol{s}^{\mathrm{T}}\left(Y\widetilde{\boldsymbol{\omega}}\right) - \boldsymbol{s}^{\mathrm{T}}k_p\boldsymbol{s} - \boldsymbol{s}^{\mathrm{T}}k_\vartheta\mathrm{SGN}\left(\boldsymbol{s}\right) + \widetilde{\boldsymbol{\omega}}^{\mathrm{T}}\Gamma^{-1}\dot{\widehat{\boldsymbol{\omega}}} \\
&= \widetilde{\boldsymbol{\omega}}^{\mathrm{T}}\left(Y^{\mathrm{T}}\boldsymbol{s} + \Gamma^{-1}\dot{\widehat{\boldsymbol{\omega}}}\right) - \boldsymbol{s}^{\mathrm{T}}k_p\boldsymbol{s} - \boldsymbol{s}^{\mathrm{T}}k_\vartheta\mathrm{SGN}\left(\boldsymbol{s}\right) \\
&= -\boldsymbol{s}^{\mathrm{T}}k_p\boldsymbol{s} - k_\vartheta\left\|\boldsymbol{s}\right\| \\
&\leqslant -\boldsymbol{s}^{\mathrm{T}}k_p\boldsymbol{s} \leqslant 0
\end{aligned} \tag{13.26}
$$

由于 $V_1 \geqslant 0$，且 $\dot{V}_1 \leqslant 0$，我们可以得到 $V_1 \in \mathcal{L}_\infty$ 的结论。结合式 (13.15)，可得

$$
s_1,\ s_2,\ \widetilde{\boldsymbol{\omega}},\ \widehat{\boldsymbol{\omega}} \in \mathcal{L}_\infty \tag{13.27}
$$

根据式 (13.9)~式 (13.13) 和式 (13.24) 中 V_1 的形式，易知

$$
e_1,\ e_2,\ \varphi_1,\ \varphi_2,\ \dot{\varphi}_1,\ \dot{\varphi}_2,\ \dot{\varphi}_{r1},\ \dot{\varphi}_{r2},\ \ddot{\varphi}_{r1},\ \ddot{\varphi}_{r2} \in \mathcal{L}_\infty \tag{13.28}
$$

接着，根据系统模型 (13.7)、式 (13.13) 和控制器 (13.18) 的表达式，有

$$
u_1,\ u_2,\ \Delta,\ \dot{s}_1,\ \dot{s}_2 \in \mathcal{L}_\infty \tag{13.29}
$$

由此可知，s_1 和 s_2 在 $t \in [0,\infty)$ 上是一致连续的。进一步应用 Barbalat 引理[162] 可得

$$
\lim_{t\to\infty}\boldsymbol{s} = \left[s_1,\ s_2\right]^{\mathrm{T}} = \left[0,0\right]^{\mathrm{T}}
$$

$$
\implies \lim_{t\to\infty}\boldsymbol{e} = \left[e_1,\ e_2\right]^{\mathrm{T}} = \left[0,0\right]^{\mathrm{T}},\quad \lim_{t\to\infty}\dot{\boldsymbol{e}} = \left[\dot{e}_1,\ \dot{e}_2\right]^{\mathrm{T}} = \left[0,0\right]^{\mathrm{T}} \tag{13.30}
$$

与式 (13.9) 中的误差信号形式进行结合，可以得到如下结果：

$$
\lim_{t\to\infty}\left[\varphi_1,\ \varphi_2\right]^{\mathrm{T}} = \left[\varphi_t,\ \varphi_t\right]^{\mathrm{T}},\quad \lim_{t\to\infty}\left[\dot{\varphi}_1,\ \dot{\varphi}_2\right]^{\mathrm{T}} = \left[0,0\right]^{\mathrm{T}} \tag{13.31}
$$

因此，系统中受到直接驱动的状态变量，即 φ_1 和 φ_2，在控制器 (13.18) 和更新律 (13.22) 的作用下可以保证在平衡点附近渐近稳定。

　　步骤 2：我们将进一步证明滑模面 $\boldsymbol{s}$ 会在有限时间内收敛到零。首先，将系统模型 (13.7)、(13.8) 和控制器 (13.18) 代入式 (13.13)，对 $\dot{\boldsymbol{s}}$ 进行重新整理，可以得到

$$
\dot{\boldsymbol{s}} = \ddot{\boldsymbol{\varphi}} - \ddot{\boldsymbol{\varphi}}_r = M^{-1}\left(\boldsymbol{u} - \boldsymbol{G} - \Delta\boldsymbol{H}\right) - \ddot{\boldsymbol{\varphi}}_r
$$

$$= M^{-1}\left(\widetilde{M}\ddot{\boldsymbol{\varphi}}_r + \widetilde{\boldsymbol{G}} + \Delta\widetilde{\boldsymbol{H}} - k_p\boldsymbol{s} - k_{\vartheta}\mathrm{SGN}\left(\boldsymbol{s}\right)\right) \tag{13.32}$$

据此，我们可以写出 $\dot{s}_1$ 和 $\dot{s}_2$ 的表达式为

$$\begin{cases} \dot{s}_1 = \omega_1^{-1}\left(\widetilde{\omega}_1\ddot{\varphi}_{r1} + \widetilde{\omega}_2\cos\varphi_1 + \Delta_{11}\widetilde{\omega}_3 + \Delta_{12}\widetilde{\omega}_4 - k_{p1}s_1 - k_{\vartheta 1}\mathrm{sign}\left(s_1\right)\right) \\ \dot{s}_2 = \omega_1^{-1}\left(\widetilde{\omega}_1\ddot{\varphi}_{r2} + \widetilde{\omega}_2\cos\varphi_2 + \Delta_{21}\widetilde{\omega}_3 + \Delta_{22}\widetilde{\omega}_4 - k_{p2}s_2 - k_{\vartheta 2}\mathrm{sign}\left(s_2\right)\right) \end{cases} \tag{13.33}$$

基于式 (13.33) 的形式，我们做出如下定义：

$$\begin{cases} \Omega_1 = \widetilde{\omega}_1\ddot{\varphi}_{r1} + \widetilde{\omega}_2\cos\varphi_1 + \Delta_{11}\widetilde{\omega}_3 + \Delta_{12}\widetilde{\omega}_4 \\ \Omega_2 = \widetilde{\omega}_1\ddot{\varphi}_{r2} + \widetilde{\omega}_2\cos\varphi_2 + \Delta_{21}\widetilde{\omega}_3 + \Delta_{22}\widetilde{\omega}_4 \end{cases} \tag{13.34}$$

根据式 (13.27)~式 (13.29) 中得到的有界性结论，不难发现式 (13.34) 中的 Ω_1 和 Ω_2 同样是有界的。因此，我们定义二者存在上下界，分别为 $\Omega_1 \in \left[\underline{\Omega}_1, \overline{\Omega}_1\right]$ 和 $\Omega_2 \in \left[\underline{\Omega}_2, \overline{\Omega}_2\right]$。与此同时，我们引入如下两个正数 Λ_1 和 Λ_2，分别作为 Ω_1 和 Ω_2 的上下界绝对值中的最大值：

$$\Lambda_1 = \max\left\{\left|\overline{\Omega}_1\right|, \left|\underline{\Omega}_1\right|\right\}, \quad \Lambda_2 = \max\left\{\left|\overline{\Omega}_2\right|, \left|\underline{\Omega}_2\right|\right\} \tag{13.35}$$

接着，构造如下非负函数：

$$V_2 = \frac{\omega_1}{2}\boldsymbol{s}^{\mathrm{T}}\boldsymbol{s} \tag{13.36}$$

对式 (13.36) 中的 V_2 两边关于时间求导，并将式 (13.33)~式 (13.35) 代入 $\dot{V}_2$，可得

$$\begin{aligned} \dot{V}_2 &= s_1\left(\Omega_1 - k_{p1}s_1 - k_{\vartheta 1}\mathrm{sign}\left(s_1\right)\right) + s_2\left(\Omega_2 - k_{p2}s_2 - k_{\vartheta 2}\mathrm{sign}\left(s_2\right)\right) \\ &= -k_{p1}s_1^2 - k_{p2}s_2^2 - k_{\vartheta 1}\left|s_1\right| - k_{\vartheta 2}\left|s_2\right| + \Omega_1 s_1 + \Omega_2 s_2 \\ &\leqslant -k_{p1}s_1^2 - k_{p2}s_2^2 - k_{\vartheta 1}\left|s_1\right| - k_{\vartheta 2}\left|s_2\right| + \Lambda_1\left|s_1\right| + \Lambda_2\left|s_2\right| \\ &\leqslant -\left(k_{\vartheta 1} - \Lambda_1\right)\left|s_1\right| - \left(k_{\vartheta 2} - \Lambda_2\right)\left|s_2\right| \\ &\leqslant -\xi\left\|\boldsymbol{s}\right\| \leqslant 0 \end{aligned} \tag{13.37}$$

其中，$\xi \triangleq \min\left\{\left(k_{\vartheta 1} - \Lambda_1\right), \left(k_{\vartheta 2} - \Lambda_2\right)\right\}$。所以，不难得到如下关于 V_2 的结论：

$$\dot{V}_2\left(t\right) \leqslant -\frac{\xi}{\omega_1}\sqrt{2\omega_1 V_2\left(t\right)} \implies \sqrt{V_2\left(t\right)} - \sqrt{V_2\left(0\right)} \leqslant -\frac{\xi}{\sqrt{2\omega_1}}t \tag{13.38}$$

若存在某个时间点 t_f，滑模面 s 会收敛至零 (状态变量 φ_1 和 φ_2 会收敛至滑模面)，即 $V_2\left(t_f\right)=0$，那么式 (13.38) 可以重新整理为

$$t_f \leqslant \frac{\sqrt{2\omega_1}}{\xi}\sqrt{V_2\left(0\right)} \in \mathcal{L}_\infty \tag{13.39}$$

这意味着滑模面的收敛时间 t_f 是有限的。并且，由 $\dot{V}_2\left(t\right) \leqslant 0$ 可得对于 $\forall t \geqslant t_f$，有

$$0 \leqslant V_2\left(t\right) \leqslant V_2\left(t_f\right)=0 \implies V_2\left(t\right)=0$$
$$\implies \boldsymbol{s}=\left[s_1,s_2\right]^{\mathrm{T}}=\left[0,0\right]^{\mathrm{T}} \tag{13.40}$$

因此，s 在时间 t_f 之后是一个不变集，那么可以进一步得到

$$\dot{\boldsymbol{s}}=\left[\dot{s}_1,\dot{s}_2\right]^{\mathrm{T}}=\left[0,0\right]^{\mathrm{T}}, \quad \forall t \geqslant t_f$$
$$\implies \ddot{\boldsymbol{e}}=\dot{\boldsymbol{e}}=\boldsymbol{e}=\left[0,0\right]^{\mathrm{T}}, \quad \forall t \geqslant t_f \tag{13.41}$$

令 $T=\max\{t_f, t_d\}$，结合式 (13.10) 和式 (13.41)，可得

$$\dot{\boldsymbol{e}}=\boldsymbol{e}=\left[0,0\right]^{\mathrm{T}}, \quad \forall t \geqslant T$$
$$\implies \varphi_1\left(t\right)=\varphi_2\left(t\right)=\varphi_t, \quad \dot{\varphi}_1\left(t\right)=\dot{\varphi}_2\left(t\right)=\ddot{\varphi}_1\left(t\right)=\ddot{\varphi}_2\left(t\right)=0, \quad \forall t \geqslant T \tag{13.42}$$

至此，可知受直接驱动的状态变量 φ_1 和 φ_2 将在有限时间 T 内收敛至滑模面，且跟踪误差收敛至零，其速度和加速度信号也将在有限时间内收敛为零。

　　步骤 3：我们对负载摆动角 (不受直接驱动的状态变量) 的稳定性和收敛性进行理论分析。首先，基于步骤 1 中式 (13.29) 的有界性结果，可得系统动力学方程 (13.3)~式 (13.5) 中 χ_1, χ_2, χ_3, g_1, g_2, $g_3 \in \mathcal{L}_\infty$。接着，根据式 (13.3)~式 (13.5)，定义如下等式：

$$P=P_1+P_2+P_3+d_1\dot{\vartheta}_1+d_2\dot{\vartheta}_2+d_3\dot{\vartheta}_3$$
$$=\chi_1+\chi_2+\chi_3-g_1-g_2-g_3 \in \mathcal{L}_\infty \tag{13.43}$$

构造 $f\left(\cdot\right)$ 函数作为 P 的积分形式，可得

$$f\left(\cdot\right)=\int P\mathrm{d}t=f_1\left(\cdot\right)+d_1\vartheta_1+d_2\vartheta_2+d_3\vartheta_3 \tag{13.44}$$

其中

$$
\begin{aligned}
f_1\left(\cdot\right) &= \int \left(P_1 + P_2 + P_3\right) \mathrm{d}t \\
&= \frac{1}{4} m l^2 \left(1 + \cos\left(\vartheta_1 - \vartheta_2\right)\right) \left(\dot{\vartheta}_1 + \dot{\vartheta}_2\right) + m b^2 \dot{\vartheta}_3 \\
&\quad - \frac{1}{2} m b l \sin\left(\vartheta_1 - \vartheta_3\right) \left(\dot{\vartheta}_1 + \dot{\vartheta}_3\right) - \frac{1}{2} m b l \sin\left(\vartheta_2 - \vartheta_3\right) \left(\dot{\vartheta}_2 + \dot{\vartheta}_3\right) \quad (13.45)
\end{aligned}
$$

对 P 从 0 到 μ 进行积分，有

$$
\int_0^\mu P(t)\mathrm{d}t = f\left(\mu\right) - f\left(0\right) \in \mathcal{L}_\infty, \quad \mu \in [0, T]
$$

$$
\Longrightarrow \quad \dot{\vartheta}_1\left(\mu\right), \; \dot{\vartheta}_2\left(\mu\right), \; \dot{\vartheta}_3\left(\mu\right), \; \vartheta_1\left(\mu\right), \; \vartheta_2\left(\mu\right), \; \vartheta_3\left(\mu\right) \in \mathcal{L}_\infty \quad (13.46)
$$

结合式 (13.43) 中的 $P \in \mathcal{L}_\infty$，易知 $\ddot{\vartheta}_1\left(\mu\right), \ddot{\vartheta}_2\left(\mu\right), \ddot{\vartheta}_3\left(\mu\right) \in \mathcal{L}_\infty$。因此，负载摆动角及其速度、加速度信号在有限时间 T 内均有界。

下面，我们继续分析负载摆动角在时间 T 之后的稳定性与收敛性。根据步骤 2 中式 (13.42) 得到的跟踪误差可在有限时间内收敛的结果，可知 $\chi_1(t) = \chi_2(t) = \chi_3(t) = 0, \; \forall t \geqslant T$，则式 (13.43) 可以重新整理为如下形式：

$$
P_1 + P_2 + P_3 = -g_1 - g_2 - g_3 - d_1 \dot{\vartheta}_1 - d_2 \dot{\vartheta}_2 - d_3 \dot{\vartheta}_3 \quad (13.47)
$$

并且系统动力学方程的欠驱动部分式 (13.3)～式 (13.5) 可以写成

$$
\begin{cases}
P_1 + g_1 = -d_1 \dot{\vartheta}_1 \\
P_2 + g_2 = -d_2 \dot{\vartheta}_2 \\
P_3 + g_3 = -d_3 \dot{\vartheta}_3
\end{cases} \quad (13.48)
$$

构造如下 Lyapunov 候选函数：

$$
\begin{aligned}
V_3 &= \frac{1}{8} m l \left[\dot{\vartheta}_1, \; \dot{\vartheta}_2, \; \dot{\vartheta}_3\right] A \left[\dot{\vartheta}_1, \; \dot{\vartheta}_2, \; \dot{\vartheta}_3\right]^{\mathrm{T}} + m g b \left(1 - \sin \vartheta_3\right) \\
&\quad + \frac{1}{2} m g l \left(\left(\cos \vartheta_{1d} + \cos \vartheta_{2d}\right) - \left(\cos \vartheta_1 + \cos \vartheta_2\right)\right) \quad (13.49)
\end{aligned}
$$

其中

$$
A = \begin{bmatrix}
l & a_{12} & a_{13} \\
a_{12} & l & a_{23} \\
a_{13} & a_{23} & l
\end{bmatrix} \quad (13.50)
$$

且有 $a_{12} = l\cos(\vartheta_1 - \vartheta_2)$，$a_{13} = -2b\sin(\vartheta_1 - \vartheta_3)$，$a_{23} = -2b\sin(\vartheta_2 - \vartheta_3)$。易证 $V_3 \geqslant 0$。对式 (13.49) 求导并将式 (13.48) 代入 $\dot{V}_3$，经过整理可得如下结果：

$$
\begin{aligned}
\dot{V}_3 =\ & \frac{1}{2}mgl\sin\vartheta_1\dot{\vartheta}_1 + \frac{1}{2}mgl\sin\vartheta_2\dot{\vartheta}_2 - mgb\cos\vartheta_3\dot{\vartheta}_3 + mb^2\ddot{\vartheta}_3\dot{\vartheta}_3 \\
& + \frac{1}{4}ml^2\left(\ddot{\vartheta}_1\dot{\vartheta}_1 + \ddot{\vartheta}_2\dot{\vartheta}_2\right) + \frac{1}{4}ml^2\cos(\vartheta_1 - \vartheta_2)\left(\ddot{\vartheta}_2\dot{\vartheta}_1 + \ddot{\vartheta}_1\dot{\vartheta}_2\right) \\
& + \frac{1}{4}ml^2\sin(\vartheta_1 - \vartheta_2)\left(\dot{\vartheta}_2^2\dot{\vartheta}_1 - \dot{\vartheta}_1^2\dot{\vartheta}_2\right) - \frac{1}{2}mbl\sin(\vartheta_1 - \vartheta_3)\left(\ddot{\vartheta}_3\dot{\vartheta}_1 + \ddot{\vartheta}_1\dot{\vartheta}_3\right) \\
& + \frac{1}{2}mbl\cos(\vartheta_1 - \vartheta_3)\left(\dot{\vartheta}_3^2\dot{\vartheta}_1 - \dot{\vartheta}_1^2\dot{\vartheta}_3\right) - \frac{1}{2}mbl\sin(\vartheta_2 - \vartheta_3)\left(\ddot{\vartheta}_2\dot{\vartheta}_3 + \ddot{\vartheta}_3\dot{\vartheta}_2\right) \\
& + \frac{1}{2}mbl\cos(\vartheta_2 - \vartheta_3)\left(\dot{\vartheta}_3^2\dot{\vartheta}_2 - \dot{\vartheta}_2^2\dot{\vartheta}_3\right) \\
=\ & \dot{\vartheta}_1\left(P_1 + g_1\right) + \dot{\vartheta}_2\left(P_2 + g_2\right) + \dot{\vartheta}_3\left(P_3 + g_3\right) \\
=\ & -d_1\dot{\vartheta}_1^2 - d_2\dot{\vartheta}_2^2 - d_3\dot{\vartheta}_3^2 \leqslant 0
\end{aligned}
\tag{13.51}
$$

显然，$V_3 \geqslant 0$ 且 $\dot{V}_3 \leqslant 0$，那么有 $V_3 \in \mathcal{L}_\infty$。因此，结合式 (13.43)，可得

$$
\dot{\vartheta}_1,\ \dot{\vartheta}_2,\ \dot{\vartheta}_3,\ \ddot{\vartheta}_1,\ \ddot{\vartheta}_2,\ \ddot{\vartheta}_3 \in \mathcal{L}_\infty
\tag{13.52}
$$

接着，利用扩展 Barbalat 引理[162] 分析负载摆动角的收敛性。对式 (13.51) 两边关于时间积分得到

$$
\begin{aligned}
& -d_1\int_T^\infty \dot{\vartheta}_1^2(t)\mathrm{d}t - d_2\int_T^\infty \dot{\vartheta}_2^2(t)\mathrm{d}t - d_3\int_T^\infty \dot{\vartheta}_3^2(t)\mathrm{d}t \\
& = V_3(\infty) - V_3(T) \in \mathcal{L}_\infty
\end{aligned}
\tag{13.53}
$$

这表明 $\dot{\vartheta}_1,\ \dot{\vartheta}_2,\ \dot{\vartheta}_3 \in \mathcal{L}_2$。结合式 (13.52) 和 Barbalat 引理，不难证得

$$
\lim_{t\to\infty}\left[\dot{\vartheta}_1,\ \dot{\vartheta}_2,\ \dot{\vartheta}_3\right]^\mathrm{T} = [0,\ 0,\ 0]^\mathrm{T}
\tag{13.54}
$$

根据式 (13.47)，定义如下形式的 ϕ_1 和 ϕ_2：

$$
\begin{cases}
\phi_1 = -d_1\dot{\vartheta}_1 - d_2\dot{\vartheta}_2 - d_3\dot{\vartheta}_3 \\
\phi_2 = -g_1 - g_2 - g_3 = -\dfrac{1}{2}mgl\sin\vartheta_1 - \dfrac{1}{2}mgl\sin\vartheta_2 + mgb\cos\vartheta_3
\end{cases}
\tag{13.55}
$$

由式 (13.43)、式 (13.45) 和式 (13.47) 可知 $\dot{f}_1 = P_1 + P_2 + P_3 = \phi_1 + \phi_2$。此外，结合式 (13.54) 中的结果和式 (13.45)、式 (13.55)，易知

$$
\lim_{t\to\infty}f_1 = 0,\quad \lim_{t\to\infty}\phi_1 = 0
\tag{13.56}
$$

对式 (13.55) 中的 ϕ_2 关于时间求微分，并结合式 (13.52) 可得

$$\dot{\phi}_2 = -\frac{1}{2}mgl\cos\vartheta_1\dot{\vartheta}_1 - \frac{1}{2}mgl\cos\vartheta_2\dot{\vartheta}_2 - mgb\sin\vartheta_3\dot{\vartheta}_3 \in \mathcal{L}_\infty \tag{13.57}$$

由式 (13.56) 和式 (13.57) 中的结果，以及 $\dot{f}_1 = P_1 + P_2 + P_3 = \phi_1 + \phi_2$，应用扩展 Barbalat 引理能够证得如下结论：

$$\lim_{t\to\infty}\dot{f}_1 = \lim_{t\to\infty}(P_1 + P_2 + P_3) = 0, \quad \lim_{t\to\infty}\phi_2 = 0 \tag{13.58}$$

$$\implies \lim_{t\to\infty}\left(-\frac{1}{2}mgl\sin\vartheta_1 - \frac{1}{2}mgl\sin\vartheta_2 + mgb\cos\vartheta_3\right) = 0$$

$$\implies \lim_{t\to\infty}(l\sin\vartheta_1 + l\sin\vartheta_2 - 2b\cos\vartheta_3) = 0 \tag{13.59}$$

根据式 (13.6) 给出的 P_i $(i = 1,2,3)$ 的具体表达式，我们还可以将 $P_1 + P_2 + P_3$ 整理为如下形式：

$$P_1 + P_2 + P_3 = \phi_3 + \phi_4 \tag{13.60}$$

其中

$$\phi_3 = \frac{1}{4}ml^2\left(1 + \cos(\vartheta_1 - \vartheta_2)\right)\left(\ddot{\vartheta}_1 + \ddot{\vartheta}_2\right) - \frac{1}{2}mbl\sin(\vartheta_1 - \vartheta_3)\left(\ddot{\vartheta}_1 + \ddot{\vartheta}_3\right)$$
$$+ mb^2\ddot{\vartheta}_3 - \frac{1}{2}mbl\sin(\vartheta_2 - \vartheta_3)\left(\ddot{\vartheta}_2 + \ddot{\vartheta}_3\right) \tag{13.61}$$

$$\phi_4 = -\left(\frac{1}{4}ml^2\sin(\vartheta_1 - \vartheta_2) + \frac{1}{2}mbl\cos(\vartheta_1 - \vartheta_3)\right)\dot{\vartheta}_1^2$$
$$+ \left(\frac{1}{4}ml^2\sin(\vartheta_1 - \vartheta_2) - \frac{1}{2}mbl\cos(\vartheta_2 - \vartheta_3)\right)\dot{\vartheta}_2^2$$
$$+ \frac{1}{2}mbl\left(\cos(\vartheta_1 - \vartheta_3) + \cos(\vartheta_2 - \vartheta_3)\right)\dot{\vartheta}_3^2 \tag{13.62}$$

由式 (13.54) 和式 (13.62) 能够得知

$$\lim_{t\to\infty}\phi_4 = 0 \tag{13.63}$$

进一步地，观察式 (13.58)、式 (13.60) 和式 (13.63)，可以得到如下结论：

$$\phi_3 = P_1 + P_2 + P_3 - \phi_4 \implies \lim_{t\to\infty}\phi_3 = 0 \tag{13.64}$$

因为式 (13.61) 中 ϕ_3 的各项系数均为正，所以有

$$\lim_{t\to\infty}\left[\ddot{\vartheta}_1,\ \ddot{\vartheta}_2,\ \ddot{\vartheta}_3\right]^{\mathrm{T}}=[0,\ 0,\ 0]^{\mathrm{T}} \tag{13.65}$$

另外，根据式 (13.42) 的结论可知，当 $t \geqslant T$ 时，$\varphi_1(t)$ 和 $\varphi_2(t)$ 都等于 φ_t，故可将此结果代入系统约束方程 (11.1) 中以获得一组整理后的方程。可见，在有限时间 T 内，当吊臂俯仰角的跟踪误差被消除后，整理后的约束方程与式 (13.59) 应同时成立，因此可以列出如下方程组：

$$\begin{cases} l\sin\vartheta_1+d\sin\vartheta_3-l\sin\vartheta_2+2L\cos\varphi_t=D_0 \\ -l\cos\vartheta_1-d\cos\vartheta_3+l\cos\vartheta_2=0 \\ \lim_{t\to\infty}(l\sin\vartheta_1+l\sin\vartheta_2-2b\cos\vartheta_3)=0 \end{cases} \tag{13.66}$$

对式 (13.66) 中的方程组进行求解，可得

$$\lim_{t\to\infty}\vartheta_1=\arcsin\left(\frac{D_0-d-2L\cos\varphi_t}{2l}\right)=\vartheta_{1d}$$

$$\lim_{t\to\infty}\vartheta_2=-\arcsin\left(\frac{D_0-d-2L\cos\varphi_t}{2l}\right)=\vartheta_{2d}$$

$$\lim_{t\to\infty}\vartheta_3=\pi/2$$

$$\Longrightarrow\quad \lim_{t\to\infty}\vartheta_1-\vartheta_{1d}=0,\quad \lim_{t\to\infty}\vartheta_2-\vartheta_{2d}=0 \tag{13.67}$$

由此可知，负载摆动角在平衡点附近渐近收敛。

总结式 (13.42)、式 (13.54) 和式 (13.67) 的结论可知，在控制器 (13.18) 与更新律 (13.22) 的共同作用下，吊臂可以准确地跟踪期望轨迹，负载的残余摆动被有效消除。此外，跟踪误差将在有限时间内完全收敛至零。综合三个步骤的分析，定理 13.1 得证。　　　　　　　　　　　　　　　　　　　　　　　　　　　□

13.3　实验结果与分析

本节在如图 10.3 所示的双桅杆式起重机器人硬件实验平台上进行了一系列实验，并对实验结果进行了详细分析，以验证所提控制器的有效性和鲁棒性。具体而言，第一组实验通过将本章所提跟踪控制方法与考虑了重力矩补偿的 PD 方法进行对比，分析二者在跟踪控制上的差别；第二组实验改变了系统参数，以验证其面对参数不确定性时的控制效果；最后，通过第三组实验分析所提跟踪控制

器在面临各种外界干扰的时候是否仍然能够确保良好的控制效果，测试其克服干扰的能力。

在本节实验中，为两台起重机的吊臂运动选取如下平滑的期望轨迹：

$$
\varphi_d(t) = \begin{cases}
\varphi_0 + (\varphi_t - \varphi_0)\left(-20\left(\dfrac{t}{t_d}\right)^7 + 70\left(\dfrac{t}{t_d}\right)^6 \right. \\
\left. -84\left(\dfrac{t}{t_d}\right)^5 + 35\left(\dfrac{t}{t_d}\right)^4 \right), \quad t < t_d \\
\varphi_t, \quad t \geqslant t_d
\end{cases}
\tag{13.68}
$$

其中，t_d、φ_0 和 φ_t 的数值在表 10.2 中逐项列出。根据式 (13.67) 计算出的负载摆动角的期望角度、式 (13.68) 中列出的被跟踪轨迹，以及考虑到在实际应用中负载需要保持水平这一实际需求，将负载摆动角 (ϑ_1 和 ϑ_2) 的目标角度分别设置为 $\vartheta_{1d} = 21°$ 和 $\vartheta_{2d} = -21°$。本章实验参数设置为 $l = 0.38$ m，$b = 0.01$ m，$D_0 = 1.45$ m，其他参数见表 10.2。

为了更加清晰地描述控制器的控制效果，我们引入了如下指标，用量化的方式从数字角度直观展示：

(1) ϱ_i，$i = 1, 2$：最大跟踪误差，即 $\varrho_i = \max\limits_{t \geqslant 0}\{|\varphi_i(t) - \varphi_d(t)|\}$；

(2) δ_{ires}，$i = 1, 2$：系统稳定后，吊臂俯仰角的稳态误差绝对值；

(3) τ：消除负载残余摆动角的时间 (当摆动角在目标角度 $\pm 0.5°$ 的范围内波动时，即 $|\vartheta_i(t) - \vartheta_{id}| \leqslant 0.5°(i = 1, 2, 3)$，$\forall t \geqslant \tau$，可以认为负载的残余摆动已经消除)。

第一组实验 (对比测试)。为了更好地测试所提跟踪控制方法的控制性能，本组实验中，经过充分地调整至最佳性能后，选择了包含重力矩补偿的 PD 控制器进行对比：

$$
\begin{cases}
F_{pd1} = 22\left(\varphi_d - \varphi_1\right) + 5\left(\dot{\varphi}_d - \dot{\varphi}_1\right) + \dfrac{(m + m')\, gL \cos \varphi_1}{2} \\
F_{pd2} = 15\left(\varphi_d - \varphi_2\right) + 5\left(\dot{\varphi}_d - \dot{\varphi}_2\right) + \dfrac{(m + m')\, gL \cos \varphi_2}{2}
\end{cases}
\tag{13.69}
$$

本章提出的控制器和 PD 控制器的实验结果如图 13.1、图 13.2 和表 13.2 所示。从图 13.1 的实线可以看出，吊臂的俯仰运动可以准确地跟踪期望轨迹，并且在运动过程中，负载的摆动始终在一个可接受的范围内。

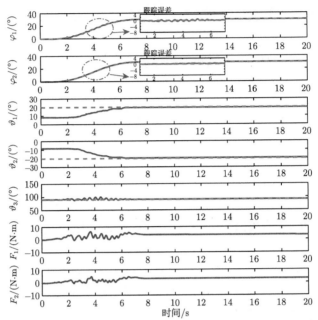

图 13.1　第一组实验–本章控制方法 (实线表示实验结果；前 2 个子图中的虚线代表被跟踪轨迹，其他子图中虚线表示目标角度)

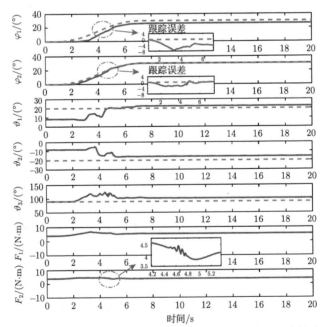

图 13.2　第一组实验–PD 控制方法 (实线表示实验结果；前 2 个子图中的虚线代表被跟踪轨迹，其他子图中虚线表示目标角度)

当吊臂运动轨迹收敛到一个固定值后，负载的摆动也随之消失。特别地，在吊臂运动过程中，负载的姿态角 (ϑ_3) 的变化总是小于 $10°$ (在 $90°$ 上下波动)，整体吊运过程非常平稳，且在 6.69 s 内残余摆动被完全抑制，相比于对比控制方法，表现出了较为良好的消摆效果。就对比的 PD 控制方法而言 (见图 13.2)，一方面，跟踪误差始终存在，最大的跟踪误差可达 $7.42°$ (如表 13.2 中指标 ϱ_i 所示)，吊臂的稳态误差也没有完全消除 (如 δ_{ires} 所示)；另一方面，在运动过程中，负载表现出了较大的摆动，姿态角 ϑ_3 最大达到了 $124°$ (相比期望位置偏移了 $34°$)，略逊于本章所提控制方法所展示出的消摆性能。

表 13.2　实验数据指标

实验组别	控制方法	无需准确参数值	$\varrho_1/\varrho_2/(°)$	$\delta_{1res}/\delta_{2res}/(°)$	τ/s
1	本章控制器	✓	0.80/0.43	0.12/0.24	6.69
1	PD 控制器	✗	7.42/2.81	3.72/1.15	9.68
2	本章控制器	✓	1.07/0.50	0.20/0.12	7.12
3 / 情况 1	本章控制器	✓	0.87/0.61	0.17/0.36	10.46

第二组实验 (自适应性测试)。考虑到实际吊运任务中负载质量等参数在不同条件下总是不同的，因此，本组实验在不改变任何控制增益的情况下，将负载换成质量为 1 kg 的重物 (b 增加到 0.015 m)，并将吊绳长度延长至 0.6 m。由于做出了以上改变，负载摆动角的目标角度变为 $\vartheta_{1d} = 16.3°$ 和 $\vartheta_{2d} = -16.3°$ (见图 13.3 中第 3、第 4 个子图中的虚线所示)。

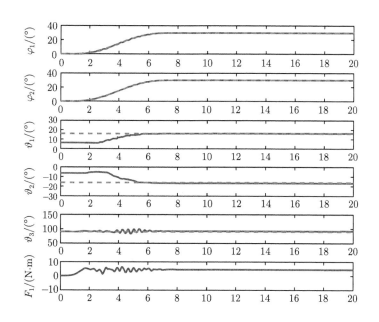

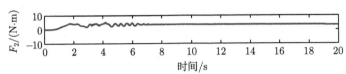

图 13.3　第二组实验–本章控制方法 (实线表示实验结果；前 2 个子图中的虚线代表被跟踪轨迹，其他子图中虚线表示目标角度)

通过对比图 13.1 和图 13.3 的实验结果，我们发现即便同时改变了两个系统参数，控制性能也没有受到影响。结果表明，该轨迹跟踪控制器在存在参数不确定性的情况下具有良好的鲁棒性，这得益于所提出的控制方法采取了自适应的策略，而不涉及负载质量、吊绳长度以及其他系统参数。所提控制器能够驱动吊臂俯仰角准确跟踪期望轨迹，且最大跟踪误差小于 $1.07°$。此外，控制器同样能够较好地保持消摆性能，确保在 7.12 s 内消除负载的摆动。并且，负载的姿态角 ϑ_3 始终保持在一个较小的摆动范围内，对维持被吊重物的平稳性、实验现场安全性具有一定的积极作用。

第三组实验 (抗干扰能力测试)。为了验证所提控制方法在面对外界干扰时的鲁棒性，在本组实验中，人为地为系统施加了以下两种扰动。

情况 1：如图 13.4 所示，在实验正式开始前人为地拖拽负载，使其在外界干扰下产生初始摆动，负载摆动角的初始状态变为 $\vartheta_1(0) = 6.43°$，$\vartheta_2(0) = -3.37°$。

情况 2：如图 13.5 所示，在 15 s 左右手动拖动吊臂从而对其施加外部干扰。

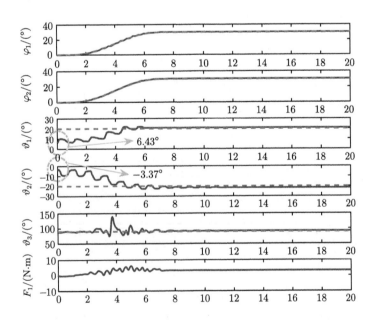

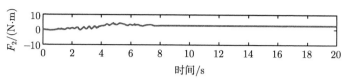

图 13.4　第三组实验：情况 1–本章控制方法面临初始干扰 (实线表示实验结果；前 2 个子图中的虚线代表被跟踪轨迹，其他子图中虚线表示目标角度)

通过观察图 13.4 的实验结果，我们可以发现，初始扰动对吊臂俯仰运动的跟踪性能和负载摆动角的收敛性影响不大，且通过表 13.2 中的数据可知，吊臂的跟踪误差和稳态误差均在可接受的范围内。

对于情况 2，图 13.5 验证了系统在受到外界干扰时，所提控制器及更新律能够保持良好的控制性能。在受到扰动后的 2.5 s 内即可消除负载的残余摆动，恢复整个系统的稳定性。由此可见，在所提控制器与更新律的作用下，闭环系统具有良好的克服干扰的能力，具有一定的实用价值。

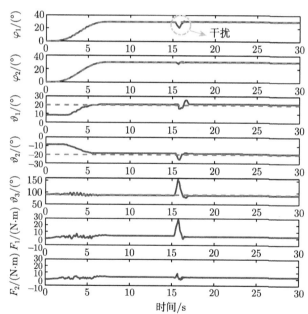

图 13.5　第三组实验：情况 2–本章控制方法面临过程干扰 (实线表示实验结果；前 2 个子图中的虚线代表被跟踪轨迹，其他子图中虚线表示目标角度)

13.4　本章小结

本章提出了一种自适应滑模轨迹跟踪控制器，将关注点从定位控制转变为轨迹跟踪控制，不仅使得吊运过程更加平稳、系统柔顺度有所增加，而且提高了整体的安全程度。在该控制器与更新律的作用下，吊臂俯仰角能够准确跟踪预定轨迹，且负载的摆动在此过程中被有效抑制。此外，在不对原始动力学进行线性化的前提下，本章通过基于 Lyapunov 方法的稳定性分析，严格证明了受直接驱动的状态变量可在有限时间内收敛至滑模面，即跟踪误差被完全消除，且欠驱动变量在平衡点附近渐近稳定。最后，在硬件实验平台上完成了三组实验，从实际的角度验证了所提控制方法的有效性和鲁棒性，表明该方法具有一定的实际应用价值，在安全性保障、工作效率提高等方面起到了积极作用。

第五部分
本书总结

第 14 章 工作总结及展望

14.1 本书工作总结

欠驱动旋转式起重机器人被广泛应用于工业生产、建筑运输、加工装配等多个领域，此类系统在作业过程中的控制输入数量少于待控自由度，难以直接对不可驱动负载摆动施加有效控制，特别是面临各类复杂软/硬件约束与外部干扰时，很可能会进一步降低控制精度，甚至导致系统不稳定。然而，也正是因为欠驱动旋转式起重机器人以 "少" 控 "多" 的特性，使其在实际应用中具有诸多优势。例如，较少的驱动设备有效降低了机械结构的质量/体积，从而降低能耗，节约成本，同时也在完成一系列复杂吊运操作时，体现出较高的灵活性。

截至目前，已有众多学者对欠驱动起重机器人进行了深入分析与控制器设计，取得了一定的研究成果。然而，就旋转式起重机器人的理论发展与实际应用需求而言，现有工作仍处于初级阶段，大多研究仅适用于平移式起重机器人或关注起重机器人某一方面的性能。然而，旋转式起重机器人在三维空间内的转动会使系统表现出更为复杂的动态特性与耦合关系，且俯仰、旋转两个方向上的关节转动导致一定的离心力与摩擦，引发不可驱动负载大幅摆动与定位误差，加之吊臂、负载、配重的质量往往是未知/不确定的，难以提供准确的重力 (矩) 补偿。特别地，在实际应用中，系统很容易受制于复杂的环境约束 (外部扰动、工作空间有限)、机械结构约束 (测量误差、参数/结构变化)、输入/输出约束 (驱动器死区/饱和、状态时延、部分状态不可测) 等，且需要满足特定的运动约束 (角度、位移、速度约束等)，使控制器设计的难度进一步增加。因此，如何应对各种不利因素的综合影响，同时对系统可驱动与不可驱动变量施加有效控制，仍然是欠驱动旋转式起重机器人智能控制中值得深入探讨的问题。为此，本书以旋转式起重机器人系统为研究对象，开展了如下几方面的工作。

(1) 面向欠驱动旋转式起重机器人的准确吊运与快速消摆问题，第二部分 (第 2~6 章) 提出了多种开环多目标最优规划方法与闭环智能控制方法，立足于实际作业需求，综合考虑了如何快速高效地驱动悬臂、台车三维空间内配合吊运负载至目标位置，同时抑制负载径向、切向残余摆动；特别地，为进一步提高工作效率，设计五自由度塔式起重机器人的控制方法，同时完成负载运输与升降 (即变绳长控制)。具体而言，第 2 章设计了一个新颖的关于定位误差的积分项，将其引入塔式起重机器人的自适应消摆与定位控制方法，始终作用于控制命令直至误差收敛于零，避免了常见自适应更新律中估计误差对定位精度的影响；第 3 章提出了基于状态观测器与摩擦补偿的塔式起重机饱和输出反馈控制方法，特别处理了平台参数未知与运动超调问题，并且基于 Lyapunov 方法的理论分析也证明了闭环系统平衡点的渐近稳定性；第 4 章设计了一种有限时间收敛的非线性塔式起重机滑模跟踪控制方法，可保证滑模面在有限时间内收敛于零；第 5 章提出了一种基于参数估计的五自由度塔式起重机的输出反馈控制方法，并给出完整的理论分析与实验验证；第 6 章则综合考虑时间最优与能耗最优双重目标，设计了一种多目标最优轨迹规划方法，并在自主搭建的实验平台上验证了所提方法的有效性。

(2) 塔式起重机器人主要涉及悬臂水平旋转与台车平移运动，而面向桅杆式起重机器人的吊运场景与工作需求，需进一步考虑吊臂在竖直、水平方向上的俯仰、旋转运动，同时抑制负载径向、切向摆角，更为复杂的旋转特性与重力补偿进一步增加了定位消摆的控制难度。为提升桅杆式起重机器人稳态/暂态性能与安全性，第三部分 (第 7~9 章) 重点考虑了不可驱动负载在三维空间内的多种速度、加速度与加加速度约束、吊臂超调、在线重力补偿等问题。具体而言，第 7 章构造了一种三维桅杆式起重机最优轨迹规划与吊运控制方法，构造系统尖端辅助信号表示所有待控变量，以满足桅杆式起重机器人系统中可驱动吊臂与不可驱动负载的全状态约束；为进一步提高系统鲁棒性，第 8 章提出了一种基于闭环结构的三维桅杆式起重机非线性运动控制方法，在线估计未知参数并有效防止超调，并给出了相应的理论保障；第 9 章设计了一种四自由度桅杆式起重机自适应动态估计与准确吊运控制方法，在线获取准确的重力补偿值，保证所有变量的稳态误差渐近收敛于零，具有理论与实际双重意义。

(3) 第四部分 (第 10~13 章) 聚焦于双桅杆式起重机器人系统的吊臂协同控制、负载位姿调整、摆动抑制、无速度反馈、驱动器饱和等问题，提出了不同的智能运动控制策略，满足性能需求的同时，尽可能减小误差信号，提高协作性能。具体而言，第 10 章面向双桅杆式起重机提出了一种时变输入整形控制方法，基于变换后的双桅杆式起重机器人动力学模型，计算系统时变振荡周期，通过硬件实验验证所提输入整形器具有令人满意的消摆性能；第 11 章设计了一种考虑驱动器饱和约束的双桅杆式起重机输出反馈控制方法，无需速度反馈，将可测变量及伪速度信号引入自适应更新律即可对未知动态在线逼近，并利用饱和函数约束输入幅值；第 12 章设计了一种抑制吊臂运动超调的双桅杆式起重机自适应积分控制方法，通过 Lyapunov 候选函数推导出运动约束项并引入控制命令，保证所有状态变量幅值不超过指定上界，并通过反证法证明了约束控制器的有效性；第 13 章提出了一种带有未知参数的双桅杆式起重机自适应滑模跟踪控制方法，确保各状态变量能够在有限时间收敛至滑模面，理论上分析了跟踪误差的渐近收敛性，并将所提方法应用于自主搭建的双桅杆式起重机器人，完成实验测试。

14.2　后续工作展望

近年来，在国内外研究人员的不懈努力下，欠驱动旋转式起重机器人的控制问题已经得到了广泛关注，一些可行的解决方案逐步应用于常见的塔式起重机器人、桅杆式起重机器人、双桅杆式起重机器人等。然而，由于系统智能化程度不断提升，人们对其运行效率、能耗、实用性与安全性的要求也随之增加。正因如此，本书综合考虑了实际应用中的各类复杂约束，如参数/结构未知、速度不可测、运动范围受限等，分别以塔式、桅杆式与双桅杆式起重机器人为研究对象，针对非线性动力学建模、基于原始非线性模型的最优轨迹规划、自适应运动约束控制、面向多种硬件约束的输出反馈控制、双起重机器人协同控制等方面开展了一些研究工作，所提方法有望扩展应用至更为复杂的欠驱动系统。在今后的工作中，为进一步提升控制器的适用范围与系统的人机协作能力，将从如下方面进行深入研究。

(1) 欠驱动旋转式起重机器人在多种工况下的动态切换问题。实际生产过程中，系统的动态特性不是固定不变的，往往需要随着作业任务的不同而在多种工作模式下反复切换，如何使系统在切换过程中仍然保持较高的控制精度，并在理论上对可驱动/非驱动状态的收敛性进行严格分析，具有十分重要的研究价值。

(2) 收敛速度、收敛时间等暂态性能的控制问题。现有研究多是关注欠驱动旋转式起重机器人的定位/跟踪性能，即使可以保证闭环系统所有信号的有界性或渐近收敛性，仍然无法对待控变量的收敛速度、收敛时间等暂态性能进行有效分析。

(3) 实际工作环境中往往存在着各类复杂的障碍物，而现有方法多是直接在关节空间内控制状态变量到达某一位置或跟踪给定轨迹，未充分考虑末端执行器在工作空间内的运动路径。因此，如何兼顾欠驱动旋转式起重机器人中的多种物理约束 (如悬臂/吊臂/台车的运动范围、最大速度/加速度等)，通过较少的执行机构有效驱动所有待控变量，令末端执行器沿着指定路径运动，避免与障碍物发生碰撞，具有重要的研究意义。

(4) 伴随人机协作的欠驱动旋转式起重机器人智能控制问题。利用智能学习算法识别系统自身与外界环境的变化，通过不断学习优化，提升人机交互能力，并给出有效的稳定性分析，从实际与理论两方面确保欠驱动系统的控制性能也是未来的研究重点之一。

(5) 在理论分析与实验测试的基础上，将本书所提控制算法进行推广并应用于实际工业生产过程中的各类欠驱动系统。

参 考 文 献

[1] Singh T, Singhose W. Input shaping/time delay control of maneuvering flexible structures[C]. Proceedings of the American Control Conference, Anchorage, 2002: 1717-1731.

[2] Singhose W, Vaughan J. Reducing vibration by digital filtering and input shaping[J]. IEEE Transactions on Control Systems Technology, 2011, 19(6): 1410-1420.

[3] Peng J, Huang J, Singhose W. Payload twisting dynamics and oscillation suppression of tower cranes during slewing motions[J]. Nonlinear Dynamics, 2019, 98(2): 1041-1048.

[4] Wu Z, Xia X. Optimal motion planning for overhead cranes[J]. IET Control Theory and Applications, 2014, 8(17): 1833-1842.

[5] 侯建国, 陈志梅. 基于微分平坦理论的桥式起重机轨迹规划 [J]. 控制工程, 2020, 27(4): 624-628.

[6] Uchiyama N, Ouyang H, Sano S. Simple rotary crane dynamics modeling and open-loop control for residual load sway suppression by only horizontal boom motion[J]. Mechatronics, 2013, 23(8): 1223-1236.

[7] 翟军勇, 费树岷. 集装箱桥吊防摇切换控制研究 [J]. 电机与控制学报, 2009, 13(6): 933-936.

[8] He W, Zhang S, Ge S S. Adaptive control of a flexible crane system with the boundary output constraint[J]. IEEE Transactions on Industrial Electronics, 2013, 61(8): 4126-4133.

[9] Park M S, Chwa D, Eom M. Adaptive sliding-mode antisway control of uncertain overhead cranes with high-speed hoisting motion[J]. IEEE Transactions on Fuzzy Systems, 2014, 22(5): 1262-1271.

[10] Liu R, Li S. An optimal integral sliding mode control strategy based on a pseudospectral method for a class of affine systems[J]. Transactions of the Institute of Measurement and Control, 2017, 39(6): 872-882.

[11] Ngo Q H, Hong K S. Sliding-mode antisway control of an offshore container crane[J]. IEEE/ASME Transactions on Mechatronics, 2012, 17(2): 201-209.

[12] Solihin M I, Wahyudi, Legowo A. Fuzzy-tuned PID anti-swing control of automatic gantry crane[J]. Journal of Vibration and Control, 2010, 16(1): 127-145.

[13] Yu W, Li X, Panuncio F. Stable neural PID anti-swing control for an overhead crane[J]. Intelligent Automation and Soft Computing, 2014, 20(2): 145-158.

[14] Tuan L A. Neural observer and adaptive fractional-order backstepping fast-terminal sliding-mode control of RTG cranes[J]. IEEE Transactions on Industrial Electronics, 2021, 68(1): 434-442.

[15] Liu D, Yi J, Zhao D, et al. Swing-free transporting of two-dimensional overhead crane using sliding mode fuzzy control[C]. Proceedings of the American Control Conference, Boston, 2004: 1764-1769.

[16] Qian D, Tong S, Lee S G. Fuzzy-logic-based control of payloads subjected to double-pendulum motion in overhead cranes[J]. Automation in Construction, 2016, 65: 133-143.

[17] 刘殿通, 易建强, 谭民. 适于长距离运输的分段吊车模糊控制 [J]. 控制理论与应用, 2003, 20(6): 908-912.

[18] Spong M W. The swing up control problem for the acrobot[J]. IEEE Control Systems Magazine, 1995, 15(1): 49-55.

[19] Horibe T, Sakamoto N. Nonlinear optimal control for swing up and stabilization of the acrobot via stable manifold approach: Theory and experiment[J]. IEEE Transactions on Control Systems Technology, 2018, 27(6): 2374-2387.

[20] 王伟, 易建强, 赵冬斌, 等. Pendubot 的一种分层滑模控制方法 [J]. 控制理论与应用, 2005, 22(3): 417-422.

[21] Åström K J, Furuta K. Swinging up a pendulum by energy control[J]. Automatica, 2000, 36(2): 287-295.

[22] Xin X, Kaneda M. Analysis of the energy-based swing-up control of the Acrobot[J]. International Journal of Robust and Nonlinear Control, 2007, 17(16): 1503-1524.

[23] Xin X, Yamasaki T. Energy-based swing-up control for a remotely driven Acrobot: Theoretical and experimental results[J]. IEEE Transactions on Control Systems Technology, 2012, 20(4): 1048-1056.

[24] Xin X. Linear strong structural controllability and observability of an n-link underactuated revolute planar robot with active intermediate joint or joints[J]. Automatica, 2018, 94: 436-442.

[25] Lai X Z, She J H, Yang S X, et al. Comprehensive unified control strategy for underactuated two-link manipulators[J]. IEEE Transactions on Systems, Man, and Cybernetics, Part B: Cybernetics, 2009, 39(2): 389-398.

[26] Lai X, Wang Y, Wu M, et al. Stable control strategy for planar three-link underactuated mechanical system[J]. IEEE/ASME Transactions on Mechatronics, 2016, 21(3): 1345-1356.

[27] Lai X, Zhang P, Wang Y, et al. Position-posture control of a planar four-link underactuated manipulator based on genetic algorithm[J]. IEEE Transactions on Industrial Electronics, 2017, 64(6): 4781-4791.

[28] Zhao Z, He X, Ahn C K. Boundary disturbance observer-based control of a vibrating single-link flexible manipulator[J]. IEEE Transactions on Systems, Man, and Cybernetics: Systems, 2021, 51(4): 2382-2390.

[29] Xu B. Composite learning control of flexible-link manipulator using NN and DOB[J]. IEEE Transactions on Systems, Man, and Cybernetics: Systems, 2018, 48(11): 1979-1985.

[30] Ren Y, Zhao Z, Zhang C, et al. Adaptive neural-network boundary control for a flexible manipulator with input constraints and model uncertainties[J]. IEEE Transactions on Cybernetics, 2021, 51(10): 4796-4807.

[31] He W, Kang F, Kong L, et al. Vibration control of a constrained two-link flexible robotic manipulator with fixed-time convergence[J]. IEEE Transactions on Cybernetics, 2022, 52(7): 5973-5983.

[32] Meng Q, Lai X, Yan Z, et al. Motion planning and adaptive neural tracking control of an uncertain two-link rigid-flexible manipulator with vibration amplitude constraint[J]. IEEE Transactions on Neural Networks and Learning Systems, 2022, 33(8): 3814-3828.

[33] Sabourin C, Bruneau O. Robustness of the dynamic walk of a biped robot subjected to disturbing external forces by using CMAC neural networks[J]. Robotics and Autonomous Systems, 2005, 51(2/3): 81-99.

[34] Luk B L, Cooke D S, Galt S, et al. Intelligent legged climbing service robot for remote maintenance applications in hazardous environments[J]. Robotics and Autonomous Systems, 2005, 53(2): 142-152.

[35] Lu B, Zhou C, Wang J, et al. Development and stiffness optimization for a flexible-tail robotic fish[J]. IEEE Robotics and Automation Letters, 2022, 7(2): 834-841.

[36] Mahyar A, Radji K. Grasp and stress analysis of an underactuated finger for proprioceptive tactile sensing[J]. IEEE/ASME Transactions on Mechatronics, 2018, 23(4): 1619-1629.

[37] Fu J, Tian F, Chai T, et al. Motion tracking control design for a class of nonholonomic mobile robot systems[J]. IEEE Transactions on Systems, Man, and Cybernetics: Systems, 2020, 50(6): 2150-2156.

[38] Hou Z G, Zou A M, Cheng L, et al. Adaptive control of an electrically driven nonholonomic mobile robot via backstepping and fuzzy approach[J]. IEEE Transactions on Control Systems Technology, 2009, 17(4): 803-815.

[39] Li H, Yan W, Shi Y. Continuous-time model predictive control of under-actuated spacecraft with bounded control torques[J]. Automatica, 2017, 75: 144-153.

[40] Zhu Z, Xia Y, Fu M. Attitude stabilization of rigid spacecraft with finite-time convergence[J]. International Journal of Robust and Nonlinear Control, 2011, 21(6): 686-702.

[41] Chen M, Shi P, Lim C C. Adaptive neural fault-tolerant control of a 3-DOF model helicopter system[J]. IEEE Transactions on Systems, Man, and Cybernetics: Systems, 2016, 46(2): 260-270.

[42] Shao S, Chen M. Adaptive neural discrete-time fractional-order control for a UAV system with prescribed performance using disturbance observer[J]. IEEE Transactions on Systems, Man, and Cybernetics: Systems, 2021, 51(2): 742-754.

[43] Mu C, Zhang Y. Learning-based robust tracking control of quadrotor with time-varying and coupling uncertainties[J]. IEEE Transactions on Neural Networks and Learning Systems, 2020, 31(1): 259-273.

[44] Wang Y, Sun J, He H, et al. Deterministic policy gradient with integral compensator for robust quadrotor control[J]. IEEE Transactions on Systems, Man, and Cybernetics: Systems, 2020, 50(10): 3713-3725.

[45] Xian B, Yang S. Robust tracking control of a quadrotor unmanned aerial vehicle-suspended payload system[J]. IEEE/ASME Transactions on Mechatronics, 2021, 26(5): 2653-2663.

[46] Wang W, Huang J, Wen C, et al. Distributed adaptive control for consensus tracking with application to formation control of nonholonomic mobile robots[J]. Automatica, 2014, 50(4): 1254-1263.

[47] Zhu D, Huang H, Yang S X. Dynamic task assignment and path planning of multi-AUV system based on an improved self-organizing map and velocity synthesis method in three-dimensional underwater workspace[J]. IEEE Transactions on Cybernetics, 2013, 43(2): 504-514.

[48] Behal A, Dawson D M, Dixon W E, et al. Tracking and regulation control of an underactuated surface vessel with nonintegrable dynamics[J]. IEEE Transactions on Automatic Control, 2002, 47(3): 495-500.

[49] Zhang Y, Li S, Liu X. Adaptive near-optimal control of uncertain systems with application to underactuated surface vessels[J]. IEEE Transactions on Control Systems Technology, 2018, 26(4): 1204-1218.

[50] Park B S, Kwon J W, Kim H. Neural network-based output feedback control for reference tracking of underactuated surface vessels[J]. Automatica, 2017, 77: 353-359.

[51] Liu L, Wang D, Peng Z, et al. Modular adaptive control for LOS-based cooperative path maneuvering of multiple underactuated autonomous surface vehicles[J]. IEEE Transactions on Systems, Man, and Cybernetics: Systems, 2017, 47(7): 1613-1624.

[52] Wang N, Gao Y, Zhao H, et al. Reinforcement learning-based optimal tracking control of an unknown unmanned surface vehicle[J]. IEEE Transactions on Neural Networks and Learning Systems, 2021, 32(7): 3034-3045.

[53] Yang C, Li Z, Cui R, et al. Neural network-based motion control of an underactuated wheeled inverted pendulum model[J]. IEEE Transactions on Neural Networks and Learning Systems, 2014, 25(11): 2004-2016.

[54] Yue M, Wei X, Li Z. Adaptive sliding-mode control for two-wheeled inverted pendulum vehicle based on zero-dynamics theory[J]. Nonlinear Dynamics, 2014, 76(1): 459-471.

[55] Ning Y, Yue M, Ding L, et al. Time-optimal point stabilization control for WIP vehicles using quasi-convex optimization and B-spline adaptive interpolation techniques[J]. IEEE Transactions on Systems, Man, and Cybernetics: Systems, 2021, 51(5): 3293-3303.

[56] Moreno-Valenzuela J, Aguilar-Avelar C, Puga-Guzmán S A, et al. Adaptive neural network control for the trajectory tracking of the Furuta pendulum[J]. IEEE Transactions on Cybernetics, 2016, 46(12): 3439-3452.

[57] Xu J, Niu Y, Lim C C, et al. Memory output-feedback integral sliding mode control for furuta pendulum systems[J]. IEEE Transactions on Circuits and Systems I: Regular Papers, 2020, 67(6): 2042-2052.

[58] 占探, 桂卫华, 阳春华, 等. 基于网络控制的球杆系统模糊控制器设计 [J]. 控制工程, 2011, 18(1): 78-82.

[59] Ye H, Wang H, Wang H. Stabilization of a PVTOL aircraft and an inertia wheel pendulum using saturation technique[J]. IEEE Transactions on Control Systems Technology, 2007, 15(6): 1143-1150.

[60] Kant N, Mukherjee R. Impulsive dynamics and control of the inertia-wheel pendulum[J]. IEEE Robotics and Automation Letters, 2018, 3(4): 3208-3215.

[61] Reyhanoglu M, van der Schaft A, McClamroch N H, et al. Dynamics and control of a class of underactuated mechanical systems[J]. IEEE Transactions on Automatic Control, 1999, 44(9): 1663-1671.

[62] Liu Y, Yu H. A survey of underactuated mechanical systems[J]. IET Control Theory and Applications, 2013, 7(7): 921-935.

[63] Panagou D, Kyriakopoulos K J. Viability control for a class of underactuated systems[J]. Automatica, 2013, 49(1): 17-29.

[64] Thakar P S, Trivedi P K, Bandyopadhyay B, et al. A new nonlinear control for asymptotic stabilization of a class of underactuated systems: An implementation to slosh-container problem[J]. IEEE/ASME Transactions on Mechatronics, 2017, 22(2): 1082-1092.

[65] Kant N, Mukherjee R, Chowdhury D, et al. Estimation of the region of attraction of underactuated systems and its enlargement using impulsive inputs[J]. IEEE Transactions on Robotics, 2019, 35(3): 618-632.

[66] Ortega R, Spong M W, Gómez-Estern F, et al. Stabilization of a class of underactuated mechanical systems via interconnection and damping assignment[J]. IEEE Transactions on Automatic Control, 2002, 47(8): 1218-1233.

[67] Acosta J A, Ortega R, Astolfi A, et al. Interconnection and damping assignment passivity-based control of mechanical systems with underactuation degree one[J]. IEEE Transactions on Automatic Control, 2005, 50(12): 1936-1955.

[68] Romero J G, Donaire A, Ortega R, et al. Global stabilisation of underactuated mechanical systems via PID passivity-based control[J]. Automatica, 2018, 96: 178-185.

[69] Hu G, Makkar C, Dixon W E. Energy-based nonlinear control of underactuated Euler-Lagrange systems subject to impacts[J]. IEEE Transactions on Automatic Control, 2007, 52(9): 1742-1748.

[70] Jiang J, Astolfi A. Stabilization of a class of under-actuated nonlinear systems via under-actuated back-stepping[J]. IEEE Transactions on Automatic Control, 2020, 66(11): 5429-5435.

[71] Olfati-Saber R. Normal forms for underactuated mechanical systems with symmetry[J]. IEEE Transactions on Automatic Control, 2002, 47(2): 305-308.

[72] Xu R, Özgüner Ü. Sliding mode control of a class of underactuated systems[J]. Automatica, 2008, 44(1): 233-241.

[73] Pucci D, Romano F, Nori F. Collocated adaptive control of underactuated mechanical systems[J]. IEEE Transactions on Robotics, 2015, 31(6): 1527-1536.

[74] Roy S, Baldi S, Li P, et al. Artificial-delay adaptive control for underactuated Euler-Lagrange robotics[J]. IEEE/ASME Transactions on Mechatronics, 2021, 26(6): 3064-3075.

[75] Roy S, Baldi S, Ioannou P A. An adaptive control framework for underactuated switched Euler-Lagrange systems[J]. IEEE Transactions on Automatic Control, 2022, 67(8): 4202-4209.

[76] Zhang J, Liu X, Xia Y, et al. Disturbance observer-based integral sliding-mode control for systems with mismatched disturbances[J]. IEEE Transactions on Industrial Electronics, 2016, 63(11): 7040-7048.

[77] Yang J, Li S, Yu X. Sliding-mode control for systems with mismatched uncertainties via a disturbance observer[J]. IEEE Transactions on Industrial Electronics, 2013, 60(1): 160-169.

[78] Yin H, Chen Y H, Huang J, et al. Tackling mismatched uncertainty in robust constraint-following control of underactuated systems[J]. Information Sciences, 2020, 520: 337-352.

[79] Liu P, Yu H, Cang S. Adaptive neural network tracking control for underactuated systems with matched and mismatched disturbances[J]. Nonlinear Dynamics, 2019, 98(2): 1447-1464.

[80] Chen X, Zhao H, Sun H, et al. Optimal adaptive robust control based on cooperative game theory for a class of fuzzy underactuated mechanical systems[J]. IEEE Transactions on Cybernetics, 2022, 52(5): 3632-3644.

[81] Hwang C L, Chiang C C, Yeh Y W. Adaptive fuzzy hierarchical sliding-mode control for the trajectory tracking of uncertain underactuated nonlinear dynamic systems[J]. IEEE Transactions on Fuzzy Systems, 2014, 22(2): 286-299.

[82] Lin C M, Mon Y J. Decoupling control by hierarchical fuzzy sliding-mode controller[J]. IEEE Transactions on Control Systems Technology, 2005, 13(4): 593-598.

[83] Wu T S, Karkoub M, Wang H, et al. Robust tracking control of MIMO underactuated nonlinear systems with dead-zone band and delayed uncertainty using an adaptive fuzzy control[J]. IEEE Transactions on Fuzzy Systems, 2016, 25(4): 905-918.

[84] Mohamed Z, Martins J, Tokhi M, et al. Vibration control of a very flexible manipulator system[J]. Control Engineering Practice, 2005, 13(3): 267-277.

[85] Smith O J. Posicast control of damped oscillatory systems[J]. Proceedings of the IRE, 1957, 45(9): 1249-1255.

[86] Gürleyük S, Hacioglu R, Cinal S. Three-step input shaper for damping tubular step motor vibrations[J]. Proceedings of the Institution of Mechanical Engineers, Part C: Journal of Mechanical Engineering Science, 2007, 221(1): 1-9.

[87] Singer N, Singhose W, Kriikku E. An input shaping controller enabling cranes to move without sway[R]. Technical Report, Westinghouse Savannah River Co., Aiken, 1997.

[88] Hoang N Q, Lee S G, Kim H, et al. Trajectory planning for overhead crane by trolley acceleration shaping[J]. Journal of Mechanical Science and Technology, 2014, 28(7): 2879-2888.

[89] Fang Y, Ma B, Wang P, et al. A motion planning-based adaptive control method for an underactuated crane system[J]. IEEE Transactions on Control Systems Technology, 2012, 20(1): 241-248.

[90] Sun N, Fang Y, Zhang X, et al. Transportation task-oriented trajectory planning for underactuated overhead cranes using geometric analysis[J]. IET Control Theory & Applications, 2012, 6(10): 1410-1423.

[91] Sun N, Fang Y, Zhang Y, et al. A novel kinematic coupling-based trajectory planning method for overhead cranes[J]. IEEE/ASME Transactions on Mechatronics, 2012, 17(1): 166-173.

[92] Zhang X, Fang Y, Sun N. Minimum-time trajectory planning for underactuated overhead crane systems with state and control constraints[J]. IEEE Transactions on Industrial Electronics, 2014, 61(12): 6915-6925.

[93] 范波, 张炜炜, 廖志明. 基于在线轨迹规划的桥式起重机定位消摆控制 [J]. 控制工程, 2020, 27(9): 1538-1544.

[94] Hilhorst G, Pipeleers G, Michiels W, et al. Fixed-order linear parametervarying feedback control of a lab-scale overhead crane[J]. IEEE Transactions on Control Systems Technology, 2016, 24(5): 1899-1907.

[95] Yu X, Lin X, Lan W. Composite nonlinear feedback controller design for an overhead crane servo system[J]. Transactions of the Institute of Measurement and Control, 2014, 36(5): 662-672.

[96] Yu J, Lewis F, Huang T. Nonlinear feedback control of a gantry crane[C]. Proceedings of the American Control Conference, Seattle, 1995: 4310-4315.

[97] 武宪青. 桥式吊车系统的部分反馈线性化控制研究 [D]. 杭州: 浙江工业大学, 2016.

[98] Qian D, Yi J. Design of combining sliding mode controller for overhead crane systems[J]. International Journal of Control and Automation, 2013, 6(1): 131-140.

[99] Zhang M, Ma X, Song R, et al. Adaptive proportional-derivative sliding mode control law with improved transient performance for underactuated overhead crane systems[J]. IEEE/CAA Journal of Automatica Sinica, 2018, 5(3): 683-690.

[100] Sun N, Fang Y, Chen H. Adaptive control of underactuated crane systems subject to bridge length limitation and parametric uncertainties[C]. Proceedings of the Chinese Control Conference, Nanjing, 2014: 3568-3573.

[101] Park M S, Chwa D, Hong S K. Antisway tracking control of overhead cranes with system uncertainty and actuator nonlinearity using an adaptive fuzzy sliding-mode control[J]. IEEE Transactions on Industrial Electronics, 2008, 55(11): 3972-3984.

[102] 胡富元, 邵雪卷, 张井岗. 基于模型预测算法的桥式起重机消摆控制 [J]. 控制工程, 2019, 26(7): 1378-1383.

[103] Smoczek J, Szpytko J. Particle swarm optimization-based multivariable generalized predictive control for an overhead crane[J]. IEEE/ASME Transactions on Mechatronics, 2017, 22(1): 258-268.

[104] Zhu X, Wang N. Cuckoo search algorithm with membrane communication mechanism for modeling overhead crane systems using RBF neural networks[J]. Applied Soft Computing, 2017, 56: 458-471.

[105] Petrenko Y N, Alavi S E. Fuzzy logic and genetic algorithm technique for non-liner system of overhead crane[C]. Proceedings of the IEEE Region 8 International Conference on Computational Technologies in Electrical and Electronics Engineering, Irkutsk, 2010: 848-851.

[106] Novel B, Coron J M. Exponential stabilization of an overhead crane with flexible cable via a back-stepping approach[J]. Automatica, 2000, 36(4): 587-593.

[107] Blackburn D, Lawrence J, Danielson J, et al. Radial-motion assisted command shapers for nonlinear tower crane rotational slewing[J]. Control Engineering Practice, 2010, 18(5): 523-531.

[108] Böck M, Kugi A. Real-time nonlinear model predictive path-following control of a laboratory tower crane[J]. IEEE Transactions on Control Systems Technology, 2014, 22(4): 1461-1473.

[109] Devesse W, Ramteen M, Feng L, et al. A real-time optimal control method for swing-free tower crane motions[C]. Proceedings of the IEEE International Conference on Automation Science and Engineering, Madison, 2013: 336-341.

[110] Le A T, Lee S G. 3D cooperative control of tower cranes using robust adaptive techniques[J]. Journal of the Franklin Institute, 2017, 354(18): 8333-8357.

[111] Duong S C, Uezato E, Kinjo H, et al. A hybrid evolutionary algorithm for recurrent neural network control of a three-dimensional tower crane[J]. Automation in Construction, 2012, 23: 55-63.

[112] Sakawa Y, Nakazumi A. Modeling and control of a rotary crane[J]. Journal of Dynamic Systems, Measurement, and Control, 1985, 107(3): 200-206.

[113] Souissi R, Koivo A J. Modeling and control of a rotary crane for swing-free transport of payloads[C]. Proceedings of the IEEE Conference on Control Applications, Dayton, 1992: 782-787.

[114] Sano S, Ouyang H, Uchiyama N. Residual load sway suppression for rotary cranes using simple dynamics model and S-curve trajectory[C]. Proceedings of the IEEE International Conference on Emerging Technologies and Factory Automation, Krakow, 2012: 1-5.

[115] Terashima K, Shen Y, Yano K. Modeling and optimal control of a rotary crane using the straight transfer transformation method[J]. Control Engineering Practice, 2007, 15(9): 1179-1192.

[116] Samin R E, Mohamed Z, Jalani J, et al. Input shaping techniques for anti-sway control of a 3-DOF rotary crane system[C]. Proceedings of the International Conference on Artificial Intelligence, Modelling and Simulation, Kota Kinabalu, 2013: 184-189.

[117] Samin R E, Mohamed Z, Jalani J, et al. A hybrid controller for control of a 3-DOF rotary crane system[C]. Proceedings of the first International Conference on Artificial Intelligence, Modelling and Simulation, Kota Kinabalu, 2013: 190-195.

[118] Arnold E, Sawodny O, Hildebrandt A, et al. Anti-sway system for boom cranes based on an optimal control approach[C]. Proceedings of the IEEE American Control Conference, Denver, 2003: 3166-3171.

[119] Ahmad M A, Ismail R M T R, Ramli M S, et al. Robust feed-forward schemes for anti-sway control of rotary crane[C]. Proceedings of the International Conference on Computational Intelligence, Modelling and Simulation, Brno, 2009: 17-22.

[120] Masoud Z N, Nayfeh A H, Al-Mousa A. Delayed position-feedback controller for the reduction of payload pendulations of rotary cranes[J]. Journal of Vibration and Control, 2003, 9(1/2): 257-277.

[121] Uchiyama N. Robust control of rotary crane by partial-state feedback with integrator[J]. Mechatronics, 2009, 19(8): 1294-1302.

[122] Sano S, Ouyang H, Yamashita H, et al. LMI approach to robust control of rotary cranes under load sway frequency variance[J]. Journal of System Design and Dynamics, 2011, 5(7): 1402-1417.

[123] Nakazono K, Ohnishi K, Kinjo H, et al. Vibration control of load for rotary crane system using neural network with GA-based training[J]. Artificial Life and Robotics, 2008, 13(1): 98-101.

[124] Ahmad M A, Saealal M S, Zawawi M A, et al. Classical angular tracking and intelligent anti-sway control for rotary crane system[C]. Proceedings of the IEEE International Conference on Electrical, Control and Computer Engineering, Kuantan, 2011: 82-87.

[125] Cha J H, Ha S, Bae J H, et al. Dynamic analysis of offshore structure installation operation using dual floating cranes based on multibody system dynamics[C]. Proceedings of the International Ocean and Polar Engineering Conference, Rhodes, 2016: ISOPE-I-16-522.

[126] 訾斌, 周斌, 钱森. 双台汽车起重机柔索并联装备变幅运动下的动力学建模与分析 [J]. 机械工程学报, 2017, 53(7): 55-61.

[127] Zi B, Qian S, Ding H, et al. Design and analysis of cooperative cable parallel manipulators for multiple mobile cranes[J]. International Journal of Advanced Robotic Systems, 2012, 9(5): 207.

[128] Lin Y, Wu D, Wang X, et al. Statics-based simulation approach for two-crane lift[J]. Journal of Construction Engineering and Management, 2012, 138(10): 1139-1149.

[129] Yu-ping F U, Hong-gui W, Yang Y U, et al. Path planning of a nonstandard heavy cargo in dual-crane operation[C]. Proceedings of the International Conference on Information Science, Computer Technology and Transportation, Shenyang, 2020: 524-528.

[130] Ali M S A D, Babu N R, Varghese K. Collision free path planning of cooperative crane manipulators using genetic algorithm[J]. Journal of Computing in Civil Engineering, 2005, 19(2): 182-193.

[131] Chang Y C, Hung W H, Kang S C. A fast path planning method for single and dual crane erections[J]. Automation in Construction, 2012, 22: 468-480.

[132] Cai P, Chandrasekaran I, Zheng J, et al. Automatic path planning for dual-crane lifting in complex environments using a prioritized multiobjective PGA[J]. IEEE Transactions on Industrial Informatics, 2018, 14(3): 829-845.

[133] Jianqi A, Lusha Z, Yonghua X, et al. Path planning method for dual cranes considering the changes of load ratio[C]. Proceedings of the Chinese Control Conference, Hangzhou, 2015: 2774-2779.

[134] Li Y, Xi X, Xie J, et al. Study and implementation of a cooperative hoisting for two crawler cranes[J]. Journal of Intelligent & Robotic Systems, 2016, 83(2): 165-178.

[135] Leban F A, Diaz-Gonzalez J, Parker G G, et al. Inverse kinematic control of a dual crane system experiencing base motion[J]. IEEE Transactions on Control Systems Technology, 2015, 23(1): 331-339.

[136] Omar H M, Nayfeh A H. Gain scheduling feedback control for tower cranes[J]. Journal of Vibration and Control, 2003, 9: 399-418.

[137] Lawrence J, Singhose W. Command shaping slewing motions for tower cranes[J]. Journal of Vibration and Acoustics, 2010, 132: 011002-1-11.

[138] Wu T S, Karkoub M, Yu W S, et al. Anti-sway tracking control of tower cranes with delayed uncertainty using a robust adaptive fuzzy control[J]. Fuzzy Sets and Systems, 2016, 290: 118-137.

[139] Matuško J, Ileš Š, Kolonić F, et al. Control of 3D tower crane based on tensor product model transformation with neural friction compensation[J]. Asian Journal of Control, 2015, 17: 443-458.

[140] Chwa D, Nonlinear tracking control of 3-D overhead cranes against the initial swing angle and the variation of payload weight[J]. IEEE Transactions on Control Systems Technology, 2009, 17(4): 876-883.

[141] Liu R, Li S, Ding S. Nested saturation control for overhead crane systems[J]. Transactions of the Institute of Measurement and Control, 2012, 34(7): 862-875.

[142] Zhao Y, Gao H. Fuzzy-model-based control of an overhead crane with input delay and actuator saturation[J]. IEEE Transactions on Fuzzy Systems, 2012, 20(1): 181-186.

[143] Yu W, Moreno-Armendariz M A, Rodriguez F O. Stable adaptive compensation with fuzzy CMAC for an overhead crane[J]. Information Sciences, 2011, 181(21): 4895-4907.

[144] Roman R C, Precup R E, Petriu E M. Hybrid data-driven fuzzy active disturbance rejection control for tower crane systems[J]. European Journal of Control, 2021, 58: 373-387.

[145] Xi Z, Hesketh T. Discrete time integral sliding mode control for overhead crane with uncertainties[J]. IET Control Theory & Applications, 2010, 4(10): 2071-2081.

[146] Khalil H K, Grizzle J W. Nonlinear Systems[M]. Upper Saddle River, NJ: Prentice Hall, 2002.

[147] Makkar C, Hu G, Sawyer W G, et al. Lyapunov-based tracking control in the presence of uncertain nonlinear parameterizable friction[J]. IEEE Transactions on Automatic Control, 2007, 52(10): 1988-1994.

[148] Neupert J, Mahl T, Haessig B, et al. A heave compensation approach for offshore cranes[C]. Proceedings of the 2008 American Control Conference, Seattle, 2008: 538-543.

[149] da Graça Marcos M, Machado J T, Azevedo-Perdicoúlis T P. A multi-objective approach for the motion planning of redundant manipulators[J]. Applied Soft Computing, 2012, 12: 589-599.

[150] 金明河, 李鹏浩, 夏进军. 空间机械臂多目标综合轨迹规划研究 [J]. 机械与电子, 2018, 36: 34-38, 42.

[151] Huang J, Hu P, Wu K, et al. Optimal time-jerk trajectory planning for industrial robots[J]. Mechanism and Machine Theory, 2018, 121: 530-544.

[152] 任子武, 陆磐, 王振华. 面向乒乓球对弈作业的七自由度仿人臂多目标轨迹规划 [J]. 控制理论与应用, 2018, 35: 1371-1381.

[153] de Boor C. A practical guide to splines[J]. Mathematics of Computation, 1978, 27:149.

[154] Gong M, Jiao L, Du H, et al. Multiobjective immune algorithm with nondominated neighbor-based selection[J]. Evolutionary Computation, 2008, 16: 225-255.

[155] Liu Z, Yang T, Sun N, et al. An antiswing trajectory planning method with state constraints for 4-DOF tower cranes: Design and experiments[J]. IEEE Access, 2019, 7: 62142-62151.

[156] Michalewicz Z. Genetic Algorithms+Data Structures=Evolution Programs[M]. Berlin: Springer-Verlag, 1992.

[157] Wu Y, Sun N, Chen H, et al. Adaptive output feedback control for 5-DOF varying-cable-length tower cranes with cargo mass estimation[J]. IEEE Transactions on Industrial Informatics, 2020, 17: 2453-2464.

[158] Huang J, Maleki E, Singhose W, Dynamics and swing control of mobile boom cranes subject to wind disturbances[J]. IET Control Theory & Applications, 2013, 7(9): 1187-1195.

[159] Mar R, Goyal A, Nguyen V, et al. Combined input shaping and feedback control for double-pendulum systems[J]. Mechanical Systems and Signal Processing, 2017, 85: 267-277.

[160] Sorensen K L, Singhose W. Command-induced vibration analysis using input shaping principles[J]. Automatica, 2008, 44(9): 2392-2397.

[161] Singhose W, Seering W P, Singer N C. Shaping inputs to reduce vibration: A vector diagram approach[C]. Proceedings of IEEE International Conference on Robotics and Automation, Cincinnati, 1990: 922-927.

[162] 方勇纯, 卢桂章. 非线性系统理论 [M]. 北京: 清华大学出版社, 2009.